轨道交通装备制造业职业技能鉴定指导丛书

线圈绕制工

中国北车股份有限公司　编写

中国铁道出版社

２０１５年·北京

图书在版编目(CIP)数据

线圈绕制工/中国北车股份有限公司编写.—北京：
中国铁道出版社,2015.4
（轨道交通装备制造业职业技能鉴定指导丛书）
ISBN 978-7-113-20247-7

Ⅰ.①线… Ⅱ.①中… Ⅲ.①线圈绕组－职业技能－
鉴定－自学参考资料 Ⅳ.①TM55

中国版本图书馆 CIP 数据核字(2015)第 068466 号

书　名：轨道交通装备制造业职业技能鉴定指导丛书
　　　　线圈绕制工

作　者：中国北车股份有限公司

策　划：江新锡　钱士明　徐　艳
责任编辑：冯海燕　　　　　　　编辑部电话：010-51873371
封面设计：郑春鹏
责任校对：王　杰
责任印制：郭向伟

出版发行：中国铁道出版社(100054,北京市西城区右安门西街 8 号)
网　址：http://www.tdpress.com
印　刷：三河市兴达印务有限公司
版　次：2015 年 4 月第 1 版　2015 年 4 月第 1 次印刷
开　本：787 mm×1 092 mm　1/16　印张：12.5　字数：312 千
书　号：ISBN 978-7-113-20247-7
定　价：40.00 元

序

在党中央、国务院的正确决策和大力支持下,中国高铁事业迅猛发展。中国已成为全球高铁技术最全、集成能力最强、运营里程最长、运行速度最高的国家。高铁已成为中国外交的新名片,成为中国高端装备"走出国门"的排头兵。

中国北车作为高铁事业的积极参与者和主要推动者,在大力推动产品、技术创新的同时,始终站在人才队伍建设的重要战略高度,把高技能人才作为创新资源的重要组成部分,不断加大培养力度。广大技术工人立足本职岗位,用自己的聪明才智,为中国高铁事业的创新、发展做出了重要贡献,被李克强同志亲切地赞誉为"中国第一代高铁工人"。如今在这支近 5 万人的队伍中,持证率已超过96%,高技能人才占比已超过 60%,3 人荣获"中华技能大奖",24 人荣获国务院"政府特殊津贴",44 人荣获"全国技术能手"称号。

高技能人才队伍的发展,得益于国家的政策环境,得益于企业的发展,也得益于扎实的基础工作。自 2002 年起,中国北车作为国家首批职业技能鉴定试点企业,积极开展工作,编制鉴定教材,在构建企业技能人才评价体系、推动企业高技能人才队伍建设方面取得明显成效。为适应国家职业技能鉴定工作的不断深入,以及中国高端装备制造技术的快速发展,我们又组织修订、开发了覆盖所有职业(工种)的新教材。

在这次教材修订、开发中,编者们基于对多年鉴定工作规律的认识,提出了"核心技能要素"等概念,创造性地开发了《职业技能鉴定技能操作考核框架》。该《框架》作为技能人才评价的新标尺,填补了以往鉴定实操考试中缺乏命题水平评估标准的空白,很好地统一了不同鉴定机构的鉴定标准,大大提高了职业技能鉴定的公信力,具有广泛的适用性。

相信《轨道交通装备制造业职业技能鉴定指导丛书》的出版发行,对于促进我国职业技能鉴定工作的发展,对于推动高技能人才队伍的建设,对于振兴中国高端装备制造业,必将发挥积极的作用。

中国北车股份有限公司总裁:

2015.2.7

前　言

　　鉴定教材是职业技能鉴定工作的重要基础。2002年，经原劳动保障部批准，中国北车成为国家职业技能鉴定首批试点中央企业，开始全面开展职业技能鉴定工作。2003年，根据《国家职业标准》要求，并结合自身实际，组织开发了《职业技能鉴定指导丛书》，共涉及车工等52个职业（工种）的初、中、高3个等级。多年来，这些教材为不断提升技能人才素质、适应企业转型升级、实施"三步走"发展战略的需要发挥了重要作用。

　　随着企业的快速发展和国家职业技能鉴定工作的不断深入，特别是以高速动车组为代表的世界一流产品制造技术的快步发展，现有的职业技能鉴定教材在内容、标准等诸多方面，已明显不适应企业构建新型技能人才评价体系的要求。为此，公司决定修订、开发《轨道交通装备制造业职业技能鉴定指导丛书》（以下简称《丛书》）。

　　本《丛书》的修订、开发，始终围绕促进实现中国北车"三步走"发展战略、打造世界一流企业的目标，努力遵循"执行国家标准与体现企业实际需要相结合、继承和发展相结合、坚持质量第一、坚持岗位个性服从于职业共性"四项工作原则，以提高中国北车技术工人队伍整体素质为目的，以主要和关键技术职业为重点，依据《国家职业标准》对知识、技能的各项要求，力求通过自主开发、借鉴吸收、创新发展，进一步推动企业职业技能鉴定教材建设，确保职业技能鉴定工作更好地满足企业发展对高技能人才队伍建设工作的迫切需要。

　　本《丛书》修订、开发中，认真总结和梳理了过去12年企业鉴定工作的经验以及对鉴定工作规律的认识，本着"紧密结合企业工作实际，完整贯彻落实《国家职业标准》，切实提高职业技能鉴定工作质量"的基本理念，在技能操作考核方面提出了"核心技能要素"和"完整落实《国家职业标准》"两个概念，并探索、开发出了中国北车《职业技能鉴定技能操作考核框架》；对于暂无《国家职业标准》、又无相关行业职业标准的40个职业，按照国家有关《技术规程》开发了《中国北车职业标准》。经2014年技师、高级技师技能鉴定实作考试中27个职业的试用表明：该《框架》既完整反映了《国家职业标准》对理论和技能两方面的要求，又适应了企业生产和技术工人队伍建设的需要，突破了以往技能鉴定实作考核中试卷的难度与完整性评估的"瓶颈"，统一了不同产品、不同技术含量企业的鉴定标准，提高了鉴定考核的技术含量，保证了职业技能鉴定的公平性，提高了职业技能鉴定工作质量和管理水平,将成为职业技能鉴定工作、进而成为生产操作者技能素质评价的新标尺。

　　本《丛书》共涉及 98 个职业(工种),覆盖了中国北车开展职业技能鉴定的所有职业(工种)。《丛书》中每一职业(工种)又分为初、中、高 3 个技能等级,并按职业技能鉴定理论、技能考试的内容和形式编写。其中:理论知识部分包括知识要求练习题与答案;技能操作部分包括《技能考核框架》和《样题与分析》。本《丛书》按职业(工种)分册,并计划第一批出版 74 个职业(工种)。

　　本《丛书》在修订、开发中,仍侧重于相关理论知识和技能要求的应知应会,若要更全面、系统地掌握《国家职业标准》规定的理论与技能要求,还可参考其他相关教材。

　　本《丛书》在修订、开发中得到了所属企业各级领导、技术专家、技能专家和培训、鉴定工作人员的大力支持;人力资源和社会保障部职业能力建设司和职业技能鉴定中心、中国铁道出版社等有关部门也给予了热情关怀和帮助,我们在此一并表示衷心感谢。

　　本《丛书》之《线圈绕制工》由永济新时速电机电器有限责任公司《线圈绕制工》项目组编写。主编秦小芳;主审冯列万,副主审贾健、贺兴跃、牛志钧;参编人员杨红霞、陈玲、晋爱琴、苟东旭、吉永红、刘冠芳、张小芳。

　　由于时间及水平所限,本《丛书》难免有错、漏之处,敬请读者批评指正。

中国北车职业技能鉴定教材修订、开发编审委员会

二○一四年十二月二十二日

目　　录

线圈绕制工(职业道德)习题

一、填空题

1. 一个人要想有所成就,有所作为,首先得从学( )如何做事开始。

2. 个人理想应建立在( )的基础上。

3. 诚实守信就是指真实不欺,遵守( )的品德及行为。

4. 坚持真理就是坚持( )的原则,就是办事情、处理问题要合乎公理,合乎正义。

5. 遵纪守法指的是每个从业人员都要遵守纪律和法律,尤其要遵守( )和与职业活动相关的法律法规。

6. 团结互助有利于营造人际和谐气氛,有利于增强企业( )。

7. 创新的本质是( ),即突破旧的思维定势,突破旧的常规戒律。

8. 职业道德是从事一定职业的人们在职业活动中应该遵循的( )的总和。

9. 社会主义职业道德的基本原则是( )。

10. 职业化也称"专业化",是一种( )的工作态度。

11. 职业技能是指从业人员从事职业劳动和完成岗位工作应具有的( )。

12. 加强职业道德修养要端正( )。

13. 强化职业道德情感有赖于从业人员对道德行为的( )。

14. 敬业是一切职业道德基本规范的( )。

15. 公道是员工和谐相处,实现( )的保证。

16. 合作是企业生产经营顺利实施的( )。

17. 职业道德就是从事一定职业的人,在特定的( )中,所应当遵守的,与其职业活动紧密相连的道德原则和规范的总和。

18. 对从业人员来说,应该把文明礼貌作为( )的事情。

19. 劳动者素质主要包括( )和专业技能素质。

20. 事业是创新的基础,岗位是创新的( ),而创新却是事业发展的巨大动力,是岗位成才的关键因素。

二、单项选择题

1. 诚实守信就是真实不欺,而不是( )。

(A)为人之本   (B)傻子行为

(C)企业的无形资本   (D)市场经济的法则

2. 办事公道就是要( )。

(A)立场公正   (B)服从领导意志

(C)在当事人中间搞折衷   (D)各打十五大板

3. 勤劳节俭不是（　　　）。

(A)人类生存的必需　　　　　　　　　(B)只对工人农民要求

(C)持家之本　　　　　　　　　　　　(D)安邦定国的法宝

4. 社会主义纪律是强制性和（　　　）和统一。

(A)组织性　　　　(B)自觉性　　　　(C)灵活性　　　　(D)规范性

5. 职业道德（　　　）。

(A)只讲权利,不讲义务　　　　　　　(B)与职业活动紧密联系

(C)与领导无关　　　　　　　　　　　(D)与法律完全相同

6. 我们工作的目的不是为了（　　　）。

(A)谋求生存　　　　(B)发展个性　　　(C)承担社会义务　　　(D)消遣时间

7. 企业信誉和形象的树立,不能依赖（　　　）。

(A)产品质量　　　　(B)服务质量　　　(C)产品数量　　　　(D)信守承诺

8. 办事公道（　　　）。

(A)只是对领导干部的要求　　　　　　(B)只是对服务人员的要求

(C)是对每个从业者的要求　　　　　　(D)只是对执法人员的要求

9. 艰苦奋斗是中华民族勤俭美德的（　　　）。

(A)高度升华　　　　(B)继承　　　　(C)追求　　　　(D)反叛

10. 社会主义职业道德以（　　　）为基本行为准则。

(A)爱岗敬业　　　　　　　　　　　　(B)诚实守信

(C)人人为我,我为人人　　　　　　　(D)社会主义荣辱观

11. 职业化管理在文化上的体现是重视标准化和（　　　）。

(A)程序化　　　　(B)规范化　　　　(C)专业化　　　　(D)现代化

12. 职业技能包括职业知识、职业技术和（　　　）职业能力。

(A)职业语言　　　　(B)职业动作　　　(C)职业能力　　　　(D)职业思想

13. 职业道德对职业技能的提高具有（　　　）作用。

(A)促进　　　　(B)统领　　　　(C)支撑　　　　(D)保障

14. 市场经济环境下的职业道德应该讲法律、讲诚信、(　　　)、讲公平。

(A)讲良心　　　　(B)讲效率　　　　(C)讲人情　　　　(D)讲专业

15. 敬业精神是个体以明确的目标选择、忘我投入的志趣、认真负责的态度,从事职业活动时表现出的（　　　）。

(A)精神状态　　　　(B)人格魅力　　　(C)个人品质　　　　(D)崇高品质

16. 从领域上看,职业纪律包括劳动纪律、财经纪律和（　　　）。

(A)行为规范　　　　(B)工作纪律　　　(C)公共纪律　　　　(D)保密纪律

17. 以下不属于节约行为的是（　　　）。

(A)爱护公物　　　　(B)节约资源　　　(C)公私分明　　　　(D)艰苦奋斗

18. 下列不属于合作特征的是（　　　）。

(A)社会性　　　　(B)排他性　　　　(C)互利性　　　　(D)平等性

19. 以下规定了职业培训的相关要求的法律是（　　　）。

(A)专利法　　　　(B)环境保护法　　　(C)合同法　　　　(D)劳动法

20. 职业道德是促使人们遵守职业纪律的思想基础和( )。
(A)工作基础 (B)动力 (C)结果 (D)源泉

三、多项选择题

1. 企业形象包括企业的( )。
(A)经济效益 (B)道德形象 (C)内部形象 (D)外部形象

2. 坚持真理是坚持( )。
(A)实事求是的原则 (B)办事处理问题合乎公理
(C)合乎个人要求 (D)合乎正义

3. 企业信誉和形象的树立,需依赖( )。
(A)产品质量 (B)服务质量 (C)产品数量 (D)信守承诺

4. 从道德的结构看,人的道德素质包括( )。
(A)道德认识 (B)道德情感 (C)道德意志 (D)职业道德

5. 举止得体的表现是( )。
(A)态度恭敬 (B)表情从容 (C)行为适度 (D)笑容可掬

6. 劳动者素质是一个多内容、多层次的系统结构,主要包括( )。
(A)产品质量、爱岗敬业 (B)服务质量、文化素质
(C)产品数量、职业道德素质 (D)信守承诺、专业技能素质

7. 忠诚所属企业,具体来说,就是要( )。
(A)听领导的话 (B)诚实劳动
(C)关心企业发展 (D)遵守合同和契约

8. 开拓创新要有( )。
(A)创造意识 (B)科学思维
(C)坚定的意志和信心 (D)灵感的到来

9. 对从业人员来说,下列要素属于最基本的职业道德要素的是( )。
(A)职业理想 (B)职业良心 (C)职业作风 (D)职业守则

10. 职业道德的具体功能包括( )。
(A)导向功能 (B)规范功能 (C)整合功能 (D)激励功能

11. 职业道德的基本原则是( )。
(A)体现社会主义核心价值观
(B)坚持社会主义集体主义原则
(C)体现中国特色社会主义共同理想
(D)坚持忠诚、审慎、勤勉的职业活动内在道德准则

12. 以下既是职业道德的要求,又是社会公德的要求是( )。
(A)文明礼貌 (B)勤俭节约 (C)爱国为民 (D)崇尚科学

13. 职业化行为规范要求遵守行业或组织的行为规范,包括( )。
(A)职业思想 (B)职业文化 (C)职业语言 (D)职业动作

14. 职业技能的特点包括( )。
(A)时代性 (B)专业性 (C)层次性 (D)综合性

15. 加强职业道德修养有利于( )。

(A)职业情感的强化　　　　　　　　　(B)职业生涯的拓展

(C)职业境界的提高　　　　　　　　　(D)个人成才成长

16. 敬业的特征包括( )。

(A)主动　　　　　(B)务实　　　　　(C)持久　　　　　(D)乐观

17. 诚信的本质内涵是( )。

(A)智慧　　　　　(B)真实　　　　　(C)守诺　　　　　(D)信任

18. 职业纪律的特征包括( )。

(A)社会性　　　　(B)强制性　　　　(C)普遍适用性　　(D)变动性

19. 一个优秀的团队应该具备的合作品质包括( )。

(A)成员对团队强烈的归属感　　　　　(B)合作使成员相互信任,实现互利共赢

(C)团队具有强大的凝聚力　　　　　　(D)合作有助于个人职业理想的实现

20. 中国北车的核心价值观是( )。

(A)诚信为本　　　　(B)创新为魂　　　(C)崇尚行动　　　(D)勇于进取

四、判 断 题

1. 道德是区别人与动物的一个很重要的标志。( )

2. 不讲职业道德的人,同样也可以成就自己的事业。( )

3. 文明和礼貌是两回事,它们没有任何联系。( )

4. 劳动力市场的开放为人们选择提供了便利条件,因此在现阶段,没必要再提倡爱岗敬业。( )

5. 诚实守信是做人的准则,但不是做事的准则。( )

6. 纪律是由少数人制定的,强制大多数人遵守的行为规范。( )

7. 创新的本质是突破,即突破旧的思维定势,旧的常规戒律。( )

8. 一个人有德无才或才无德,都不可能成就一番事业,只有德才兼备才会事业有成。( )

9. 职工个体形象是个人的事,它与企业整体形象无关。( )

10. 高效率快节奏的工作是诚实劳动的一种表现。( )

11. 现代社会讲金钱、讲利益,办事没有什么公道可讲。( )

12. 在社会主义生产条件下,竞争与合作在本质上是矛盾的,讲竞争就不能讲合作。( )

13. 创新是工程技术人员的工作,是发明家的事,它与我们平常人无关。( )

14. 讲求信用包括择业信用和岗位责任信用,不包括离职信用。( )

15. 职业纪律与员工个人事业成功没有必然联系。( )

16. 合作是打造优秀团队的有效途径。( )

17. 奉献可以是本职工作之内的,也可以是职责以外的。( )

18. 爱岗敬业是奉献精神的一种体现。( )

19. "诚信为本、创新为魂、崇尚行动、勇于进取"是中国北车的核心价值观。( )

20. 市场经济条件下,首先是讲经济效益,其次才是精工细作。( )

线圈绕制工(职业道德)答案

一、填 空 题

1. 如何做人   2. 社会需要   3. 承诺和契约   4. 实事求是
5. 职业纪律   6. 凝聚力   7. 突破   8. 行为规范
9. 集体主义   10. 自律性   11. 业务素质   12. 职业态度
13. 直接体验   14. 基础   15. 团队目标   16. 内在要求
17. 工作和劳动过程   18. 一生一世   19. 职业道德素质   20. 平台

二、单项选择题

1. B   2. A   3. B   4. B   5. B   6. D   7. C   8. C   9. A
10. D   11. B   12. C   13. A   14. B   15. C   16. D   17. C   18. B
19. D   20. B

三、多项选择题

1. BCD   2. ABD   3. ABD   4. ABC   5. ABC   6. CD   7. BCD
8. ABD   9. ABC   10. ABCD   11. ABD   12. ABCD   13. ACD   14. ABCD
15. BCD   16. ABC   17. BCD   18. ABCD   19. AC   20. ABCD

四、判 断 题

1. √   2. ×   3. ×   4. ×   5. ×   6. ×   7. √   8. √   9. ×
10. √   11. ×   12. ×   13. ×   14. ×   15. ×   16. √   17. √   18. √
19. √   20. ×

线圈绕制工(初级工)习题

一、填 空 题

1. 基准是标准尺寸的( )。

2. 投影线相互平行的投影法称为( )投影法。

3. 零件图是加工和( )零件的依据。

4. 机器或部件都是由许多( )装配而成的。

5. 确定零件表达方案,应首先合理选择( )图。

6. 零件的整体结构和尺寸已经( )化,称为标准件。

7. 在一对配合中,相互结合的孔、轴的基本尺寸( )。

8. 机件向基本投影面投影所得图形称为( )视图。

9. 假想用剖切面将机件的某处切断,仅画出( )的图形,称为剖面图。

10. 公差带由( )和标准公差组成。

11. $\phi25H7$ 中的 7 是指( )。

12. $\phi48^{+0.030}$ 的孔与 $\phi48^{+0.021}_{+0.002}$ 轴配合属( )配合。

13. 形位公差带的四要素,即形位公差的形状、( )、基准和位置。

14. 表面结构是指加工平面上具有的较小( )和峰谷所形成的表面微观几何形状特征。

15. 规格为 125 的游标卡尺测量精度是( )。

16. 一般直尺的测量精度为( )。

17. 测量电枢线圈横截面尺寸的游标卡尺精度为( )。

18. 油压机工作时应注意不能随便调整( )元件。

19. 高频铜焊机是利用( ),对励磁线圈的上下层交接部分进行铜焊。

20. 导线熔敷设备在开动前,必须将所有选择开关( )。

21. 导线熔敷时,感应加热温度应控制在( )范围内。

22. 图纸、工艺文件是电机制造过程中必须( )的法则。

23. PC 表及质检卡填写无涂改,允许按照规定划横线并加盖( )。

24. 规范填写过程质量检测和记录,确保记录填写及时、完整、( )、清楚。

25. 绕组绝缘包扎环境应( )。

26. 绕组在制作以及转运过程中应注意防( )。

27. 储存期是指绝缘材料在某种条件下存放时,不失去其使用性能的( )。

28. 一般绝缘材料的工艺周期比它的储存期( )。

29. 高压电机电枢绕组常用对地绝缘材料 CR 复合云母带的工艺周期为( )。

30. 填充泥的工艺周期为( )。

31. 线圈绝缘包扎的工作场地应该恒温、恒湿,温度在( )最为适宜。

32. 线圈制造需使用的模具的贮存环境应该整洁、干燥,以防止锈蚀,必要时可涂抹( )。

33. 使用烘箱前必须开放通风的( ),以防爆炸。

34. 液体的闪点是可能引起火灾危险的( )。

35. 火灾危险场所内的线路应采用( )的电缆和绝缘导线敷设。

36. 当电器发生火警时,应立即( )。

37. 线圈热压、烘压时人员要穿长袖衣服,戴( )。

38. 两人抬线圈要( ),协同动作。

39. 成型机处于工作状态时,严禁操作者将手放在( )上,以免发生事故。

40. 金属材料在外力作用下抵抗塑性变形或断裂的能力称为( )。

41. HT300 表示最低抗拉强度为 300 N/mm² 的( )。

42. 电机结构中常用的电工材料主要有导电材料和( )。

43. 电机中使用的主要导电材料是( )。

44. 衡量导电材料导电能力的重要技术参数是( )或电导率($1/\rho$)。

45. 电磁线是一种有( )的导电金属线。

46. 电磁线常用( )或绝缘薄膜作为绝缘层。

47. 绝缘电阻是加于绝缘体的( )与流过的泄漏电流之比,是反映材料绝缘性能的重要参数。

48. 绝缘材料受潮后( )将明显降低。

49. 绕组绝缘所用绝缘材料 6050 属( )类。

50. 云母是高压电机线圈的主要绝缘材料,其主要原因是它的( )性能优越。

51. 绝缘材料表面存在水分子或污物均会使( )降低。

52. 绝缘结构内部,若含有气隙或气泡,将严重影响( )和使用寿命。

53. 电机绕组中目前最常用的薄膜类绝缘材料为( )薄膜。

54. 聚酯薄膜芳香族聚酰胺纤维纸复合箔代号为( )。

55. 代号 PMP 青壳纸的学名为( )复合箔。

56. 常用的钎焊焊料是( )。

57. 散绕组线圈绕制时拉力过大有可能使导线截面变小与电阻变( )。

58. 漆包线的性能由( )决定,主要有机械性能、电气性能、热性能、化学性能。

59. 沿导线宽边进行绕制的线圈为( )。

60. 平绕式励磁线圈绕制时,提高线圈匝与匝之间的( ),可使线圈整体质量得到提高。

61. 为避免铜线绕制时出现断裂、裂纹现象,扁铜线应具有一定的( )、伸长率和弯曲性能。

62. 磁极线圈为顺时针转向时,线圈扁绕机采用逆时针旋转方式绕线,磁极线圈为逆时针转向时,线圈扁绕机采用( )旋转方式绕线。

63. 成型线圈的初始尺寸,主要由( )决定。

64. 绕组应力大于 50 MPa 时,将导致线圈( )。

65. 拉力值偏小导线不直,线圈会成鼓肚状,R 角易起(   )。

66. 双层绕组常用绕线模为(   )绕线模。

67. 扁铜线在弯曲变形后电阻率会(   )。

68. 绕线前应检查所用导线是否正确、(   )使用是否正确。

69. 绕线时,要求拉力均匀,不宜过紧或(   )。

70. 线圈绕制好后必须进行严格的(   )检查。

71. 为减小扁绕线圈在绕制时的摩擦常加(   )。

72. 磁极线圈在进行线圈扁绕时,为了防止导线和模具损伤,线圈在绕制过程中必须采用规定的(   )。

73. 目前使用的打纱机多为单面去纱的打纱机,这种打纱机常出现的质量问题是由于线圈的去纱长度没有定位,只靠手工掌握造成(   ),锡末有飞溅,质量差。

74. 线圈引线头若太短,不易焊牢,容易出现(   )事故。

75. 平绕磁极线圈引线头弯头的结构形式主要有(   )和扁弯。

76. 平绕磁极线圈引线头成型,一般是在(   )状态下成型。

77. 脉流电机电枢线圈,在进行引线头成型前,一般需进行引线头冲弯和(   )。

78. 电枢线圈引线头绝缘的清除,采用锡液加热炉将引线头加热,然后在(   )上将绝缘清除干净。

79. 交流电机电枢线圈的张型将梭形或棱形线圈半成品(   )所需的形状。

80. 直流电枢线圈导线弯 U 后,大 U 与小 U 之间应留有(   )间隙。

81. 直流电枢线圈敲型时,严禁用铁榔头对导线(   )。

82. 导线扁绕时,为了提高导线的延伸率,增加了导线(   )工序。

83. 绕组铜母线退火的目的是降低硬度,改善(   )性能。

84. 水封式退火炉首次升温前应先充满密封用水,再送电加热,以排除(   ),达到净化。

85. 目前磁极线圈进行退火时,一般采用的是(   )和真空退火炉。

86. 裸铜线的退火温度大概在(   )以上。

87. 整形及复型是保证线圈(   )的关键工序。

88. 增厚现象即沿窄边绕制时,拐弯的内沿增厚,使线圈(   ),导线不平,压装时容易损坏绝缘,因此必须除去导线的增厚部分。

89. 采用油压机对换向极线圈整形时,完成一次整形按施压顺序先进行(   )压,再进行侧压,之后,再进行一次正压。

90. 大电流热压机上卸模时,先将三个方向油缸(   ),再切断直流电源。

91. 电枢线圈热压机是用来热压电枢线圈的(   )部分的,它的结构特点为电加热,水冷却,加压方式用油压。

92. 扁绕线圈垫匝间绝缘后(   )的作用是使线圈导线与绝缘结合成坚实的整体。

93. F 级绝缘的励磁线圈,常用(   )漆进行匝间浸漆。

94. ZQDR—410 主励磁线圈匝间烘焙温度(   ),时间 2 h。

95. 励磁扁绕线圈的(   )一般采用垫放绝缘漆布或坯布。

96. 线圈的绝缘分匝间绝缘和(   )两种。

97. 匝间绝缘直接接触导体承受的温度比其他绝缘(   )。

98. 线圈的匝间绝缘是指同一线圈各个（　　）之间的绝缘。

99. 外包绝缘是指（　　）的绝缘。

100. 线圈对地绝缘用绝缘材料5450—1属（　　）类。

101. 线圈的对地绝缘只能使用迭包。在半迭包的情况下，绝缘实际层比名义层数大（　　）倍。

102. 平包主要用于包绕线圈的绝缘（　　）层。

103. 直流电机电枢的均压线一般采用与电枢线圈绝缘（　　）电磁线，鼻部应加强绝缘。

104. 励磁线圈热压烘焙温度应根据绝缘材料的（　　）等级而定。

105. 包扎不好的线圈在浸漆和受潮作用后将发生（　　）现象。

106. 线圈直线不能（　　）和出现鼓形或马鞍形。

107. 热压的作用是使线圈导线与（　　）结合成坚实的整体。

108. 绕组热压工艺温度的选择取决于绕组绝缘的（　　）。

109. TQFR—3000E主发电机定子线圈的对地绝缘方式采用（　　）绝缘结构。

110. 绝缘带包扎过稀，会造成绕组（　　）低，达不到电机性能要求。

111. 采用烘箱对磁极线圈烘焙时，先设定（　　），再开机。

112. 采用烘箱对线圈烘焙时，如果温度长时间上不去，可能有（　　）或者仪表损坏，应及时修理和更换。

113. 对地绝缘的作用是把电机中（　　）和机壳、铁芯等不带电的部件隔开。

114. 直流电机主磁极线圈常用5153柔软云母板作为端部（　　）。

115. 电机励磁绕组常用填充泥由石英砂和（　　）混合而成。

116. 绝缘包扎机工作前，应首先在（　　）状态下进行空运转。

117. 绝缘强度反映绝缘材料被击穿时的电压，若高于这个电压（或场强）可能会使材料发生（　　）现象。

118. 绝缘材料的击穿与散热条件有关，故温度对击穿强度的影响很大，温度越高（　　）。

119. 工频耐压机在进行耐压测试前，先进行空载设定，设定（　　）值和耐压时间。

120. 工频耐压机耐压测试是通过（　　）来判断线圈有无电击穿故障的。

121. 磁极线圈中工频耐压机试验操作的正确顺序是：打开开关；启动发电机机组；切换（　　）；将测试棒接在线圈的两端；缓慢升高电压。

122. 脉冲机是对高压电机线圈（　　）进行耐压检测的专门设备。

123. 闪络击穿试验装置是利用（　　）检测绝缘表面的闪络和击穿。

124. 耐压试验中试品的击穿和闪络的判断是利用（　　）。

125. 空气隙可导致绕组在高压工作时空气电离造成电晕放电带来（　　）。

126. 测量时应查看量具的合格证，确认量具在（　　）内。

127. 在电机绕组中使用最多的电工塑料是（　　）酚醛玻璃纤维塑料。

128. 5450—1粉云母带的绝缘等级是（　　）级。

129. 544—1粉云母带常被用于（　　）级绝缘结构中。

130. 6050绝缘材料的耐热等级和耐热温度是（　　）。

131. 544—1云母带的耐热等级和耐热温度是（　　）。

132. 电机是一种利用（　　）原理进行机电能量转换的电气设备。

133. 从电机电流类型来分,电机可分为直流电机和(　　)。

134. 旋转电机主要由(　　)和转子两大部分组成。

135. 同步电机的定子:包括电枢铁心和(　　)。

136. 直流电机转子是用来产生(　　)和电磁力矩,从而实现能量转换的主要部件。

137. 直流电机中电枢绕组的各支路间连有(　　)进行均衡,可以消除各支路电流分配不均的现象。

138. 直流电机的换向极线圈主要作用是(　　)。

139. 电流通过导体使导体发热的现象称为(　　)。

140. 参考点的电位为(　　)。

141. 电位随(　　)改变而改变,具有相对性。

142. 在纯电阻正弦交流电路中,电压与电流的有效值关系为(　　)。

143. 脉流电机为了改善脉流情况下的换向,一般都设有补偿线圈。补偿线圈采用硬线圈为(　　)线圈。

144. 电枢绕组是由许多完全相同的(　　)按一定的规律连接组成。

145. 双层绕组所有线圈具有(　　)。

146. 交流电机电枢同心式绕组是由几个大小不同的线圈,按(　　)中心位置绕制并嵌装成回字形状的线圈组。

147. 叠式绕组是由(　　)的线圈,分别以每槽嵌装一个或两个线圈边,并在槽外端部逐个相叠均匀分布的形式。

148. 电机绕组按绕组形状分:有(　　)和分布式绕组。

149. 大中型直流电机的定子主要由(　　)、换向极、机座、电刷装置等组成。

150. 脉流电动机定子装配中的换向极线圈和补偿线圈串联后,再与电枢绕组(　　)。

151. 电机的铁心是由(　　)叠压而成。

152. 1159 漆属于(　　)漆类。

153. 常用绝缘漆可用(　　)粘度计测量粘度。

154. 浸漆处理过程包括:预烘、(　　)、干燥三个过程。

155. 熔敷切断冲模每工作(　　)需加一次油脂。

156. 放线架要稳固,(　　)应转动灵活。

二、单项选择题

1. 读装配图的目的主要是了解机器或部件的名称、作用、工作原理、零件之间的(　　)、各零件的作用、结构特点、传动路线、装拆顺序和技术要求等。
(A)配合　　　　(B)顺序　　　　(C)装配关系　　　　(D)连接

2. 用来确定线段的长度、圆的直径或圆弧的半径、角度的大小等尺寸统称为(　　)尺寸。
(A)定形　　　　(B)定位　　　　(C)总体　　　　(D)组合

3. 投影线汇交于一点的投影法称为(　　)投影法。
(A)平行　　　　(B)中心　　　　(C)垂直　　　　(D)倾斜

4. (　　)投影的优点是能表达物体的真实形状和大小,而且绘图方法也比较简便,所以得到工程上的广泛应用。

(A)中心   (B)斜   (C)正   (D)侧

5. 平行于 H 面,倾斜于 V、W 面的直线,称为(　　)线。

(A)侧平   (B)正平   (C)水平   (D)一般位置

6. 一个底面为多边形,各棱面均为有一个公共点的三角形,这样的形体称为(　　)。

(A)圆锥   (B)棱锥   (C)圆柱   (D)棱柱

7. 符号"一=一"的名称是(　　)。

(A)垂直度   (B)位置度   (C)对称度   (D)平行度

8. 零件的名称、材料、数量、比例等在零件图的(　　)中查找。

(A)技术要求   (B)完整的尺寸   (C)一组视图   (D)标题栏

9. 每个零件都有长、宽、高三个方向,每个方向至少应有(　　)个基准。

(A)1   (B)2   (C)3   (D)4

10. 图纸上选定的基准称为(　　)基准。

(A)主要   (B)辅助   (C)工艺   (D)设计

11. 由下向上投影所得的视图称为(　　)视图。

(A)后   (B)俯   (C)右   (D)仰

12. 六个基本视图之间的主、左、右、(　　)高平齐。

(A)俯   (B)仰   (C)前   (D)后

13. 当机件具有对称平面时,在垂直于对称平面的投影而上投影所得的图形,可以对称中心线为界,一半画线剖视,另一半画成视图,这种图形,称为(　　)剖视图。

(A)全   (B)半   (C)局部   (D)斜

14. 移出剖面的轮廓线用(　　)线绘制。

(A)粗实   (B)细实   (C)点划   (D)波浪

15. 普通粗牙螺纹的牙型符号是(　　)

(A)r   (B)G   (C)S   (D)M

16. 当孔的下偏差大于相配合的轴的上偏差时,此配合的性质是(　　)。

(A)间隙配合   (B)过渡配合   (C)过盈配合   (D)无法确定

17. 最小极限尺寸减去其基本尺寸所得的代数差为(　　)。

(A)上偏差   (B)基本偏差   (C)下偏差   (D)最小偏差

18. $\phi30F6/h6$ 是(　　)。

(A)基孔制间隙配合   (B)基轴制间隙配合

(C)基孔制过盈配合   (D)基轴制过盈配合

19. HB 是(　　)符号。

(A)布氏硬度   (B)洛氏硬度   (C)维氏硬度   (D)冲击韧度

20. 从 1/50 mm 游标卡尺上读数,读法正确的是(　　)。

(A)8.99   (B)8.995   (C)9.01   (D)9.02

21. 一根截面尺寸为 2.65×8.6 的铜导线长 1 000 mm,它的重量为(　　)。

(A)0.198 kg   (B)0.202 kg   (C)1.98 kg   (D)2.02 kg

22. 测量云母板厚度时,应选用(　　)。

(A)游标卡尺   (B)外径千分尺   (C)钢直尺   (D)外径卡尺

23. 使用线圈专用机床需要定程、定压自动控制前,应该( )。
(A)直接找产品试验　　　　　　　　(B)参照技术文件
(C)由技术人员指导　　　　　　　　(D)空载试验良好后,再负荷试验

24. 非金属制品放入烘箱内加温,要严格按照( )进行。
(A)工人的经验　　(B)工艺规程　　(C)技术文件　　(D)设备要求

25. 导线熔敷设备在关闭高频加热柜电源,过( )后再关机,以使冷却循环水充分冷却高频加热系统。
(A)10 min　　　　(B)5 min　　　　(C)2 min　　　　(D)20 s

26. 操作数控成型机必须要求操作者( )。
(A)有丰富的经验　　(B)有操作证　　(C)有技术人员指导　　(D)经领导同意

27. 高频铜焊机工作时调节工作台前后移动手轮使工件和加热线圈有( )距离。
(A)1～2 mm　　　　(B)2～3 mm　　　　(C)3～4 mm　　　　(D)4～5 mm

28. 为了便于识别各个按钮的作用,避免误操作,常在按钮上作出不同标志或涂以不同的颜色,( )。
(A)一般红色为启动按钮,绿色或黑色表示停止按钮
(B)一般红色为停止按钮,绿色或黑色为启动按钮
(C)一般绿色为启动按钮,红色或白色为停止按钮
(D)一般黑色为启动按钮,红色或绿色为停止按钮

29. 线圈工工作前的清扫准备不包括( )。
(A)工作台面　　　　　　　　　　　(B)各个滑动面
(C)铣刀部位的灰尘、铜屑、杂物　　　(D)地面和门窗

30. 操作者在开工前,应该( )。
(A)检查是否清洁　　　　　　　　　(B)检查固定连接件有无松动
(C)准备开始工作　　　　　　　　　(D)填写交接班记录

31. 工作前,对照交接班记录卡,如有记录与实际情况不符或发现有其他故障时,应( )。
(A)直接找上一班的操作者
(B)自己如实记录,排除故障
(C)报告有关人员,进行处理,处理完毕再开机
(D)开机工作,完成当日任务

32. 低压电路中出现短路故障时,采用( )来保护线路。
(A)接触器　　(B)熔断器　　(C)热继电器　　(D)开关

33. 自动空气开关能够切断电路发生( )故障,有效地保护串接在后面的电气设备。
(A)短路、过载　　(B)失压、过载　　(C)短路、过载、失压　　(D)短路、失压

34. 使用水或其他清洁溶剂清洁机床前,由于安全原因应当( )。
(A)用专用的清洁工具　　　　　　　(B)用胶布粘牢电机和齿轮箱等的开口
(C)不能擦拭电器部分　　　　　　　(D)不能擦拭液压部分

35. 在设备高压电气部分上进行工作前,必须要求( )。
(A)切断电源

(B)切断电源,并在工作部分接地,需要短路的,必须短路

(C)只要短路

(D)只要接地就可以

36. 中小容量异步电动机的短路保护一般采用(　　)。

(A)自动空气开关　　(B)熔断器　　(C)热继电器　　(D)过流继电器

37. 油量均为 2 500 kg 以上的两台室外变压器应保护不少于(　　)的防火间距。

(A)10 m　　(B)15 m　　(C)20 m　　(D)5 m

38. 同一场所的两个及以上带静电物体,为了防止静电火花的产生应(　　)。

(A)分别接地　　　　　　　　(B)金属性等电位连接

(C)A 和 B 两者都有　　　　　(D)A 或 B

39. 有人触电时应(　　)。

(A)立即找医生　　　　　　　(B)首先切断电源

(C)奋不顾身先救人　　　　　(D)用手将触电者拉起

40. 发生火警在未确认切断电源时,灭火严禁使用(　　)。

(A)四氯化碳灭火器　　　　　(B)二氧化碳灭火器

(C)酸碱泡沫灭火器　　　　　(D)干粉灭火器

41. 爆炸危险场所敷设的电缆和绝缘导线,其额定电压不得低于(　　)V。

(A)380　　(B)500　　(C)1 000　　(D)10 000

42. 气焊时,氧气瓶与明火之间的距离应不小于(　　)。

(A)5 m　　(B)8 m　　(C)10 m　　(D)12 m

43. 操作熔敷设备时应注意不能用手触摸(　　),以免烫伤。

(A)导向轮　　(B)平直轮　　(C)压平轮　　(D)烘干箱

44. 对于电气设备无论是机械还是电气维修,都必须在断开(　　)以后,才可进行。

(A)开关　　(B)主开关　　(C)部件开关　　(D)总开关

45. 电源插座应有(　　),保证设备接地良好。

(A)稳定电源　　(B)中频电源　　(C)工频电源　　(D)地线

46. 电气试验人员,进入作业区要穿(　　)。

(A)皮鞋　　(B)塑料鞋　　(C)绝缘鞋　　(D)胶鞋

47. 在吊运工件过程中,司机对(　　)发出的"紧急停车"信号都应服从。

(A)操作人员　　(B)行走人员　　(C)任何人员　　(D)一般人员

48. 线圈工采用气焊时,应执行(　　)安全技术操作规程。

(A)线圈绕制工　　(B)气焊工　　(C)电焊工　　(D)一般工人

49. 高频铜焊机是采用高频感应焊接,只有将(　　)放在高频交变器和高频馈线上不会发生事故和损失。

(A)铁、镍等磁性材料　　　　(B)磁化物

(C)易磁化物　　　　　　　　(D)云母片

50. GCr15 钢中的平均含铬量为(　　)。

(A)1.5%　　(B)15%　　(C)0.15%　　(D)0.015%

51. 从技术性能、经济、价格来考虑(　　)是经济的普通导电材料。

(A)金和银　　　　　(B)铜和铝　　　　　(C)铁和锡　　　　　(D)铅和钨

52. 电工材料是由( )组成。

(A)电材料、绝缘材料

(B)半导体材料、导电材料、绝缘材料

(C)导电材料、绝缘材料、磁性材料

(D)导电材料、半导体材料、绝缘材料、磁性材料

53. 下列说法正确的是( )。

(A)相同长度的导线,导线截面越小电阻就越小

(B)相同截面,漆包线的硬度一般大于裸铜线的硬度

(C)相同截面玻璃丝包线的硬度小于薄膜熔敷线的硬度

(D)相同截面薄膜熔敷线的硬度小于裸铜线的硬度

54. 电磁线按绝缘特点和用途分为( )。

(A)漆包线、绕包线、胶合线、无机绝缘

(B)漆包线、单线、无机绝缘、特种电磁线

(C)漆包线、绕包线、无机绝缘、特种电磁线

(D)单线、胶合线、特种电磁线、无机绝缘

55. 线圈按绕线方式可分为( )线圈。

(A)平绕和扁绕　　(B)硬绕组和软绕组　　(C)竖放和平放　　(D)立绕和平绕

56. 补偿线圈铜线焊接只能焊接在( )。

(A)直线部位　　　　　　　　　　　　(B)端部

(C)R角　　　　　　　　　　　　　　(D)除端部外任何部位

57. 扁绕机在绕线时加乳化液的作用使铜线( )。

(A)冷却　　　　　　　　　　　　　　(B)润滑并加快绕线速度

(C)冷却,润滑　　　　　　　　　　　(D)避免生锈

58. 双层平绕磁极线圈在绕制过程中,R角处将产生变形,因此该处铜线的宽度尺寸,根据线规大小的不同,将程度不同的出现( )。

(A)变小　　　　　(B)变大　　　　　(C)变窄　　　　　(D)变薄

59. 扁绕磁极线圈在绕制过程中,当导线不够时允许对线圈进行焊接,每个线圈的接头一般不超过( )个,且接头应在线圈的直线部位。

(A)1　　　　　　　(B)2　　　　　　　(C)3　　　　　　　(D)4

60. 扁绕磁极线圈在绕制过程中,有时在线圈的( )部位易产生导线开裂现象。

(A)直线　　　　　(B)端部　　　　　(C)内圆弧　　　　　(D)外圆弧

61. ZQDR—410型直流牵引电动机电枢线圈的电磁线选用( )。

(A)单丝聚酯漆包线　　　　　　　　　(B)双丝聚酯漆包线

(C)单丝聚酰亚胺薄膜导线　　　　　　(D)聚酰亚胺薄膜导线

62. 数控绕线机在绕制梭形线圈时的拉力说法正确的是( )。

(A)导线盘径越大拉力越大　　　　　　(B)导线盘径越小拉力越大

(C)导线盘径越大拉力越小　　　　　　(D)导线盘径与拉力无关

63. 连续绕制线圈时,在( )情况才可以绕制。

(A)扭花 　　　　　　　　　　　(B)打结

(C)有轻微毛刺缺陷 　　　　　　(D)线规合格无缺陷

64. 气动弯头机适用于( )线圈引线的弯头。

(A)主极线圈 　　(B)换向极线圈 　　(C)交流电枢线圈 　　(D)直流电枢线圈

65. 直流电枢线圈引线头采用滚扁的方式,公差控制在( )范围较好。

(A)0.1~0.2 mm 　(B)0.5~0.8 mm 　(C)1~1.2 mm 　　(D)1.2~1.5 mm

66. 单面打纱机的缺点不包括( )。

(A)效率较低 　　(B)安全性差 　　(C)长度没有定位 　　(D)结构较复杂

67. 在双面打纱机中只要( ),就可以达工艺要求。

(A)将线圈依次插入和退回 　　　　(B)将线圈反复移动

(C)需要将线圈反转 　　　　　　　(D)对线圈加压

68. 采用打纱机去除引线头绝缘时,锡炉温度一般控制在( )左右。

(A)200 ℃ 　　(B)300 ℃ 　　(C)350 ℃ 　　(D)400 ℃

69. 采用打纱机去除引线头绝缘时,加温时间一般控制在( )左右。

(A)10 s 　　　(B)15 s 　　　(C)25 s 　　　(D)435 s

70. 当上、下层线圈使用高频焊接时,要保证铜焊接头在 45 s 内加热达到( )。

(A)815 ℃ 　　(B)715 ℃ 　　(C)915 ℃ 　　(D)615 ℃

71. 打扁过程中,每打扁( )支线圈必须对打扁尺寸进行测量。

(A)5~10 　　　(B)10~20 　　(C)15~20 　　(D)20~25

72. 主极线圈刨倒角是为了( )。

(A)美观 　　　　　　　　　　　(B)加大电阻

(C)减少定装时尺寸干涉 　　　　　(D)方便绝缘包扎

73. 主极线圈刨倒角的位置在( )。

(A)线圈上平面 　　　　　　　　　(B)线圈上平面外侧

(C)线圈上平面直线边内测 　　　　(D)线圈上平面端部

74. 以下装备在励磁线圈制造中经常被使用,请指出( )不属于模具。

(A)粘带切割器 　(B)绕线模 　　(C)弯头模 　　(D)热压模

75. 请指出下面电枢线圈制造中所使用的模具哪一个属于冷冲模( )。

(A)弯 U 模 　　(B)扒角模 　　(C)敲型模 　　(D)切边模

76. 扣合绝缘成型模属于下面哪一类模具( )。

(A)锻模 　　　(B)压铸模 　　(C)塑料模 　　(D)铸模

77. 退火炉在( )过程中可以向池内补充冷水。

(A)工件进炉 　　(B)自动加热 　　(C)恒温工作 　　(D)出料

78. 采用无氧退火炉,退火的时间一般控制在( )h 左右。

(A)1 　　　　　(B)2 　　　　　(C)3 　　　　　(D)4

79. 电枢线圈在绝缘包扎完成后,直线段均存在变形现象,需对直线段进行整形,采取的最佳方法是( )。

(A)手工敲打 　　(B)手工整形 　　(C)油压机整形 　　(D)气动虎钳整形

80. 扁绕磁极线圈,在它原来结构的基础上,导线加宽后其整形压力( )。

(A)不变　　　　　　(B)变大　　　　　　(C)变小　　　　　　(D)变少

81. 扁绕磁极线圈整形后，线圈端部存在波形且内圆弧处毛刺增大（模具挤压造成），其主要原因是(　　)。

(A)导线问题　　　　(B)退火问题　　　　(C)绕制问题　　　　(D)整形压力不够

82. ZQDR—410 型直流牵引电动机磁极线圈整形压力参数为(　　)。

(A)正压 1 470 kN,侧压 980 kN　　　　　　(B)正压 980 kN,侧压 1 470 kN

(C)正压 784 kN,侧压 1 176 kN　　　　　　(D)正压 1 176 kN,侧压 784 kN

83. TQFR—3000 同步主发电机磁极线圈整形压力参数为(　　)。

(A)正压 1 470 kN,侧压 980 kN　　　　　　(B)正压 980 kN,侧压 1 470 kN

(C)正压 784 kN,侧压 1 176 kN　　　　　　(D)正压 1 176 kN,侧压 784 kN

84. 采用大电流热压工艺,温度一般控制在(　　)℃。

(A)120　　　　　　(B)130　　　　　　(C)150　　　　　　(D)160

85. 使用大电流热压机时,线圈在未套入热压模前,先通电加热 5 min 左右,使线圈温度达到(　　)。

(A)40～50 ℃　　　(B)60～70 ℃　　　(C)30～40 ℃　　　(D)50～50 ℃

86. 匝间绝缘的选择要根据(　　)可能出现的最大过电压。

(A)匝间　　　　　　(B)首匝　　　　　　(C)末匝　　　　　　(D)任意处

87. 通常磁极线圈内腔棱边处绝缘最薄弱,需要补强,不常用的材料有(　　)。

(A)聚酰亚胺薄膜　　(B)nomex 纸　　　　(C)玻璃漆布　　　　(D)玻璃布

88. ZD106 型直流牵引电动机主极线圈匝间绝缘采用(　　)。

(A)NHN　　　　　　　　　　　　　　　　(B)二苯醚坯布

(C)半硫化陶瓷纸　　　　　　　　　　　　(D)C 级 TH6 半固化陶质纸

89. 线圈对地绝缘结构一般为(　　)。

(A)绕包式绝缘和套筒式绝缘　　　　　　　(B)绕包式绝缘和连续式绝缘

(C)连续式绝缘和套筒式绝缘　　　　　　　(D)混合式绝缘和连续式绝缘

90. ZD106 型直流牵引电动机电枢线圈对地绝缘结构采用(　　)。

(A)预浸树脂漆玻璃纤维粉带　　　　　　　(B)聚酰亚胺薄膜少胶带

(C)NOMEX 纸　　　　　　　　　　　　　　(D)聚酰亚胺薄膜云母复合带

91. ZD109E 型直流牵引电动机主极线圈对地绝缘结构采用(　　)。

(A)云母带＋聚四氟乙烯带　　　　　　　　(B)聚酰亚胺薄膜粘带＋二苯醚粉云母带

(C)XP215 粉云母带＋聚酰亚胺粘带　　　　(D)聚酰亚胺薄膜粘带＋C 级粉云母带

92. 线圈予烘后,温度冷却至(　　)℃才能进行浸漆。

(A)30～40　　　　　(B)40～50　　　　　(C)50～60　　　　　(D)60～70

93. 磁极线圈热压时,应先将线圈预热到(　　)℃。

(A)20～30　　　　　(B)30～40　　　　　(C)40～50　　　　　(D)50～60

94. 热压温度不够容易造成线圈(　　)。

(A)直线段错位　　　(B)直线段散匝　　　(C)直线段不直　　　(D)直线段破损

95. 绝缘材料的耐热等级 F 对应(　　)。

(A)140 ℃　　　　　(B)145 ℃　　　　　(C)155 ℃　　　　　(D)150 ℃

96. 下列物质属于固体绝缘材料的是(   )。
(A)云母　　　　　　(B)绝缘漆　　　　　　(C)变压器油　　　　　　(D)二氧化碳

97. 下列物质属于气体绝缘材料的是(   )。
(A)二氧化碳　　　　(B)陶瓷　　　　　　　(C)容器油　　　　　　　(D)纸板

98. 测量电压所用电流表的内阻(   )。
(A)要求尽量大
(B)要求尽量小
(C)要求与被测负载一样大
(D)没有要求

99. 测量电流所用电流表的内阻(   )。
(A)要求尽量大
(B)要求尽量小
(C)要求与被测负载一样大
(D)没有要求

100. 测量设备的绝缘电阻应该用(   )。
(A)欧姆表　　　　　(B)万用表　　　　　　(C)兆欧表　　　　　　　(D)电桥

101. 测电气设备的绝缘电阻时,额定电压 500 V 以上的设备要用(   )兆欧表。
(A)1 000 V 或 2 500 V
(B)500 V 或 1 000 V
(C)500 V
(D)400 V

102. 匝间工频 380 V 耐压试验,历时(   )显示灯不亮,匝间通过。
(A)3 s　　　　　　　(B)5 s　　　　　　　(C)10 s　　　　　　　　(D)1 min

103. 开式电枢线圈匝间试验电压一般选用(   )电压。
(A)脉冲　　　　　　(B)工频　　　　　　　(C)中频　　　　　　　　(D)高频

104. 磁极线圈匝间耐压试验采用(   )电压。
(A)工频　　　　　　(B)中频　　　　　　　(C)高频　　　　　　　　(D)变频

105. 闪络击穿耐压试验中试品的击穿判断是利用(   )。
(A)时间　　　　　　(B)指示灯　　　　　　(C)电压显示　　　　　　(D)阴极示波器

106. 中频机的使用环境温度应不超过(   )。
(A)45 ℃　　　　　　(B)40 ℃　　　　　　(C)42 ℃　　　　　　　　(D)50 ℃

107. 闭式电枢线圈的匝间耐压试验一般选用(   )电压试验方法。
(A)工频　　　　　　(B)中频　　　　　　　(C)脉冲　　　　　　　　(D)变频

108. 交流耐压试验是用来检验线圈绝缘(   )最有效和最直接的试验项目。
(A)电阻　　　　　　(B)性能　　　　　　　(C)介电性能　　　　　　(D)程度

109. 交流耐压试验可单个进行,也可多个线圈(   )同时进行。
(A)串联　　　　　　(B)并联　　　　　　　(C)相连　　　　　　　　(D)连续

110. 直流耐压试验用来检查线圈(   )的绝缘质量。
(A)端部　　　　　　(B)直线段　　　　　　(C)端部搭接处　　　　　(D)引线

111. 高压线圈的匝间试验应(   )进行。
(A)单个　　　　　　(B)间隔　　　　　　　(C)连续　　　　　　　　(D)几个同时

112. 匝间绝缘试验又被称为(   )。
(A)匝间试验　　　　(B)耐压试验　　　　　(C)匝间耐压试验　　　　(D)对地试验

113. 线圈匝间试验时,要缓慢升压,升压时间一般应不小于(   )s。
(A)5　　　　　　　　(B)3　　　　　　　　(C)10　　　　　　　　　(D)15

114. 影响绝缘电阻率的因素有（　　）。

(A)电流,电压,杂质,温度　　　　　(B)温度,湿度,杂质,电场强度

(C)杂质,电流,电压,湿度　　　　　(D)温度,湿度,电压,杂质

115. 脉冲机必须有良好的（　　）。

(A)短路　　　　(B)接地　　　　(C)绝缘　　　　(D)导电性

116. 使用脉冲机时应仔细操作,有异常情况应该（　　）。

(A)关闭总电源开关检查　　　　(B)穿戴好绝缘用品进行检查

(C)直接进行检查　　　　(D)去找有关人员进行检查处理

117. 闪络击穿试验装置适于（　　）鉴定绝缘性能和在绝缘工艺绝缘结构研究时进行耐压试验。

(A)低压电器　　　　(B)家用电器　　　　(C)电工产品　　　　(D)机械产品

118. 交流电枢线圈图纸给出的跨距角度是（　　）。

(A)嵌线后槽底角度　　　　(B)嵌线时的入槽角度

(C)嵌线过程角度　　　　(D)与嵌线无关的角度

119. 线圈导线的质量与导线（　　）有关。

(A)密度、长度　　　　(B)密度、截面积

(C)长度、截面积　　　　(D)长度、截面积、密度

120. 影响铜、铝导电性能的主要因素有（　　）。

(A)杂质、冷作硬化、温度、环境影响　　　　(B)潮湿、光照、污染、渗杂质

(C)冷作硬化、湿度、频率、渗杂质　　　　(D)环境影响、温度、湿度、渗杂质

121. 可影响绝缘材料介电系数的因素是（　　）。

(A)频率、温度　　　　(B)湿度、频率　　　　(C)频率　　　　(D)频率、温度、湿度

122. 绝缘材料中下列哪种物质对人体无害（　　）。

(A)玻璃丝　　　　(B)亚胺薄膜　　　　(C)云母粉尘　　　　(D)胶粘剂

123. 熔敷线上选择感应加热线时,线圈内径应比导线宽度和厚度大（　　）,其效果较好。

(A)3～4 mm　　　　(B)1～2 mm　　　　(C)4～5 mm　　　　(D)2～5 mm

124. 电机是一种利用（　　）原理进行机电能量转换的电气设备。

(A)旋转磁场　　　　(B)感应电流　　　　(C)电磁感应　　　　(D)电枢反应

125. 发电机的能量转换过程主要是（　　）的过程。

(A)机械能转变为电能

(B)电能转变为机械能

(C)一种形式的电能转变成另一种形式的电能

(D)一种形式的机械能转变成另一种形式的机械能

126. 旋转电机主要由（　　）两大部分组成。

(A)定子和铁芯　　　　(B)定子和转子　　　　(C)转子和线圈　　　　(D)转子和线圈

127. 电枢绕组主要由（　　）线圈组成。

(A)换向器　　　　(B)磁极　　　　(C)电枢　　　　(D)励磁

128. 按绕组形状分类,电枢绕组可分为（　　）绕组。

(A)凸极和隐极　　　　(B)环形和鼓形　　　　(C)单叠和复叠　　　　(D)单波和复波

129. 当主磁极绕组中有电流流过时将产生( )。

(A)主磁场　　　　　(B)主磁路　　　　　(C)感应电流　　　　　(D)感应电势

130. 要使电路的某点的电位升高,则( )。

(A)改变电路中某些电阻大小一定能实现　　　(B)改变参考点可能实现

(C)增大电源电动势一定能实现　　　(D)以上说法都不正确

131. 已知 $R_1 > R_2 > R_3$,若将此三个电阻串联接在电压为 U 的电源上,获得最大功率的电阻是( )。

(A)R_1　　　　　(B)R_2　　　　　(C)R_3　　　　　(D)无法确定

132. 判定电流周围的磁场方向用( )。

(A)左手定则　　　　　(B)右手定则　　　　　(C)安培定则　　　　　(D)楞次定律

133. 直流电机电枢绕组嵌完线圈后,所有线圈经换向器形成( )。

(A)一条支路　　　　　(B)两条支路

(C)闭合回路　　　　　(D)与极数相同的并联支路

134. 通常所说的交流电 220 V 是指它的( )。

(A)平均值　　　　　(B)有效值　　　　　(C)最大值　　　　　(D)瞬时值

135. 在纯电阻电路中下列表达式正确的是:( )。

(A)$i = \dfrac{U}{R}$　　　　　(B)$I = \dfrac{U}{R}$　　　　　(C)$I = \dfrac{u}{R}$　　　　　(D)$i \neq \dfrac{u}{R}$

136. 线圈中感生电动势的大小与通过同一线圈的( )成正比。

(A)磁通量　　　　　(B)磁通量的变化率

(C)磁通量的改变量　　　　　(D)磁感应强度

137. 电枢绕组、换向器,是构成( )主要部件。

(A)换向器　　　　　(B)主磁极　　　　　(C)主磁场　　　　　(D)电枢

138. 钎焊时焊头停留时间应( )。

(A)长一些好　　　　　(B)短一些好　　　　　(C)长短都好　　　　　(D)由焊件大小决定

139. 直流电机定子主要由( )组成。

(A)机座,电刷　　　　　(B)端盖,电刷

(C)主磁极,换向器　　　　　(D)机座,主磁极,换向极,端盖

140. 主极铁心选用薄的钢板冲片的目的是减少( )损耗。

(A)磁滞　　　　　(B)铜　　　　　(C)涡流　　　　　(D)铁

141. 电枢主要由( )组成。

(A)电枢铁心,换向器　　　　　(B)电枢铁心,电枢绕组,换向器,转轴

(C)轴承,风扇　　　　　(D)电枢绕组

142. 我国生产的内燃机车直流牵引电动机没有( )线圈。

(A)主磁极　　　　　(B)补偿绕组　　　　　(C)均压线　　　　　(D)电枢

143. 组成电枢绕组的线圈必须( )。

(A)完全相同　　　　　(B)完全不同　　　　　(C)部分相同　　　　　(D)部分不同

144. 绝缘中的空气泡对交流电机危害比直流电机( )。

(A)小　　　　　(B)一样　　　　　(C)大　　　　　(D)差不多

145. 钎焊时,搭接间隙一般要求在(　　　)mm。

(A)0.01~0.02　　　　(B)0.03~0.04　　　　(C)0.05~0.2　　　　(D)0.3~0.4

146. 钎焊时,搭接长度应(　　　)倍母材厚度,但不超过 15 mm。

(A)大于 3　　　　(B)小于 3　　　　(C)等于 3　　　　(D)等于任意

147. 直流电机一个线圈元件的两个有效边之间的距离为(　　　)。

(A)极距　　　　(B)合成节距　　　　(C)第一节距　　　　(D)换向节距

148. 测量 380 V 电动机定子绕组的绝缘电阻应该用(　　　)。

(A)万用表　　　　(B)500 V 兆欧表　　　　(C)1 000 V 兆欧表　　　　(D)2 500 V 兆欧表

149. 额定电压在 3 000 V 以上的电机,用(　　　)V 兆欧表测量绝缘电阻。

(A)500　　　　(B)1 000　　　　(C)2 000　　　　(D)2 500

150. 绝缘漆类产品的命名原则是:产品名称由(　　　)组成。

(A)化学成分　　　　　　　　　　　　(B)基本名称

(C)化学成分和基本名称　　　　　　　(D)按照绝缘漆的名称命名

151. 线圈浸漆前进行预烘可以排除线圈(　　　)。

(A)气隙　　　　(B)粉尘　　　　(C)潮气　　　　(D)气泡

152. 使用机床在工作完毕后,一般不需要做的工作有(　　　)。

(A)关机　　　　　　　　　　　　　　(B)关掉气阀

(C)关掉电源　　　　　　　　　　　　(D)给机床储油箱加油

153. 振荡频率高于预定的振荡范围时,振荡就立即显示出异常情况。下列不属于产生这样的故障的原因有(　　　)。

(A)线圈匝间短路　　　　　　　　　　(B)馈电线短路

(C)线圈或馈电线接地　　　　　　　　(D)振荡装置有问题

154. 设备运转中,发生事故或故障时,应立即(　　　)。

(A)停车断电,报告有关人员处理　　　(B)停车断电,自己检查处理

(C)马上检查,排除故障　　　　　　　(D)报告有关人员进行处理

155. 每次拆接高压输出线,必须将电源转换开关(　　　)。

(A)扳向关闭位置　　　(B)不使用　　　(C)扳向断开的位置　　　(D)切断总电源

156. 对数控成型机的检查应该是(　　　)。

(A)每次换班一次　　　(B)一天一次　　　(C)一周一次　　　(D)一周两次

三、多项选择题

1. 配合可分为(　　　)。

(A)间隙配合　　　　(B)过渡配合　　　　(C)过盈配合　　　　(D)紧凑配合

2. 具有互换性的零件不是(　　　)。

(A)相同规格的零件　　　　　　　　　(B)不同规格的零件

(C)相互配合的零件　　　　　　　　　(D)形状和尺寸完全相同的零件

3. 过渡配合可能具有(　　　)。

(A)过盈的配合　　　(B)间隙的配合　　　(C)间接的配合　　　(D)直接的配合

4. 属于长度单位的有(　　　)。

(A)海里　　　　　　(B)码　　　　　　　(C)英寸　　　　　　(D)平方米

5. 伏特(V)是(　　　)的计量单位。

(A)电压　　　　　　(B)电动势　　　　　(C)电位　　　　　　(D)电源

6. 游标卡尺的规格不是按照(　　　)来规定的。

(A)测量限起止范围　(B)测量上限　　　　(C)测量下限　　　　(D)被测量物体

7. 常用的电工测量方法有(　　　)。

(A)直接测量法　　　(B)比较测量法　　　(C)间接测量法　　　(D)校核测量法

8. 属于不合格产品的评审处理意见有(　　　)。

(A)返修　　　　　　(B)报废　　　　　　(C)降级使用　　　　(D)让步接收

9. 操作者发现工装模具状态不好时应向(　　　)人员反馈。

(A)设备员　　　　　(B)工装员　　　　　(C)调度员　　　　　(D)工艺员

10. 工装模具不合格表现在(　　　)。

(A)尺寸超差　　　　(B)表面磨损　　　　(C)棱边毛刺　　　　(D)形状变形

11. 绝缘材料领来后需进行(　　　)检查。

(A)外观　　　　　　(B)质量　　　　　　(C)成分　　　　　　(D)保质期

12. 线圈转序时应轻拿轻放,是为防止(　　　)。

(A)导线磕碰　　　　(B)绝缘损伤　　　　(C)匝间绝缘移位　　(D)伤及操作者

13. 物质燃烧必须具备的三个条件是(　　　)。

(A)可燃物　　　　　(B)空气　　　　　　(C)助燃物　　　　　(D)温度达到燃点

14. 生产性毒物以物理形态分为(　　　)。

(A)气体　　　　　　(B)烟　　　　　　　(C)雾　　　　　　　(D)粉尘

15. 电磁线的主要性能包括(　　　)。

(A)力学性能　　　　(B)电气性能　　　　(C)热性能　　　　　(D)化学稳定性

16. 一般云母制品主要有(　　　)。

(A)云母带　　　　　(B)云母板　　　　　(C)云母箔　　　　　(D)云母纸

17. 绕包线有(　　　)。

(A)云母带绕包线　　(B)漆包线　　　　　(C)薄膜绕包线　　　(D)铜母线

18. 云母制品主要成分包括(　　　)。

(A)片或粉云母　　　(B)补强材料　　　　(C)胶粘剂　　　　　(D)绝缘漆

19. B级绝缘材料允许温度为(　　　)。

(A)130 ℃　　　　　(B)105 ℃　　　　　(C)180 ℃　　　　　(D)155 ℃

20. 比铁密度大的材料有(　　　)。

(A)合金钢　　　　　(B)黄铜　　　　　　(C)铝　　　　　　　(D)高速钢

21. 可常温存放的绝缘材料有:(　　　)。

(A)薄膜　　　　　　(B)塑料　　　　　　(C)玻璃丝带　　　　(D)硅橡胶带

22. 影响绝缘材料导电的因素主要有(　　　)三种。

(A)杂质　　　　　　(B)密度　　　　　　(C)温度　　　　　　(D)湿度

23. 电机绕组常用的纤维制品主要指的是(　　　)等。

(A)布　　　　　　　(B)绸　　　　　　　(C)纸　　　　　　　(D)薄膜

24. 下列绝缘材料达到 H 级的有（　　　）。

(A)XP218 多胶粉云母带
(B)6050 聚酰亚胺薄膜
(C)DY7329 少胶粉云母带
(D)544—1 粉云母带

25. 下述绝缘材料不属于 H 级绝缘材料的有（　　　）。

(A)1159 漆
(B)1032 漆
(C)1141 胶
(D)5231 云母带

26. 聚酰亚胺薄膜一般比较薄，经常使用的是厚度（　　　）规格。

(A)0.05 mm
(B)0.033 mm
(C)0.075 mm
(D)0.025 mm

27. 用于铜焊接的钎料有（　　　）。

(A)黄铜钎料
(B)铜基钎料
(C)铜磷钎料
(D)铝基钎料

28. 交流电机多匝成型线圈采用绝缘扁线绕制成，形状有（　　　）。

(A)棱形
(B)圆形
(C)梭形
(D)梯形

29. 绕线是磁极线圈制造过程的一道关键工序，它的质量好坏，直接影响到线圈（　　　）。

(A)匝间短路
(B)横截面尺寸超差
(C)内宽尺寸
(D)内长尺寸

30. 绕制线圈时应检查模具表面是否有（　　　）。

(A)磕碰伤
(B)尖角
(C)毛刺
(D)灰尘

31. 平绕机压轮倒转通常不是因为（　　　）。

(A)压轮压力大
(B)轮轴润滑不好
(C)支架轴润滑
(D)操作者的失误

32. 磁极线圈绕制时不需要（　　　）设备。

(A)平绕机
(B)扁绕机
(C)补偿绕线机
(D)油压机

33. 平绕主极线圈绕线过程如何使导线与模具一致（　　　）。

(A)压轮平直导线
(B)木榔头敲打导线
(C)直接绕线
(D)随导线自然成型

34. 绕线前须对（　　　）项进行检查。

(A)导线线规
(B)模具状态
(C)设备状态
(D)匝间绝缘尺寸

35. 线圈绕向有（　　　）。

(A)平绕
(B)扁绕
(C)顺时针
(D)逆时针

36. 线圈匝数会影响线圈的（　　　）。

(A)线圈内长尺寸
(B)线圈内宽尺寸
(C)线圈高度尺寸
(D)线圈电阻

37. 导线厚度会影响平绕线圈的（　　　）。

(A)线圈内长尺寸
(B)线圈外宽尺寸
(C)线圈高度尺寸
(D)线圈电阻

38. 磁极线圈匝间不齐时会影响（　　　）。

(A)线圈匝间绝缘垫放
(B)线圈匝间绝缘破损
(C)线圈外长尺寸
(D)线圈高度尺寸

39. 扁绕的特点是（　　　）。

(A)散热效果好
(B)抗弯强度高
(C)抗拉强度高
(D)工艺复杂

40. 扁绕机常用于（　　　）的绕制。

(A)主极线圈
(B)定子线圈
(C)补偿线圈
(D)换向极线圈

41. 下面属于电枢线圈制造过程所用设备有（　　　）。

(A)平直下料机　　　　(B)绕线机　　　　　　(C)绝缘包扎机　　　　(D)脉冲检测仪

42. 下列电枢线圈成型过程中引线头不齐度满足要求的有(　　)。

(A)2 mm　　　　　　(B)1 mm　　　　　　(C)0.15 mm　　　　　(D)2.5 mm

43. 线圈引线头的成型工艺方法有(　　)成型。

(A)手工　　　　　　(B)设备　　　　　　(C)模具　　　　　　(D)自动

44. 一般线圈引线头的(　　)是在冲床上完成的。

(A)切头　　　　　　(B)冲孔　　　　　　(C)打扁　　　　　　(D)打砂

45. 直流电机电枢线圈鼻部成型结构,有(　　)结构等。

(A)弯 U　　　　　　(B)焊接　　　　　　(C)对接　　　　　　(D)鼻部扭角

46. 一个线圈分(　　)几部分。

(A)鼻部　　　　　　(B)直线部　　　　　　(C)前端接　　　　　(D)后端接

47. 要求敲形后的电枢线圈必须与敲形模服帖,线圈匝间不允许有(　　)现象,直线部位须平直,不允许有对绝缘的伤害。

(A)错位　　　　　　(B)单叠　　　　　　(C)松散　　　　　　(D)弯曲

48. 张型机有(　　)式两种。

(A)电动　　　　　　(B)手动　　　　　　(C)液压　　　　　　(D)机械

49. 张型常见的问题是(　　)。

(A)张力不足　　　　(B)张力过大　　　　　(C)线圈绝缘磨损　　　(D)张型不到位

50. 型模包括(　　)三类。

(A)锻模　　　　　　(B)塑料模　　　　　　(C)压铸模　　　　　(D)冷冲模

51. 通常电枢线圈制造中需使用的模具有(　　)。

(A)弯 U 模　　　　　(B)扒角模　　　　　　(C)敲型模　　　　　(D)绕线模

52. 导线及线圈退火的作用(　　)。

(A)消除内应力　　　(B)使铜线变软　　　　(C)去除导线毛刺　　　(D)改变导线颜色

53. 目前磁极线圈进行退火时,一般采用的是(　　)。

(A)普通退火炉　　　(B)无氧退火炉　　　　(C)有氧退火炉　　　(D)真空退火炉

54. 整形压力的大小要根据(　　)来定。

(A)模具尺寸　　　　(B)线圈的尺寸　　　　(C)导线的尺寸　　　(D)液压机

55. 匝间热压目的是(　　)。

(A)使线匝排列整齐　　　　　　　　　(B)使线匝粘结成一个牢固的整体

(C)加强绝缘　　　　　　　　　　　　(D)固化绝缘

56. 不适用于垫放匝间绝缘的材料有:(　　)。

(A)填充泥　　　　　(B)无碱带　　　　　　(C)粉云母带　　　　(D)薄膜复合制品

57. 造成磁极线圈断路故障的原因有:(　　)。

(A)焊接工艺不良造成假焊　　　　　　(B)线圈污染

(C)匝间绝缘厚度过小　　　　　　　　(D)导线有毛刺

58. 造成线圈匝间短路的原因有:(　　)。

(A)电机环火　　　　　　　　　　　　(B)经过长期运行绝缘老化

(C)线圈表面存在潮气及污染　　　　　(D)匝间绝缘强度低

59. 影响线圈匝间耐压的有(　　　)因素。

(A)导线截面积　　　(B)匝间绝缘强度　　　(C)线匝毛刺　　　(D)线匝间异物

60. 下列设备中(　　　)是用于匝间处理的设备。

(A)大电流热压设备　　(B)烘箱　　　(C)弯形机　　　(D)浸漆罐

61. (　　　)是主极线圈匝间绝缘方式。

(A)电磁线本身绝缘　　　　　　　　(B)绕线时匝间垫放绝缘材料

(C)绕线后匝间垫放绝缘材料　　　　(D)整体绝缘浸

62. 常用的外包绝缘材料有(　　　)。

(A)无碱玻璃丝带　　　(B)热缩带　　　(C)漆布　　　(D)复合材料 NHN

63. 线圈绝缘一般采用(　　　)等方式。

(A)迭包　　　(B)单叠　　　(C)平包　　　(D)疏包

64. 绝缘绕包方式从工艺操作方面可分为(　　　)两种方式。

(A)半迭包　　　(B)机器绕包　　　(C)手工绕包　　　(D)平包

65. 电枢线圈的层间短路是由于(　　　)。

(A)层间绝缘尺寸较小　　　　　　(B)绝缘没有垫放到位

(C)导线毛刺造成绝缘缺陷　　　　(D)匝间绝缘厚度小

66. 常用的修头绝缘有(　　　)。

(A)聚酰亚胺薄膜粘带　　　　　　(B)玻璃丝粘带

(C)玻璃丝带　　　　　　　　　　(D)聚酰亚胺薄膜

67. 绝缘包扎机的结构主要有(　　　)。

(A)机头板　　　(B)链轮　　　(C)链条　　　(D)转盘

68. NOMEX 芳香聚酰胺纸常用于线圈(　　　)。

(A)外包绝缘　　　(B)对地绝缘　　　(C)垫隔绝缘　　　(D)端部绝缘

69. 多胶云母带如果出现(　　　)等现象应立即停止使用。

(A)分层　　　(B)云母脱落　　　(C)胶粘剂粘手　　　(D)脱丝

70. 直流电枢线圈常见的质量问题是(　　　)。

(A)匝间短路　　　　　　　　　　(B)横截面尺寸超差

(C)引线头尺寸超差　　　　　　　(D)线规超差

71. 交流线圈常见的质量问题是(　　　)。

(A)匝间短路　　　　　　　　　　(B)横截面尺寸超差

(C)引线头尺寸超差　　　　　　　(D)线规超差

72. 线圈绝缘破坏,就会造成绕组(　　　)。

(A)匝短　　　(B)接地　　　(C)尺寸超差　　　(D)外观差

73. 脉冲测试仪不能在(　　　)使用,以免测量受场的干扰。

(A)强磁场　　　(B)弱磁场　　　(C)电场　　　(D)高温场合

74. 固体电介质的击穿大致可分(　　　)三种形式。

(A)放电击穿　　　(B)热击穿　　　(C)电击穿　　　(D)受潮击穿

75. 耐压试验分(　　　)。

(A)直流耐压试验　　(B)交流耐压试验　　(C)脉冲耐压试验　　(D)中频耐压试验

76. 通过电阻测量可以判断( )是否正确。
(A)绕组匝数　　　　(B)线径　　　　(C)线圈长度　　　　(D)接线

77. 线圈的质量检查分( )。
(A)外观检查　　　　(B)尺寸检查　　　　(C)电气检查　　　　(D)性能检查

78. 属于电机绝缘材料及绝缘结构的基本要求的是( )。
(A)良好的介电性能　　　　　　　　(B)良好的耐热性能
(C)良好的导热性　　　　　　　　　(D)良好的加工性能

79. 电路即导电的回路,由( )和控制设备等组成。
(A)电源　　　　(B)负载　　　　(C)连接导线　　　　(D)电阻

80. 电机上使用的线圈一般分为( )。
(A)转子线圈　　　(B)定子线圈　　　(C)励磁线圈　　　(D)磁极线圈

81. 直流电机转子线圈一般是由( )组成的。
(A)电枢线圈　　　(B)均压线　　　(C)励磁线圈　　　(D)磁极线圈

82. 交流线圈按相数不同可分为( )绕组。
(A)单相　　　　(B)两相　　　　(C)三相　　　　(D)多相

83. 交流单层绕组的主要优点是( )。
(A)结构简单　　　(B)嵌线比较方便　　　(C)槽的利用率高　　　(D)寿命长

84. 蛙式绕组是由( )混合组成。
(A)迭绕组　　　(B)波绕组　　　(C)单绕组　　　(D)双绕组

85. 阻尼绕组由( )等组成。
(A)阻尼条　　　(B)阻尼环　　　(C)阻尼连接片　　　(D)阻尼接头

86. 电机的结构主要包括两部分( )。
(A)定子　　　(B)转子　　　(C)换向器　　　(D)线圈

87. 电机的定子包括( )。
(A)定子铁心　　　(B)定子绕组　　　(C)机座　　　(D)端盖

88. 电机嵌线时( )是引起电枢线圈匝间短路的主要原因。
(A)敲击过重　　　　　　　　　(B)线圈在铁芯槽内位置不符
(C)铁心毛刺大　　　　　　　　(D)槽口绝缘破损

89. 电枢绕组有( )绕组。
(A)蛙式　　　　(B)单叠　　　　(C)单波　　　　(D)复叠

90. 换向器绝缘包括( )。
(A)换向片片间绝缘　　　　　　(B)换向片组对地绝缘
(C)玻璃丝带　　　　　　　　　(D)云母板

91. 引线头焊接时必须( )。
(A)焊接牢固　　　　　　　　　(B)引线头伸入线圈内腔
(C)打磨表面高点　　　　　　　(C)焊缝饱满

92. 导线焊接的工艺方法有很多种,如:( )等。
(A)气焊　　　　(B)电阻焊　　　　(C)氩弧焊　　　　(D)高频焊

93. 钎焊接头时钎料不能填缝的可能产生原因有( )。

(A)间隙太大或大小 　　　　　　　　(B)零件表面清理不好

(C)零件加热不够 　　　　　　　　　(D)钎料配合不当

94. 绝缘漆的用途有（　　　）。

(A)浸渍 　　　　(B)外观装饰 　　　　(C)覆盖 　　　　(D)胶粘

95. 浸渍的分类有（　　　）。

(A)沉浸（常压浸渍）　(B)滴浸 　　　　(C)滚浸 　　　　(D)真空压力浸渍

96. 机床电气线路图可以用（　　　）表示。

(A)原理图 　　　　(B)接线图 　　　　(C)机械图 　　　　(D)示意图

四、判 断 题

1. 锥度是指正圆锥底圆直径与圆锥高度之比。（　　）

2. 画平面图形时应先画连接线段再画已知线段。（　　）

3. 当平面平行于投影面时，它的投影反映其实际形状。（　　）

4. 用正投影法绘制的投影图称为视图。（　　）

5. 任何物体都可看成是由点、线、面等几何元素所构成的。（　　）

6. 对三个投影面都倾斜的直线称为一般位置线。（　　）

7. 立体表面上的点，其投影一定位于立体表面的同面投影。（　　）

8. 任何物体都具有长、宽、高三个方向的尺寸。（　　）

9. 设计图样上所采用的基准，称工艺基准。（　　）

10. 选择基准时，应尽量使设计基准和工艺基准重合。（　　）

11. 设计中的重要尺寸，要从基准单独直接标出。（　　）

12. 标注尺寸时，不允许出现封闭的尺寸链。（　　）

13. 零件图的尺寸标注，必须做到正确、完整、清晰、合理。（　　）

14. 尺寸链中开口环的尺寸在加工中自然形成。（　　）

15. 逆时针方向旋进的螺纹称为右旋螺纹。（　　）

16. 凡牙型、直径和螺距符合标准的称为标准螺纹。（　　）

17. 如果一对孔、轴装配后有间隙，则这对配合就称为间隙配合。（　　）

18. 相互配合的孔和轴，其基本尺寸必须相同。（　　）

19. 配合公差永远大于相配合的孔或轴的公差。（　　）

20. 允许间隙或过盈的变动量，叫配合公差。（　　）

21. 局部视图是不完整的基本视图。（　　）

22. 表达机件内部结构，常采用剖视图的方法。（　　）

23. 金属材料的剖面符号，应画成与水平成 $45°$ 的互相平行间隔均匀的细实线。（　　）

24. 移出剖面应尽量配置在剖切平面的延长线上。（　　）

25. 在数控成型及包带机上，工作时要观察显示屏的提示进行操作。（　　）

26. 操作者可以离开或托人代管开动着的设备。（　　）

27. 在高频焊机启动后，再供给冷却水和气。（　　）

28. 在启动和关闭机床的过程中，必须严格按照操作手册，观察显示器的指示进行。（　　）

29. 离岗回来，重新开机时，要认真检查设备各部位，确认无误，方可再行开机。（　　）

30. 使用高频铜焊机,启动前,必须先开冷却水泵,将所有开关置零。（　　）

31. 高频铜焊机工作中,气缸压下工件时,工件和线圈可以接触。（　　）

32. 交接班记录应该在工作开始前认真填写。（　　）

33. 对新上岗员工的培训必须在技术人员的指导下进行。（　　）

34. 操作过程中,各种绝缘材料与废料不能混放。（　　）

35. 领取材料时要检查材料是否在有效期内。（　　）

36. 电枢线圈在操作过程中要及时进行防护。（　　）

37. 机床运转时,禁止用手清除机床上的铜屑。如有需要用专用的抹布擦掉铜屑。（　　）

38. 打开烘箱时,必须先断电。（　　）

39. 熔敷线在运行中,不能用手触摸高频加热器和辐射炉。（　　）

40. 开关应远离可燃物料存放地点 3 m 以上。（　　）

41. 为了防止导线局部过热或产生火花,危险场所内的线路均不得有中间接头。（　　）

42. 在有毒物地带作业时,操作者应按工艺和操作规程要求严格做好个人防护工作。（　　）

43. 烘箱内严禁放置易燃、易爆物品。（　　）

44. 对有安全标记的零部件,在需要时操作人员也可以自己拆卸。（　　）

45. 扁绕机的正前方 2 m 内不得站人。（　　）

46. 数控成型机必须有防护装置保护操作者。（　　）

47. 可锻铸铁是指可以锻造的铸铁。（　　）

48. T3 是 3 号工业纯铜的代号。（　　）

49. 铝作为导电材料最大的优点是导电性能好。（　　）

50. 导体材料是由普通导电材料和特殊导电材料组成。（　　）

51. 漆包线按绝缘层结构分类有绝缘、厚绝缘、加厚绝缘、复合绝缘。（　　）

52. 绝缘材料的主要性能包括电气性能、热性能,力学性能(机械)和理化性能等。（　　）

53. 绕包线与漆包线同属电磁线。（　　）

54. 漆包线由漆膜与导线芯组成。（　　）

55. 铜导线产品代号表示方法 TBR、TDY,T－铜、B－扁线、D－铜带、R－软态、Y－硬态。（　　）

56. 按照绝缘层的特点和用途,电磁线可分为漆包线、绕包线、无机绝缘线和特种电磁线四大类。（　　）

57. 牵引电机线圈常用导线有扁铜线、玻璃丝漆包线和薄膜绕包线。（　　）

58. 平绕线圈在制作过程中,匝与匝之间的密实性和导线的平整性与压力滚轮的压力相关,根据导线厚度不同,其滚轮压力的大小也将不同。（　　）

59. 绕线时,安装绕线模必须使绕线模与转盘平行,不能倾斜。（　　）

60. 扁绕磁极线圈在绕制时,一般要求绕线模的绕线柱两端头长度尺寸等于或小于线圈图纸要求的内框长度尺寸。（　　）

61. 扁绕磁极线圈的成型结构中,在线圈 R 角处的扁弯绕角度,主要有 90°(线圈为四中心)和 180°(线圈为两中心)。（　　）

62. 串励线圈都是扁绕线圈。（　　）

63. 扁绕机如因横梁不能落下,需要停止工作时,可以用可靠的木桩顶住横梁,关闭

风阀。（　　）

64. 直流电枢线圈平直下料,每一根导线的长度是一样的。（　　）

65. 搪锡打纱时根据工作经验来调整锡炉锡液的深度。（　　）

66. 电枢线圈在搪锡打纱时,要求锡液的温度是 300 ℃左右。（　　）

67. 一般进行打扁尺寸测量时,测量工具主要为游标卡尺、卷尺。（　　）

68. 打扁后引线头刀颈根部不能超过 3 mm。（　　）

69. 平绕线圈引线头成型工艺方法,主要采用的是自动成型。（　　）

70. 防止线圈成型后引线头不齐的关键在于线圈滚扁冲弯时定位尺寸必须准确。（　　）

71. 双面打纱机为可调节结构设计,钢丝轮间隙可以根据实际要求来调整。（　　）

72. 单面打砂机也可以不靠手工掌握去砂长度,设置挡板。（　　）

73. 打纱工作时,工件搪锡不准带有水分,浸入时要缓慢。（　　）

74. 线圈张型时顶弧板顶弧太高或者太低,都将影响成型后线圈的总长和鼻高。（　　）

75. 交流电枢线圈端部弧度是关键尺寸。（　　）

76. 双根并绕的线圈用保护带,采用聚酯薄膜比采用白布带效果更好。（　　）

77. 为了消除伸延产生的硬化现象,提高工件的韧性,可采用低温退火处理。（　　）

78. 使用水封真空炉应注意水封的高度,密封不好将会使工件氧化。（　　）

79. 纯铜退火温度在 500～700 ℃之间。（　　）

80. 退火炉经检查确认无误就可以装炉正式开炉。（　　）

81. 弯曲圆角半径的大小与材料厚度有关。（　　）

82. 由于材料弯曲后有回弹现象,因此材料弯曲后必须要进行整形处理。（　　）

83. 大电流热压主要应用于磁极线圈的匝间绝缘处理。（　　）

84. 匝间绝缘要求有足够的机械强度和电气强度。（　　）

85. 电枢线圈的引线头绝缘要服帖、紧密、平齐。（　　）

86. 串励线圈的匝间绝缘常采用的 NOMEX 纸是由人工合成的聚酰胺聚合物。（　　）

87. 线圈匝短是由于线匝排列不整齐造成的。（　　）

88. 电磁线绝缘在满足要求的前提下,越薄越好。（　　）

89. 多匝线圈导线选择越软越好。（　　）

90. 用裸铜线绕制作的平绕磁极线圈,其匝间绝缘是在线圈绕制成形后再进行匝间绝缘处理。（　　）

91. 多胶云母结构匝间处理时刷漆是为了补强对地绝缘。（　　）

92. 导线或线圈绝缘采用 1/2 叠包时,要求绝缘带重叠宽度为 45%～50%。（　　）

93. 线匝排列不整齐,容易导致线圈短路。（　　）

94. 热压的目的是使线圈导线与绝缘结合成一体。（　　）

95. 包带机在工作中才检查调整绝缘带张紧力的机构是否灵活。（　　）

96. 开式电枢线圈匝间试验电压一般选用工频电压。（　　）

97. 磁极线圈的匝间试验电压一般选用中频电压。（　　）

98. 直流电压表扩大量程可采用测量机构与附加电阻串联的方法。（　　）

99. 已经制好的电压表串联适当的分压电阻后,还可以进一步扩大量程。（　　）

100. 直流电流表扩大量程可采用测量机构与附加电阻串联的方法。（　　）

101. 已经制好的电流表并联适当的分流电阻后,还可以进一步扩大量程。( )

102. 用万用表测设备绝缘电阻不能得到符合实际工作条件下的绝缘电阻。( )

103. 万用表的接线柱与被测设备间连接的导线可用双股绝缘线或绞线。( )

104. 常用摇表(兆欧表)的原理是发电机原理。( )

105. 脉冲机属于高压试验设备,操作现场必须有两个人以上,不得一人单独操作。( )

106. 对地耐压试验时连接试样的高压测量引线可以很长,不会影响测试效果。( )

107. 试验过程中,电压回零之前不得断开脚踏开关,只有发生意外事故才迅速松开脚踏开关。( )

108. 只要有良好的绝缘设施,熟知操作规程,试验装置可以一人操作。( )

109. 仪表误差表示的方法有系统误差、偶然误差、疏失误差。( )

110. 绕组绝缘电阻的大小能反映电机在冷态或热态时的绝缘质量。( )

111. 测量绕组对地绝缘电阻就是测量绕组对机壳的绝缘电阻。( )

112. 洛氏硬度主要用于测量较软的材料。( )

113. 使用时导电材料的电阻率愈小愈好,可降低输电损耗。( )

114. 绝缘老化的方式主要有环境变化、热老化和电老化三种。( )

115. 绝缘材料是绝对不导电的材料。( )

116. 常温常压下的干燥空气不是良好的绝缘体。( )

117. 钎焊过程中必须选高于所钎接的母材熔点的钎料。( )

118. 助钎剂能除去被焊金属表面的氧化物。( )

119. 电机是一种机电元件。( )

120. 直流电机只可以作为电动机使用。( )

121. 直流电机主要由定子和转子两大部分构成。( )

122. 电枢绕组和电枢铁心是构成直流电机的两大部件。( )

123. 主磁极由主磁极铁心和主磁极绕组构成。( )

124. 直流电机的转子又称电枢。( )

125. 电机的转子部分都称为电枢。( )

126. 交流异步电动机的转子绕组分笼型和绕线型两类。( )

127. 电枢绕组是电机实现能量转换的部件。( )

128. 电机的电枢绕组线圈都嵌在转子铁心槽内。( )

129. 主磁极绕组的作用是用来产生主磁场。( )

130. 电流强度大小是单位时间内通过导体横截面积的电量。( )

131. 电动势与电压单位相同都是伏特。( )

132. 串联电阻越多,等效电阻越大。( )

133. 并联电阻越多,等效电阻越大。( )

134. 电源电动势等于电源端电压加上内压降。( )

135. 基尔霍夫第一定律表明:电路中的任意节点的电荷不可能发生积累。( )

136. 当磁通发生变化时,导体或线圈中就会有感生电流产生。( )

137. 合成节距:是相串联在一起的两个元件的对应边在电枢表面上所跨的距离。用虚槽数来表示。( )

138. 合适的短距绕组可以改善电机的电磁性能。（　　）

139. 三相交流电机电枢绕组按槽内层数分为：单层绕组和双层绕组。（　　）

140. 按每极每相槽数是整数还是分数分为整数槽绕组和分数槽绕组。（　　）

141. 多匝线圈分为软绕组和硬绕组两类。（　　）

142. ZQDR—410 型直流牵引电动机电枢线绕组为单波绕组。（　　）

143. 一台电机中绝缘材料的等级可以不同。（　　）

144. 变压器的主要部件有铁心和绕组。（　　）

145. 变压器中铁心是电的通路，线圈是磁的通路。（　　）

146. 长距绕组一般不采用，其主要原因是端部较长，用铜量较多。（　　）

147. 线圈浸漆后可提高线圈的绝缘强度。（　　）

148. 浸渍是用绝缘漆堵塞纤维绝缘材料和其他制件的孔隙的生产过程。（　　）

149. 组合开关一般用于电气设备中作为频繁地接通和断开电路。（　　）

150. 设备在运行过程中如发生事故或故障，不要切断电源，保持现场，及时报告，进行处理。（　　）

151. 检查电气按钮、电动机，接地线是否符合要求，应定期进行，而不一定在开工前。（　　）

152. 用自动空气开关作为机床电源引入开关，就不需要再安装熔断器作短路保护。（　　）

153. 机动设备工作时，可以进行清洗工作。（　　）

154. 熔敷线要启动，风、水、电要满足要求。（　　）

五、简答题

1. 简述散嵌绕组的工艺特点。

2. 线圈绕制工常用工具有哪些？

3. 怎样消除弯曲中的常见破裂缺陷？

4. 绕制磁极线圈时导线拉力对线圈质量有何影响？

5. 磁极线圈绕制尺寸较小会对后工序产生什么质量问题？

6. 简述散绕组绕线时拉力的控制要求。

7. 在扁绕磁极线圈时，当铜线绕制一个线圈不够长时，应该怎么办？

8. 磁极线圈进行扁绕时在圆弧角处常会出现什么现象？

9. 简述电枢线圈打扁工艺过程。

10. 常用的搪锡打纱与桌式机打纱的优缺点是什么？

11. 产生引线头不平整的原因有哪些？

12. 简述影响引线头搪锡质量因素。

13. 电枢线圈引线头太短有什么害处？

14. 简述常见直流电枢线圈成型工艺流程。

15. 简述交流电机硬绕组定子线圈成型工艺流程。

16. 简述 YZ08 电枢线圈的工艺流程。

17. 高频铜焊机在线圈制造中的用途？

18. 简述白布带与聚酯薄膜热缩带作为线圈成型时的保护带，各有何优缺点。

19. 用自动成型机成型定子线圈时,可能会出现哪些常见问题?

20. 电枢线圈敲型时应注意哪些事项?

21. 上下层磁极线圈采用高频焊接设备进行焊接时,需注意什么问题?

22. 磁极线圈无氧退火时如发现线圈表面氧化严重,应该怎样去除氧化层?

23. 复型的作用是什么?

24. 一般用什么方法消除磁极线圈在绕制时导线的拐弯 R 处增厚现象?

25. 保证扁绕磁极线圈的整形质量应采取什么措施?

26. 简述电枢线圈导线绝缘破损修补的方法。

27. 扁绕线圈的匝间绝缘垫放需注意什么?

28. 为什么目前较多的电枢线圈都使用聚酰亚胺薄膜熔敷导线?

29. 线圈匝间粘结主要有哪些方法?

30. 电枢线圈绝缘绕包方式有几种?

31. 外包绝缘的主要作用是什么?

32. 简述多胶云母结构磁极线圈对地热压处理的作用。

33. 烘焙温度对电机的绝缘电阻有何影响?

34. 简述连续式绝缘有几种方法且适用于哪种情况。

35. 常用的收头绝缘有哪些?

36. 简述云母制品的组成及各部分作用。

37. 简述聚酰亚胺薄膜的特点。

38. 列举常见的绕组电性能检查的方法。(不少于五种)

39. 使用万用表欧姆挡时,若正负表棒短接指针调不到零位,分析其原因。

40. 简述双臂电桥的通常测量范围,双臂电桥比单臂电桥有何好处?

41. 简述磁极线圈中频耐压试验的原理。

42. 简述短路与断路的区别。

43. 请简述中频耐压机试验磁极线圈的正确顺序。

44. 简述绝缘的击穿的定义。

45. 简述测量绕组的直流电阻的目的?

46. 为了降低线圈温升,线圈在制造过程中应采取什么措施?

47. 绝缘材料共分为几个耐热等级?

48. 请简述 150FCR019 代号的含义。

49. 为什么绝缘材料使用不能超过规定的温度?

50. 简述对扁铜线进行外观检查的要点。

51. 玻璃丝包绕包线外层玻璃丝主要起什么作用?

52. 简述云母制品具有的优点。

53. 简述线圈制造用导线材料铜的特性。

54. 简述聚酰亚胺薄膜绕包线的特点。

55. 聚酰亚胺-氟 46 复合薄膜绕包铜扁线中 MYFEB 中各个字母代表的含义是什么?

56. 电机运行时,绝缘主要受哪些因素影响?

57. 电机的可逆原理是什么?

58. 简述异步电动机每相绕组排列的原则。

59. 磁极线圈按其用途不同可分为哪些?

60. 简述直流电机磁极套装常用的绝缘材料。

61. 换向器装配的质量要求有哪些?

62. 阐述一下直流电动机中主极线圈和电枢线圈的主要作用。

63. 交流发电机转子磁极连线时要注意哪些事项?

64. 简述均压线在电机中的连接位置。

65. 电枢绕组在铁心槽内采用平放有何优点?

66. 简述线圈浸漆的目的。

67. 简述绝缘漆的粘度对浸漆质量的影响。

68. 线圈扁绕机的维护保养有哪些?

69. 如何对大电流热压机进行保养?

70. 简述电气设备发生火警扑救时的步骤。

六、综 合 题

1. 分析梭形绕线模质量对线圈质量的影响。

2. 简述多匝成型线圈绕制时的要点。

3. 影响扁绕线圈绕制质量的常见因素有哪些?

4. 平绕磁极线圈,如何控制绕线质量?

5. 通常如何保证线圈引线头搪锡质量?

6. 使用搪锡打纱设备应注意些什么?

7. 制作下图 1 线圈绕线和张型需用多大的鼻销?

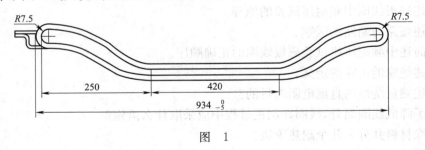

图　1

8. 简述直流电机电枢线圈手工敲形和机动成型的优、缺点。

9. 简述交流定子线圈张型的基本要求。

10. 退火炉使用应注意的事项有哪些?

11. 简述水封式退火炉开炉前的步骤。

12. 为什么扁绕磁极线圈绕制和平绕磁极线圈绕制退火顺序不一样?

13. 为何要严控线圈退火温度?

14. 一般如何处理扁绕线圈 R 角增厚?

15. 叙述电机各种线圈的匝间绝缘的含义及对应材料,在制造过程中如何保护好匝间绝缘。

16. 简述磁极线圈热压工艺。

17. 简述电枢线圈对地耐压试验工艺。

18. 电流表与电压表的特点是什么?

19. 阐述磁极线圈匝间耐压用中频电压而不用工频电压的原因。

20. 操作闪络击穿仪进行耐压试验前,在电气方面应重点检查哪些部位?

21. 电枢线圈包扎时,半叠不合格,会造成什么质量问题?

22. 简述电枢线圈制作质量对线圈嵌线的影响。

23. 线圈绝缘工序易出现的质量问题有哪些?

24. 从工艺培训、工装工具、生产安排和现场管理方面阐述可以提高电枢线圈产品质量的具体改进措施。

25. 简述双馈风电电机转子线圈的制造要点。

26. 为了降低线圈温升,线圈的制造过程中可采取什么措施?

27. 阐述绕组绝缘处理的重要性。

28. 绝缘材料按其加工过程的工艺特征可划分为几大类?

29. 现在电机制造中为何绝缘材料常选用绝缘薄膜?

30. 将下图 2 中 A、B、C 分别画成他励、并励、串励电机。

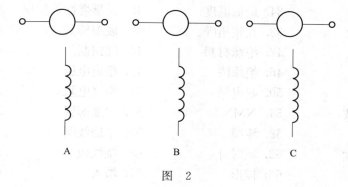

图　2

31. 在电机实现能量转换过程中,绕组起着什么作用?

32. 简述交流绕组的不同分类。

33. 简述直流电机线圈的种类、名称及相应安装位置以及结构形式。

34. 简述线圈在电机中主要起什么作用?

35. 油压机使用应注意的事项有哪些?

线圈绕制工(初级工)答案

一、填空题

1. 起点	2. 平行	3. 检验	4. 零件
5. 主视	6. 标准	7. 相同	8. 基本
9. 断面	10. 基本尺寸	11. 孔公差代号	12. 过渡
13. 数值	14. 间距	15. 0.02 mm	16. 1 mm
17. 0.02 mm	18. 液压	19. 高频感应加热	20. 置于 0 位
21. 240～340 ℃	22. 遵守	23. 私章	24. 真实
25. 清洁无污染	26. 磕碰	27. 最长期限	28. 短
29. 7 天	30. 24 h	31. 22～25 ℃	32. 防锈油
33. 闸门	34. 最低温度	35. 无延燃性外护层	36. 切断电源
37. 隔热手套	38. 互相招呼	39. 成型模具	40. 强度
41. 灰铸铁	42. 绝缘材料	43. 纯铜制品	44. 电阻率(ρ)
45. 绝缘层	46. 绝缘漆	47. 稳定电压	48. 绝缘电阻
49. 薄膜	50. 耐电晕	51. 绝缘电阻	52. 绝缘性能
53. 聚酰压胺	54. NMN	55. 聚酯薄膜	56. HL303
57. 大	58. 漆膜	59. 平绕线圈	60. 密实性
61. 抗拉强度	62. 顺时针	63. 绕线模	64. 鼓胀
65. 波浪	66. 梭形	67. 增大	68. 绕线模
69. 过松	70. 匝数	71. 润滑液	72. 润滑液
73. 去纱长短不一	74. 甩头	75. 平弯	76. 常温
77. 滚扁	78. 打纱机	79. 拉成	80. 0.2～0.3 mm
81. 敲打	82. 退火	83. 加工	84. 炉膛内气体
85. 无氧退火炉	86. 600 ℃	87. 几何尺寸	88. 高度增加
89. 正	90. 退回	91. 直线	92. 热压
93. 1 159	94. 80～100 ℃	95. 匝间绝缘	96. 对地绝缘
97. 高	98. 线匝	99. 包在对地绝缘外面	100. 云母
101. 一	102. 保护	103. 同等级	104. 耐热
105. 外胀	106. 发泡	107. 绝缘	108. 耐热等级
109. 套筒式	110. 耐压强度	111. 温度	112. 电路故障
113. 带电的部件	114. 绝缘垫	115. 1 159 绝缘漆	116. 手动
117. 电击穿	118. 击穿强度越低	119. 电压	120. 波形比较
121. 电容挡位	122. 匝间绝缘	123. 阴极示波器	124. 阴极示波器

125. 绝缘老化　　126. 有效期　　127. 4 330　　128. H
129. F　　130. H 级,180 ℃　　131. F 级,155 ℃　　132. 电磁感应
133. 交流电机　　134. 定子　　135. 电枢绕组　　136. 感应电势
137. 均压线　　138. 改善电机换向　　139. 电流的热效应　　140. 零
141. 参考点　　142. $I=\dfrac{U}{R}$　　143. 同心式　　144. 线圈
145. 相同的形状和尺寸　146. 一个　　147. 形状相同　　148. 集中式绕组
149. 主磁极　　150. 串联　　151. 硅钢片　　152. 耐热聚酯浸渍
153. 4 号　　154. 浸渍　　155. 40 h　　156. 放线盘

二、单项选择题

1. A　2. A　3. B　4. C　5. B　6. B　7. C　8. D　9. A
10. D　11. D　12. D　13. B　14. A　15. D　16. A　17. C　18. B
19. A　20. B　21. B　22. B　23. D　24. B　25. B　26. B　27. B
28. B　29. D　30. D　31. B　32. B　33. D　34. B　35. A　36. D
37. C　38. C　39. B　40. C　41. B　42. D　43. D　44. B　45. D
46. C　47. C　48. B　49. A　50. A　51. B　52. D　53. B　54. D
55. A　56. B　57. C　58. B　59. B　60. D　61. C　62. A　63. D
64. C　65. A　66. A　67. A　68. B　69. C　70. A　71. C　72. C
73. B　74. A　75. D　76. C　77. A　78. B　79. D　80. B　81. C
82. A　83. A　84. D　85. A　86. B　87. D　88. A　89. A　90. C
91. C　92. C　93. D　94. B　95. C　96. A　97. A　98. A　99. B
100. C　101. A　102. A　103. B　104. B　105. D　106. B　107. C　108. C
109. B　110. C　111. A　112. A　113. C　114. C　115. D　116. A　117. C
118. A　119. D　120. D　121. D　122. B　123. D　124. C　125. A　126. B
127. C　128. B　129. A　130. B　131. A　132. C　133. C　134. B　135. B
136. B　137. D　138. D　139. D　140. D　141. B　142. B　143. A　144. B
145. D　146. C　147. C　148. B　149. D　150. A　151. C　152. D　153. D
154. C　155. D　156. B

三、多项选择题

1. ABC　2. BCD　3. AB　4. ABC　5. ABC　6. BCD　7. ABC
8. ABCD　9. BD　10. ACD　11. ABD　12. ABC　13. ACD　14. ABCD
15. ABCD　16. ABCD　17. AC　18. ABC　19. AB　20. ABD　21. ABC
22. ACD　23. ABC　24. ABC　25. BCD　26. AD　27. ABC　28. ABD
29. CD　30. ABC　31. BCD　32. ACD　33. AB　34. ABC　35. CD
36. CD　37. BCD　38. ABD　39. ABCD　40. AD　41. ACD　42. ABC
43. ABCD　44. ABC　45. ABD　46. ABCD　47. AC　48. AB　49. ACD
50. ABC　51. ABCD　52. AB　53. BD　54. BC　55. AB　56. AB

57. AD	58. ABD	59. BCD	60. ABD	61. BCD	62. AB	63. ACD
64. BC	65. ABC	66. AB	67. ABCD	68. BC	69. ABCD	70. ABC
71. AB	72. AB	73. AC	74. ABC	75. AB	76. ABD	77. ABC
78. ABC	79. ABC	80. AB	81. AB	82. ABCD	83. ABC	84. AB
85. ABC	86. AB	87. ABCD	88. ABC	89. ABCD	90. AB	91. ACD
92. ABCD	93. ABC	94. ACD	95. ABCD	96. AB		

四、判 断 题

1. √	2. ×	3. √	4. √	5. √	6. √	7. √	8. √	9. ×
10. √	11. √	12. √	13. √	14. √	15. ×	16. √	17. ×	18. √
19. √	20. √	21. √	22. ×	23. √	24. √	25. √	26. ×	27. ×
28. √	29. ×	30. √	31. √	32. ×	33. ×	34. √	35. √	36. √
37. √	38. √	39. √	40. √	41. √	42. √	43. √	44. √	45. ×
46. ×	47. ×	48. √	49. √	50. √	51. ×	52. √	53. √	54. √
55. √	56. √	57. √	58. √	59. √	60. √	61. √	62. √	63. √
64. √	65. ×	66. √	67. √	68. √	69. √	70. √	71. √	72. √
73. √	74. √	75. √	76. √	77. √	78. √	79. √	80. ×	81. √
82. √	83. √	84. √	85. √	86. ×	87. √	88. √	89. √	90. ×
91. ×	92. √	93. √	94. √	95. √	96. √	97. √	98. √	99. √
100. ×	101. √	102. √	103. √	104. √	105. √	106. √	107. √	108. ×
109. √	110. √	111. √	112. √	113. √	114. √	115. √	116. √	117. ×
118. √	119. √	120. √	121. √	122. √	123. √	124. √	125. √	126. √
127. √	128. ×	129. √	130. √	131. √	132. √	133. √	134. √	135. √
136. ×	137. √	138. ×	139. √	140. √	141. √	142. √	143. √	144. √
145. ×	146. √	147. √	148. ×	149. √	150. ×	151. √	152. ×	153. ×
154. √								

五、简 答 题

1. 答:(1)各绕组直流电阻误差不大于±15%(1分);(2)不允许有短路匝存在(1分);(3)平绕线圈应排列整齐紧密(1分);(4)绕组绝缘要可靠(1分);(5)绕组中焊接处要焊接可靠(1分)。

2. 答:常用工具有手锤(0.5分)、虎钳(0.5分)、锉刀(0.5分)、锯弓(0.5分)、螺钉旋具(0.5分)、钢丝钳(0.5分)、断线钳(1分)、扳手(0.5分)、剪刀(0.5分)。

3. 答:(1)使毛坯两面光滑(1分);(2)毛坯边缘不带有显著毛刺(1分);(3)注意弯曲纹流方向(1分);(4)尽量避免弯曲处有焊接头(1分);(5)弯曲边缘不应有缺口(1分)。

4. 答:绕线拉力的大小对绕组质量有直接的影响(1分),拉力过大导线截面变小,绕组电阻增大(1分);拉力过小,绕制的线圈层与层之间比较松,影响线圈尺寸,同时可能造成线匝气隙增大,影响散热(3分)。

5. 答:(1)线圈绕制尺寸小,整形时线圈端部出现瓢形,使线圈上下面不平整(1.5分);

（2）线圈套极困难（1分）；（3）套极后，线圈与极靴接触面积小，不易散热，使磁极温升升高（2.5分）。

6. 答：绕线时拉力应适当控制（1分），使线圈边既能保持平直（1.5分），又能使导线不被拉细，漆膜不受损伤（2.5分）。

7. 答：可以进行焊接（1分）。焊接部位需剪成斜口进行对焊，焊好后用锉刀修平（2分）。只允许在直线部位焊接（1分）。为保证线圈质量，焊头数不应大于两个（1分）。

8. 答：在线圈的内圆弧处有增厚现象（2.5分），在线圈的外圆弧处有拉薄现象（2.5分）。

9. 答：（1）去除组合导线的辅助材料，将成型好的线圈分解（1分）；（2）操作者手扶线匝的端部（引线端），将引线头 R 和打扁模的 R 贴合，手扶线匝的位置不能高于打扁模下模工作面位置（2分）；（3）引线头打扁位置应在打扁模工作平面上，脚点动脚踏开关进行打扁（1分）；（4）将线圈用 0.2×20 平纹布带扎紧（1分）。

10. 答：采用搪锡打纱的优点是打纱的效率高（1分），缺点打纱尺寸精度低（1分），引线容易粘上锡瘤（1分）。采用桌式打纱机优点打纱尺寸精度高（1分），缺点为效率低（1分）。

11. 答：（1）引线头切头或冲孔后，产生的飞边毛刺未清除，造成引线头不平整（2.5分）；（2）线圈在成型过程及吊运过程中，引线头变形（1.5分）；（3）引线头锡瘤大（1分）。

12. 答：主要有以下方面：（1）锡炉的温度过低（1分）；（2）引线头氧化层没有清除干净（2分）；（3）在锡炉内加热时间不合适（1分）；（4）锡的纯度不够等（1分）。

13. 答：引线头太短在焊头时不易焊牢（2.5分），电机运行过程中出现甩头，造成事故（2.5分）。

14. 答：平直下料（0.5分）—弯 U（0.5分）—打纱（0.5分）—引线头冲弯（0.5分）—引线头滚扁（0.5分）—扒角（0.5分）—包保护带（0.5分）—敲型（1分）—拆保护带（0.5分）。

15. 答：绕梭形线圈（1分）—引线头打纱（0.5分）—弯引线头（0.5分）—包保护带（0.5分）—张型（1分）—整形（1分）—拆保护带（0.5分）。

16. 答：下料（0.5分）—打纱—排线（0.5分）—鼻部成型（0.5分）—敲型（0.5分）—冲弯（0.5分）—固定引线头—打扁（0.5分）—修线（0.5分）—匝间绝缘—组合（0.5分）—扣合—对地绝缘—外包绝缘—鼻部绝缘（0.5分）—拍线整形—耐压试验—交出（0.5分）。

17. 答：高频铜焊机是利用高频感应加热（2分）对励磁线圈的上、下层交接部分进行铜焊（3分）。

18. 答：白布带包扎的优点：厚度大，成型时不易出现破损，包扎简单，效率高，材料可以重复使用（2分）；缺点：包扎紧密度不好，成型后线圈形状不好，容易出现错位现象（0.5分）。聚酯薄膜热缩带包扎的优点：包扎的紧密度好，成型后线圈的一致性好，不容易出现错位现象（2分）；缺点：厚度小，成型时容易出现破损，包扎复杂，效率低，材料不能重复利用（0.5分）。

19. 答：（1）试调时，微调参数设定不在弹性变化的最佳点，线圈形状有微小变化（2分）；（2）设备运行不稳定，尺寸有时超差（1分）；（3）导线的高宽比不合适，引起拐弯处有鼓包现象（2分）。

20. 答：在敲型过程中，除端部夹紧外（1分），还要垫打板敲平导线，使它与模子贴靠紧密（1分），拐角部位要敲服帖，严防弹性造成鼓肚（1分）；引线头分线后要用锤子打紧（1分），防止拐弯不规矩，给修线和嵌线造成困难（1分）。

21. 答：必须使焊接电流和导线截面积相匹配（1分），如果电流过大，会造成焊接面熔化，残缺(2分);如果电流较小,会造成不完全焊接,线圈的电阻值增大(2分)。

22. 答:要进行酸洗处理(1分),将30%的60度工业硫酸倒入70%的清水中配制成酸洗液(1分),酸洗15~20 min(1分),酸洗后将线圈放入热水中清洗15~20 min(1分),完后用高压风吹净水分(1分)。

23. 答:复型的作用有:(1)解决张型的不足之处,纠正错位和变形(2分);(2)使线圈引线头端部和鼻部的形状规范统一(2分);(3)为下道工序电机嵌线提供便利的条件(1分)。

24. 答:(1)适当控制绕线模的长度,对具有四个转角的线圈,绕线模长度应比压形模长度短5~7 mm(2分);(2)绕线机上装铣刀,边绕线边铣增厚(1分);(3)采用压增厚工装在油压机上压增厚(1分);(4)手工锉平(1分)。

25. 答:(1)应严格控制原材料的质量(1分);(2)提高线圈绕制和退火质量(1分);(3)合理制定线圈整形的工艺参数(1分);(4)提高模具的设计和制造质量;保证模具使用的完整性等(2分)。

26. 答:用0.05×15聚酰亚胺压敏带1/2迭包一次进行绕包(2.5分);绕包的长度为:以缺陷点为中心分别向两端各延长10 mm(2.5分)。

27. 答:在垫匝间绝缘前,需首先除去线圈各部分的毛刺(1分)。匝间绝缘一定要垫满,不得漏垫,以免引起匝间短路(2分)。当垫两层以上绝缘时,中间有接缝处必须错开(2分)。

28. 答:主要是由于聚酰亚胺薄膜厚度较小且具有较高的电气性能(2.5分),可以在保证线圈匝间耐压的情况下,提高槽满率(2.5分)。

29. 答:有三种:(1)靠匝间料热压排胶粘结(1.5分);(2)采用自粘性导线经热压排胶粘结(2分);(3)浸漆、刷漆组合后热压形成一个整体(1.5分)。

30. 答:有两大类共5种:(1)连续式绝缘绕包方法(0.5分),有疏绕(0.5分),平绕(0.5分)和叠绕(0.5分);(2)套筒式绝缘绕包方法(1分),有整张包裹(1分)和两U形相扣(1分)。

31. 答:外包绝缘是指包在对地绝缘外面的绝缘(1.5分)。其主要作用是保护对地绝缘免受机械损伤(1.5分),并使整个线圈结实平整(1分)。同时也起到对主绝缘的补强作用(1分)。

32. 答:多胶云母结构磁极线圈在包扎之后,云母层之间存在间隙,尺寸很不规则(2分)。采用装模具进行热压,能够使绝缘层紧密,各层粘结合成为一个坚固的整体,以获得优良的电气性能、机械性能和所需的外形尺寸(2分)。热压时的温度与所用材料有关,保温时间与绝缘层的厚度有关(1分)。

33. 答:电机在烘焙过程中,随着温度的逐渐升高,绕组绝缘内部的水分趋向表面,绝缘电阻逐渐下降,直至最低点(2分);随着温度升高,水分逐渐挥发,绝缘电阻从最低点开始回升(2分);最后随着时间的增加绝缘电阻达到稳定,此时绕组绝缘内部已经干燥(1分)。

34. 答:方法有疏绕、平绕和迭绕(1分)。疏绕是在包扎绝缘前扎紧导体用,不能作为绝缘层(1.5分)。平绕是在绝缘外层采用,它对里面的绝缘起机械保护作用(1.5分)。迭绕是在包基本绝缘时采用(1分)。

35. 答:一般对地绝缘用聚酰亚胺薄膜粘带收头(2.5分),外包绝缘用玻璃丝粘带收头(2.5分)。

36. 答:各类云母制品都是由云母、补强材料(有或没有)和胶粘剂组成(1分)。其中,云母是基本的介质屏障,保证具有很高的长期的耐电强度(2分);补强材料是提高机械强度(1分);

胶粘剂是将云母和补强材料粘在一起,既有绝缘作用又有提高机械强度的作用(1分)。

37. 答:能耐高温和耐深冷(1分),具有很高的绝缘电阻(1分)、击穿强度和机械强度(1分),能耐所有的有机溶剂和酸(1分),有较好的耐磨、耐电弧、耐辐射等特点,但不耐强碱(1分)。

38. 答案:(1)测量直流电阻(0.5分);(2)测量阻抗(0.5分);(3)做匝间耐压试验(0.5分);(4)做交流工频耐压试验(1分);(5)做中频耐压试验(1分);(6)做脉冲电压试验(0.5分);(7)测绝缘电阻(0.5分);(8)测热态电阻(0.5分)。

39. 答:电池容量不足(1.5分),串联电阻变大(1.5分),转换开关接触电阻增大(2分)。

40. 答:常测量 $10^{-6}\sim11\ \Omega$ 的低值电阻(2.5分)。双臂电桥可以消除连接引线与接触电阻的影响,测量精度高(2.5分)。

41. 答:将中频发电机组发出的中频电压加在磁极线圈的两端,磁极线圈和并联电容构成并联谐振回路,线圈正常,主电路只提供很小的电阻性电流(3.5分),如线圈匝间短路,主电路电流迅速上升(1.5分)。

42. 答:短路是导线之间的绝缘破损(1分),线圈电阻小于设计值(1分),断路是线圈某点断开(1分),线圈电阻无穷大(1分),电路中没有电流(1分)。

43. 答:打开水阀(1分);启动发电机机组(1分);切换电容挡位(1分);将测试棒接在线圈的两端(1分);缓慢升高电压(1分)。

44. 答:当加在绝缘材料上的电场强度高于临界值时(1.5分),会使流过绝缘材料的电流剧增(1分),绝缘材料发生破裂和分解(1.5分),完全丧失绝缘性能(1分),这种现象称为绝缘的击穿。

45. 答:目的是检查三相绕组是否平衡(1分),是否与设计值相符(1分),并可作为检查匝数、线径(1分)和接线是否正确(1分),焊接是否良好等缺陷时的参考(1分)。

46. 答:(1)线圈的尺寸应满足图纸要求(1分);(2)提高线圈的匝间的整齐度和线圈层间的平整度(2分);(3)提高线圈高度方向的垂直度(1分);(4)提高线圈绝缘包扎与线圈导体的密实程度等(1分)。

47. 答:绝缘材料共分为十个耐热等级(5分)。

48. 答:150 表示薄膜的厚度为 0.038 1 mm(2分);F 表示薄膜上的胶为 F46 胶(1分);CR 表示该薄膜具有抗电晕性能(1分);019 表示该薄膜为含单面胶(1分)。

49. 答:绝缘材料在热因子的作用下,其性能逐渐劣化而导致热老化现象,热老化的程度决定了材料的寿命(2分)。绝缘材料的寿命与工作温度的高低有极大的关系(1分),因此规定了绝缘材料允许的工作温度(1分),如果绝缘材料长期在超过耐热等级的条件下使用,就会加速绝缘老化,降低绝缘材料的使用寿命(1分)。

50. 答:(1)检查线规是否合格(1分);(2)扁铜线有 0.8~1.2 mm 圆角(1分);(3)表面光滑平整,没有严重氧化物(1分);(4)铜线没有严重的损伤(1分);(5)线盘规则(1分)。

51. 答:保护性绝缘层(2.5分)使内层的漆膜不受机械损伤(2.5分)。

52. 答:具有良好的电气性能和机械性能(1分)、耐热性好(1分)、不燃烧(1分)、化学稳定性高(1分)、耐电晕性好(1分)。

53. 答:导电性高(1分),电阻系数小(1分);具有良好的导热性和耐腐蚀性(1分);在常温下有足够的机械强度(1分),良好的延展性,便于加工(1分)。

54. 答:酰亚胺薄膜绕包线是采用涂有高温粘接剂的聚酰亚胺薄膜绕包而成(1.5分)。绝缘层具有良好的耐热性、耐低温性、耐化学性、耐油性、耐辐射性和耐电性(2分)。不燃烧,和玻璃丝包线比,绕包层易损坏,但在同等耐电压下,槽满率高(1.5分)。

55. 答:M——薄膜(1分);YF——聚酰亚胺-氟46复合薄膜(1分);B——扁导体(1分);D——单层薄膜绕包(通常省略)(1分),E——双层薄膜绕包(1分)。

56. 答:受热的作用(1分)、机械力的作用(1分)、电场的作用(1分)、环境条件的作用(2分)。

57. 答:电机即可以做电动机运行(2分),也可以做发电机运行(2分),这种运行状态的可逆性称为电机的可逆原理(1分)。

58. 答:(1)每极每相绕组的槽数应相等(1.5分),并且分布均匀(1分);(2)各相绕组在空间应相互间隔120°电角度(2.5分)。

59. 答:主极线圈(1分)、换向极线圈(1分)、补偿线圈(1分)、串励线圈(1分)、启动线圈(1分)、励磁线圈(1分)等。

60. 答:磁极套装常用的绝缘材料有:填充泥(1分)、适形毡(1分)、Nomex纸(1.5分)、聚酰亚胺薄膜(1.5分)等。

61. 答:换向器前端面对平台的平行度、换向器压圈对平台的平行度、换向器的高度、等分度,对键中心线对换向片(或云母板)中心、螺钉的紧固度、对地耐压、片间耐压等均符合要求。

62. 答:(1)主极线圈的作用:主极线圈通上直流电,产生主磁场(2分)。
(2)电枢线圈的作用:电枢线圈通上直流电,在主磁场的作用下,产生电磁力矩,是直流电机进行能量转换的主要部件(3分)。

63. 答:线圈引线要尽量少弯折(1分);焊接要可靠,防止过热产生局部热应力(2分);焊接时用湿石棉布保护线圈以防绝缘损坏(2分)。

64. 答:均压线一般是连接在换向器端(2.5分),或接在绕组另一端的鼻子上(2.5分)。

65. 答:对改善电机换向有利(2.5分),同时可以使绕组中的附加损耗减少(2.5分)。

66. 答:线圈浸漆的目的是提高线圈绝缘强度(1分)、耐热性(1分)、耐潮性及导热能力(1分),同时也增加线圈的机械强度(1分)和耐腐蚀能力(1分)。

67. 答:在通常情况下,工件浸漆时,如果使用低粘度的漆,虽然漆的渗透能力强,能很好地渗到绕组的空隙中去(1.5分),但因漆基含量少,当溶剂挥发以后,留下的空隙较多,使绝缘的防潮能力、耐热性能、电气和机械强度都受到影响(1.5分)。如果漆的粘度过高,则漆难以渗入到绕组绝缘内部,即发生浸不透的现象(1分)。同样会降低绝缘的防潮能力、耐热性能、电气和机械强度(1分)。

68. 答:(1)绕线前检查减速箱油面高度,如油面不够高时,应加油(2分);(2)接通电源让机床空转,听有无噪声及其他不正常现象(1分);(3)风压表要定期检修(1分);(4)用后进行清扫(1分)。

69. 答:切断电源、风源(1分),彻底清理擦拭设备各部位(1分),并铲除工作台面及模具上的绝缘漆(1分),使设备处于清洁良好的状态(0.5分),整理工件、模具,摆放整齐,清扫场地(0.5分)。交清设备运行情况(1分)。

70. 答:(1)迅速切断总电源(1分),未切断电源前,严禁任何人靠近(1分);(2)使用干粉灭火器灭火(2分),严禁使用水灭火(1分)。

六、综 合 题

1. 答:交流定子线圈梭形线圈是在绕线模上绕制而成的(1.5分)。绕制的线圈是否合适,取决于绕线模的尺寸是否合适(2.5分),若绕线模的尺寸太小,则使线圈端部长度不足,将造成嵌线困难,甚至嵌不进去,影响嵌线质量,缩短绕组正常使用寿命(2.5分);若绕线模尺寸太大,则绕组电阻和端部漏抗都增大,电机的铜损耗增加,影响运行性能,而且浪费电磁线,还可能造成线圈端部过长而碰端盖(2.5分)。所以,合理地设计绕线模是保证电机制造质量的关键因素之一(1分)。

2. 答:多匝成型线圈一般采用绝缘扁导线平绕而成(1分)。可绕成梭形、棱形或梯形(1分),一般常选用梭形(1分)。绕制时,导线经线夹装置拉紧,按技术要求垫好或包好匝间绝缘(2.5分)。在绕制过程中,必须随时将导线敲平紧贴于模芯侧面,防止线匝之间存在空隙(1.5分)。绝缘破损时,需用同级绝缘修补好(1.5分)。绕到规定匝数后,需用布带或压敏带绑好,防止卸模后松散(1.5分)。

3. 答:(1)铜线软硬不一,绕制的线圈匝间不齐(2分);(2)铜线盘的不规则,使铜线不能按顺序从外至里,造成铜线弯曲不齐,影响绕线质量(2分);(3)平直轮,拉力不够或过大时,起不到平直作用或造成铜线引线头损伤,影响绕线质量(2分);(4)夹线装置,要求成垂直的面,不垂直或工作面不平,过夹板后都对线圈绕制有影响(1.5分);(5)模具尺寸不适合对绕制质量也有影响(1.5分);(6)铜线焊头,如焊接质量不高,对绕线质量也有影响(1分)。

4. 答:(1)严格控制导线拉力大小。拉力过大导线易拉薄、拉断,拉力过小线圈匝与匝易产生松散(2.5分)。(2)压力滚轮的压力应合适。压力的大小应根据导线厚度的不同进行调节,当导线厚度增加时压力应增大,反之则减小(2.5分)。(3)线圈匝与匝之间应整齐(2.5分)。线圈绕制过程应敲打各匝,使之与模板服帖,以保证匝与匝的整齐度(2.5分)。

5. 答:(1)引线头搪锡前及时清除氧化层和涂松香酒精溶液(2.5分);(2)根据引线头的大小确定在锡炉内的时间以及搪锡所需温度(2.5分);(3)引线头出锡炉后应立即用软棉布将引线头多余的锡瘤擦拭干净,同时应保证锡的光滑、厚度均匀(2.5分);(4)定期对锡炉内的锡进行更换以保证锡的纯度(当锡的杂质超过3%时)(2.5分)。

6. 答:使用导线打纱机要注意它的维护和保养(2.5分),工作前首先要检查砂轮是否破裂,夹紧螺母是否松动(2.5分);锡炉是否干净,要求锡锅内绝对不能有水,以防加热后锡水溅出烫伤人员(2.5分)。还要检查加热线圈是否安全可靠(2.5分)。

7. 答:绕线需选用 $R7$ 或 $R7.5$ 鼻销(6分);张型需选用 $R7.5$ 鼻销(4分)。

8. 答:(1)手工敲形。优点:敲形效率高(1分),模具设计制造周期短,在短时间内能形成大批量生产(2分);缺点:敲形质量靠工人的技能保证(2分)。(2)机动成型。优点:成型质量好(2分);缺点:模具设计制造周期长,生产效率低(3分)。

9. 答:(1)张型前的梭形尺寸必须正确(2分);(2)梭形线圈在张型夹钳两端的尺寸应保证对称(2分);(3)张型后线圈的角度和跨距应满足检查样板要求(2分);(4)线圈的端部无明显的"翻边",转角无明显的"鼓包"(2分);(5)线圈绝缘和导线应无损伤等(2分)。

10. 答:(1)操作者在设备处于工作状态时,不准擅离工作岗位(2.5分);(2)进出炉过程中,发现玻璃管压力计,水柱波动剧烈,并不易调节则应立即停车,直至压力指示值恢复为 $0.005\ kg/cm^2$,方能继续开车(2.5分);(3)设备出现其他异常情况,应立即将操作台总停开关断开,并切断电源查清原因,排除故障方能继续工作(2.5分);(4)设备处于工作状态时,气、水、电供给必须正常,否则将严重影响铜线软化质量(2.5分)。

11. 答:(1)检查风、水、电是否正常,蒸汽压力不得小于 700 kPa(2.5分);(2)打开放水阀,使水封池水位达到溢水高度(1.5分),然后调节注水量,保持水位不低于溢水高度,将炉体前、中、后各水槽注满(2.5分);(3)闭合电源总开关(1分),将三台主回路控制柜转换开关转到自动位,并将圆图指示仪开关闭合,使仪表处于工作状态(2.5分)。

12. 答:这是因为工艺方法不一样(2.5分),扁绕磁极线圈绕制完成后其结构形状不是很规整,所以在整形前需进行退火处理(3.5分);而平绕磁极线圈绕制前,导线已进行过退火处理(3分),所以平绕磁极线圈在绕制完成后无需进行退火处理(1分)。

13. 答:当温度偏高时,将对铜材的组织结构产生不同的影响(2.5分),严重时将改变铜材的晶粒组织结构,导致铜线报废(2.5分)。当温度偏低时,铜材的内应力没有得到消除,没有达到退火的目的(5分)。

14. 答:磁极扁绕线圈由于导线宽而薄(1分),截面较大(1分),绕制时拐弯的内沿 R 处增厚,使线圈高度增加,线圈不平(1分),因此必须除去线圈的增厚部分(0.5分)。增厚去除方法有两种:一种是压增厚法(1.5分)。该方法是在磁极线圈各匝间垫上压增厚垫板(0.5分),在油压机上施加一定压力,该压力大小必须合适,否则,压力太小达不到去增厚的目的,压力太大将线圈各匝间压变形,使线匝变薄,严重时线圈报废(2.5分)。另一种是铣削法,是采用去除材料的方法将增厚部分削掉(2分)。

15. 答:匝间绝缘指同一个线圈各个线匝之间的绝缘(1分),其作用是将电机绕组中电位不同的导体相互隔开,以免发生匝间短路(2分)。属于这一类的有电枢线圈、补偿线圈的匝间绝缘,由于匝间绝缘的电位差不大,因此匝间绝缘的厚度比较薄。在一般情况下,匝间绝缘仅靠电磁线本身所带有的绝缘,如漆包线、单玻璃丝包或双玻璃丝包线,玻璃丝包漆包线,聚酰亚胺薄膜烧结导线等自身所带有的绝缘(2.5分)。对于用扁铜线绕成的主极、换向极线圈的匝间绝缘有:玻璃漆布,坯布,柔性复合材料或柔软云母板(2.5分)。匝间绝缘是电机绝缘结构中最重要的且通常也是比较薄弱的绝缘,因此在设计匝间绝缘时要注意选择材料,在制造过程中必须注意,导线要光滑不得有飞边、毛刺等,不能因机械拉伤匝间绝缘(2分)。

16. 答:(1)将线圈装模,用万用表检查导体与模体处于绝缘状态(2.5分);(2)接好大电流热压设备引线,保护好线圈接线头(2分);(3)调整电流,热压时间以及压力,然后开始热压(1.5分);(4)拧紧螺母,让线圈在模具内冷却至室温(1.5分);(5)铲除线圈内外腔多余的匝间绝缘,注意勿伤线圈导体(2.5分)。

17. 答:选用铝箔作电极(1分)。事先将铝箔贴于橡皮膏上,使其宽度恰好与线圈直线部分长度相同(2.5分)。将线圈置于其上,再覆盖铝箔一张,用压条压紧,使线圈与铝箔紧密接触(2.5分)。用导线将线圈引线头并接,施加电压与引线头和铝箔之间,升压时间应不小于 10 s(1.5分),达规定耐压值后,历时 1 min 不击穿(1.5分),即为耐压通过,而后迅速降低电压到零,断开电源(1分)。

18. 答:电流表与电压表的测量机构是完全一样的(1.5分),只是电表内阻和接线方式不一样(1.5分)。电压表基于测量毫安的仪表以定值毫安数为满刻度(1分),实际上的电压表内都有一个串联定值电阻,在扩大量程(2.5分)。而电流表是基于测量毫伏的仪表以定值毫伏数为满刻度(1分),实际上的电流表内都有一个并联的定值电阻,在扩大量程(2.5分)。

19. 答:中频发电机发出的中频电压频率较高,为 2 650 Hz,是工频电压频率的 50 多倍,所以,采用中频时的线圈两端感应电势比采用工频时的感应电势要高许多,可见,同样的外加电压,中频可提高线圈的匝间耐压值。

20. 答:必须认真详细地检查仪器仪表、电气开关以及连线线路的绝缘状态是否正常(4.5分),连线是否正确,仪器仪表型号规格及挡位是否正确(4 分)。确认无误后方可开机试验(1.5 分)。

21. 答:(1)半叠太少,线圈耐压强度低;线圈尺寸减小,易造成温升升高(2.5分);(2)半叠太多,线圈尺寸增大,嵌线困难(2.5分);(3)半叠太松,因有气隙的存在而使介质损耗增大,线圈性能难以保证,线圈尺寸难以控制(2.5分);对高压电机,包扎不紧,线圈在耐压试验时,易产生电晕现象,使线圈绝缘强度降低(2.5分)。

22. 答:(1)电枢线圈成型时,若引线头太短,焊头时不易焊牢,出现甩头,容易造成事故(2.5分);(2)敲形时,如果线圈不与模具服贴,容易造成线圈匝间错位,使线圈尺寸增大,嵌线困难(2.5分);(3)线圈包扎要均匀,否则过稀造成耐压强度不够,过密造成线圈尺寸增大,不易嵌线(2.5分);(4)包扎时要注意紧贴,包得松会由于气隙存在而使介质损失增大,不但性能难以保证,还会增加压型困难。包得不好的线圈在浸漆和受潮作用后将发生外胀现象(2.5分)。

23. 答:(1)工作台面不清洁(1分);(2)未对缺陷点进行修补或修补方法不规范(1分);(3)绝缘材料与工具、废料混放(1分);(4)未及时测量绝缘迭包度,出现负迭包或迭包过密现象(1分);(5)包扎不紧密、不服帖,出现卷边、褶皱、发泡缺陷(1.5分);(6)引线头绝缘一致性差(1分);(7)线圈错位、变形,尺寸超差(1分);(8)鼻部外包绝缘过松(1分);(9)PC 表填写不规范(0.5分);(10)转序小车或存放架上的线圈超过规定层数;防护不到位(1分)。

24. 答:(1)工艺培训:利用班前会进行工艺文件、操作技能的培训;通报近期出现的质量问题,以及预防纠正措施;操作中的注意事项和易出现的问题(2.5分)。(2)工装工具:改进现有的包扎机,提高产品质量和效益(2.5分)。(3)生产安排:按照产品的工艺时间合理安排、均衡生产,避免疲劳作业(2.5分);(4)现场管理:每天开工前认真擦拭工作台面和小车台面以及小车的扶手,垃圾及时放入垃圾筐内,并和材料分类放置,做到班后六不走(2.5分)。

25. 答:工艺过程为:下料—校平—压弧—冲弯—成型—绝缘包扎—质量检查(3分)。其中,成型和绝缘包扎尤为关键(2分)。成型需要成型模具尺寸精确,与铜线接触处光洁度好,成型后铜线要与模具服帖(2.5分)。绝缘包扎要保证包扎服帖,迭包均匀,尺寸满足图纸(2.5分)。

26. 答:(1)提高线圈的匝间的整齐度和线圈层间的平整度(3.5分);(2)提高线圈高度方向的垂直度(3分);(3)提高线圈绝缘包扎与线圈导体的密实程度等(3.5分)。

27. 答:绕组绝缘中的微孔和薄层间隙,容易吸潮,导致绝缘电阻下降(2分),也易受氧和腐蚀性气体的作用,导致绝缘氧化和腐蚀(1.5分),绝缘中的空气容易电离引起绝缘击穿(1.5分)。绝缘处理的目的,就是将绝缘中所含潮气驱除,而用漆或胶填满绝缘中所有空隙和覆盖表面(2分),以提高绕组的电气性能、绕组的耐潮性能、绕组的导热和耐热性能、绕组的力学性能、绕组的化学稳定性(3分)。

28. 答:绝缘材料按其加工过程的工艺特征可划分为六大类(1分):即漆、树脂和胶类(1分),浸渍纤维制品类(1分),层压制品类(1分),塑料类,云母制品类,薄膜、粘带和复合制品类

(2.5 分)。绝缘材料按其使用范围及形态,在各大类中又划分为小类(2.5 分)。每一大类中都有若干小类(1 分)。

29. 答:(1)绝缘寿命提高:绝缘寿命可提高 150%(1 分)。另外,由于它热稳定性高,能经受短时过热,因而大大提高了电机的过载能力(1.5 分)。(2)绝缘等级提高可从 A 级提高到 E 级,单纯聚酯薄膜可以达到 B 级(2.5 分)。(3)电机小型化、轻量化:使用聚酯薄膜等后,大大减少了绝缘厚度,提高槽满率 1.2~1.3 倍,对减小电机尺寸很有利(2.5 分)。(4)简化电机制造过程:因为绝缘层数少,同时使用复合聚酯薄膜等,嵌线时省工时约 20%。加外绝缘处理简化,也可节省制造工时,对工作环境较恶劣的航空电机和湿热用电机制造更有意义(2.5 分)。

30. 答:如图 1 所示(A,B 每图各 3 分,C 图 4 分)。

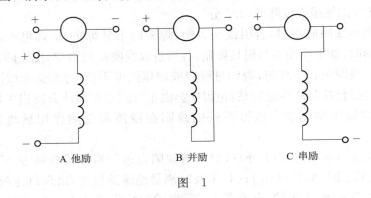

图　1

31. 答:绕组起着极为重要的作用(1 分)。当绕组在磁场中旋转时,绕组将产生感应电势(1.5 分);当绕组中有电流流过时将产生磁场(2.5 分);如果在磁场中,绕组中有电流流过时将产生电磁力矩(2.5 分);当绕组在磁场中旋转时,绕组将产生感应电势(2.5 分)。

32. 答:(1)按相数不同分为单相、两相、三相和多相绕组(2.5 分);(2)按槽内层数分为单层、双层绕组(2.5 分);(3)按每极每相槽数是整数还是分数分为整数绕组和分数绕组(2.5 分)。另外根据嵌装布线排列形式分布绕组有可分同心式和叠式两种类型(2.5 分)。

33. 答:线圈按安装位置可分为转子线圈和定子线圈两类(1.5 分);也可分为分布线圈和集中线圈(1.5 分)。安装在转子上的是电枢线圈、均压线(1 分);安装在定子上的有主极线圈、附极线圈、他激线圈、启动线圈、励磁线圈、补偿线圈(3 分)。结构形式:电枢线圈有迭绕式、波绕式和蛙式线圈;磁极线圈有扁绕式和平绕式(1.5 分)。另外根据结构和制造方法的不同,可分为软绕组和硬绕组(成型绕组)两大类(1.5 分)。

34. 答:线圈是电机的关键部件(1 分)。在电机实现能量转换过程中,线圈起着极为重要的作用(2.5 分)。当线圈在磁场中旋转时,线圈将产生感应电势(2 分);当线圈中有电流流过时将产生磁场(2 分);如果在磁场中,线圈中有电流流过时将产生电磁力矩(2.5 分)。

35. 答:(1)油箱的油面不能低于油标的指示线(2.5 分);(2)发现设备有严重漏油或动作不可靠、噪声大、有振动等应立即停车,分析原因,排除故障方能使用(3.5 分);(3)不允许超载使用(1.5 分);(4)各油缸严禁超程使用(2.5 分)。

线圈绕制工(中级工)习题

一、填空题

1. 投影线汇交于一点的投影法称为(　　)投影法。

2. 点的投影仍然是(　　)。

3. 垂直于 V 面的直线称为(　　)垂线。

4. 实现互换性的基本条件是对同一规格的零件按(　　)精度标准制造。

5. 某一尺寸减其基本尺寸所得的代数差叫(　　)。

6. 允许尺寸的变动量叫(　　)。

7. 配合就是基本尺寸(　　)的相互结合的孔和轴的公差带之间的关系。

8. 基准孔的基本偏差代号是(　　)。

9. $\phi70H9$ 的基本偏差是下偏差,其值为(　　)。

10. 单一实际要素的形状所允许的变动全量,称为(　　)公差。

11. 零件表面具有的较小间距和峰谷所组成的微观几何形状特征,称为表面(　　)。

12. 零件草图是绘制零件工作图的(　　)。

13. 用剖切平面完全地剖开零件所得的剖视图称为(　　)剖视图。

14. 用剖面局部地剖开零件所得的剖视图称为(　　)剖视图。

15. 假想用剖切面将零件的某处切断,仅画出(　　)的图形称为剖面图。

16. 按剖面图在视图中的配置位置不同,分为(　　)和移出剖面。

17. 测量误差是指(　　)与被测量的真值之差。

18. 圆锥齿轮传动可用于两轴(　　)的传动场合。

19. 齿轮传动能保持瞬时传动比恒定不变,因而传动(　　)、准确、可靠。

20. 带传动是依靠带与带轮接触处的(　　)来传递运动和动力的。

21. 外啮合齿轮传动,两轮的转向(　　)。

22. 圆柱齿轮传动用于两轴(　　)。

23. 蜗杆传动用来传递相错轴之间的运动和(　　),两轴线通常相错 90°。

24. 绝大多数的蜗杆传动都以(　　)为主动件。

25. 联轴器主要用来连接不同机构的两根轴以(　　)或运动。

26. 液压传动是利用(　　)作为工作介质,借助于运动着的压力油来传递动力和运动的。

27. 液压泵是液压系统中的(　　)元件,用来把机械能转换为液压能。

28. 工艺流程就是零件依次通过(　　)的工艺过程。

29. 清除伸延件表面的氧化皮、污物等,工件要进行(　　),洗前需用苏打水去油。

30. 弯曲工艺过程,就是材料的受力情况内层受压,外层(　　)变形的过程。

31. 纯铜退火温度为(　　)。

32. 电机上使用的线圈一般分为（　　）和定子线圈。

33. 直流电机转子线圈一般是由（　　）和均压线组成。

34. 不合格产品的评审五种处理意见：返工、（　　）、让步接收、降级使用、报废。

35. 常用的包装方法有：蜡封、容器包装和（　　）包装。

36. 火灾危险场所内的线路应采用（　　）外护层的电缆和绝缘导线敷设。

37. 当电器发生火警时，应立即（　　）。

38. 短时间吸入高浓度苯蒸汽，超过人体的排毒及解毒能力时，会产生（　　）。

39. 物质燃烧必须具备的三个条件是可燃物、（　　）、温度达到燃点。

40. 电气试验区周围应设置遮拦，并应有"（　　）"等警示牌。

41. 中频机使用完毕电压回零后，切记用接地棒对（　　）进行放电。

42. 生产现场管理是增强质量意识，提高（　　）的重要条件。

43. 绝缘材料领来后应该进行（　　）和保质检查。

44. 含胶量在 6%～8%，粉云母纸多为大磷片，用玻璃布单面补强的云母带称为（　　）。

45. 线圈绝缘在潮气的作用下，材料性能（　　），严重影响绕组寿命。

46. 绝缘材料受热变质，绝缘电阻或击穿电压值就会（　　）。

47. 当材料的吸水性达到 2% 时，它的电气性能较干燥时下降（　　）倍。

48. 绕制梭形线圈时，一定要严格控制绕线模（　　）尺寸。

49. 常见的交流线圈绕制形状有梭形、棱形和（　　）三种。

50. 散嵌线圈在多根并绕时，它们的拉力大小要一致，转层时，几根并绕导线要（　　）转层，不应错层，以保证线匝排列整齐。

51. 磁极线圈采用电磁线绕制时拉力过大影响线规，同时容易造成原材料（　　）破损。

52. 扁绕线圈时导向模宽度尺寸应比导线厚度（　　）0.3 mm。

53. 励磁线圈扁绕时，在 R 角处出现增厚现象，工艺上常采用压增厚和（　　）两种方式。

54. 磁极线圈绕制尺寸偏大，套极容易，但与铁心间的间隙增大，不易（　　），造成电机温升高。

55. 铜线焊接时接头处应先用锉刀把焊接处锉平，然后采用（　　）对焊工艺。

56. 扁绕线圈常使用乳化液作润滑剂，乳化液配制水量偏多，线圈容易出现（　　）。

57. 磁极线圈绕制时拉力过大影响线规，容易导致线圈阻值（　　）。

58. 高频焊要求焊接后上下层线圈不错位，焊接面积不得（　　）焊接长度的 80%。

59. 平绕时，要检查绕线模具的模芯是否光洁，特别注意转角区 R 处是否有（　　）。

60. 绕线时，拉线装置与绕线模的（　　）要调整在一条线上，以保证绕线质量。

61. 平绕线圈匝间要求平整，绝缘料垫放到位，线匝服贴紧密，线匝缝隙要不超过（　　）1/5。

62. 直流电枢线圈导线下料尺寸偏小，会造成线圈引线头（　　），导致引线头与换向器片焊接量不足，电机运行时易出故障。

63. 电枢线圈引线头搪锡打纱时，应根据工艺要求的引线头（　　）调整锡炉锡液的深度。

64. 电枢线圈在搪锡打纱时，要求锡液的温度是（　　）左右。

65. 线圈滚扁冲弯时（　　）必须准确，防止线圈成型后造成引线头的不齐。

66. 模具有毛刺后，必须用（　　）将模具锉光，才能使用。

67. 线圈弯头时易出现(　　)绝缘料滑出。

68. 磁极线圈冲头时模子表面要光滑,引线头冲孔后无飞边、(　　)。

69. 磁极线圈搪锡的目的,使线圈具有良好的(　　)。

70. 线圈敲形时,工艺上常采用包扎 0.4 mm 厚的(　　)进行防护。

71. 电枢线圈在成型过程中引线头排列要整齐,相互之间水平方向不平度必须小于(　　)。

72. 在输入张型尺寸时,应考虑线圈材料的(　　)变形量。

73. 均压线线头绝缘过长或过短都会影响电机(　　)。

74. 均压线常出现的故障在线鼻与引线头冲弯处,这些部位容易(　　)。

75. 退火炉密封不好,炉温将(　　),线圈易氧化。

76. 线圈直线部位要求平直,平直度不大于(　　)mm。

77. 线圈复型时,一定要使线圈的各个部位与(　　)伏贴。

78. 线圈复型的主要目的是为了进一步规范线圈的(　　)。

79. 高压电机运行时,其绝缘内部和表面都可能产生电晕现象,使绝缘(　　)老化和腐蚀。

80. 磁极复型后线圈内框、高度、引线头尺寸符合图纸要求,线圈垂直度(　　)1.5 mm。

81. 线圈热压时,液压系统压力应不小于(　　)。

82. 加在绝缘材料上的电场强度高于临界值时,就会导致(　　)。

83. 无碱玻璃是指成分中不含钾、钠氧化物的玻璃,(　　)玻璃属于此类。

84. 一般常用的外包绝缘材料是(　　)玻璃丝带。

85. 通常造成线圈匝短的原因有绝缘料缺陷,导体污物,导线(　　)等。

86. 绝缘修补时,绝缘材料要用与原导体材料等级相同或比原导体(　　)的材料。

87. 匝间绝缘是指同一线圈(　　)之间的绝缘。

88. 绝缘纸主要有(　　)和合成纤维纸两大类。

89. 绝缘油主要由(　　)和合成油两大类组成。

90. 直流电机叠绕组和双波绕组的电枢,由于工艺、装配等原因,不可避免地引起磁的或电的不平衡,导致支路中产生环流,为此将直流电枢绕组中理论上电位相同的点用(　　)连接起来。

91. 直流电机电枢绕组中流过的电流是(　　)。

92. 加强工艺装备的管理,目的是保证工装始终处于(　　)。

93. 除(　　)以外的所有工艺装备统称为工装。

94. 按压力加工性质不同,模具可分为(　　)两大类。

95. 冷冲模是在常温状态下,通过(　　)使材料变形的模具。

96. 型模包括锻模、(　　)、压铸模三类。

97. 夹具的动力装置最常见的有(　　)和油缸。

98. 在对地绝缘包扎时,如果包扎太松,就会有气隙存在,使(　　),电气性能下降。

99. 聚酰亚胺薄膜具有耐高温和耐深冷的优点,可以在(　　)温度下长期使用。

100. 散嵌线圈外保护带平包到位,不允许(　　),保护带缝隙小于 5 mm,引线头露出保护带。

101. 对地绝缘是指（　　）对机壳和其他不带电部件之间的绝缘。

102. 对地绝缘是电机的主绝缘，工作电压较高，所以它的（　　）和热性能必须满足电机运行状态所提出的要求。

103. 线圈绝缘包扎应均匀、平整、结实，鼓起高度（　　），收尾处紧贴、平整。

104. 定子线圈试验不合格的原因有匝短和（　　）。

105. 电工材料可分为（　　）材料、磁性材料和绝缘材料。

106. 当电压量程扩大 m 倍时，需要串入的附加电阻是表头内阻的（　　）倍。

107. 转换开关一般用于电气设备中作为（　　）接通和断开电路。

108. 接触器是一种用来（　　）交直流主电路和控制电路的自动控制电器。

109. 接触器是利用电磁铁吸力和弹簧（　　）相互配合动作使触头打开或闭合的电器。

110. 速测微欧计后面板上的接地端子必须接地，以防静电高压和（　　）的干扰。

111. 直流电桥主要用来精确测量（　　）。

112. 闪络击穿仪对试品的击穿和闪络的判断是利用（　　）。

113. 耐压试验分（　　）和交流耐压试验。

114. 当电压达到一定值，在导体的电离处出现蓝色的荧光，此时的电压值称为（　　）的起始电压。

115. 当某相绕组发生匝间短路时，三相电流会（　　）。

116. 测量电动机绝缘电阻应选用（　　）。

117. 三相绕组进行对地试验时，一相绕组的一端接高压，其余两相的一端接（　　）。

118. 耐压试验中，不允许直接加（　　）或满压断开，以免产生操作过电压。

119. 通过电阻测量可以判断绕组匝数、线径和（　　）是否正确。

120. 游标卡尺的结构中尺身和（　　）最重要。

121. 千分尺的精度等级根据示值允许偏差分为（　　）级。

122. HB 是（　　）符号。

123. 金属材料在断裂前产生永久性变形的能力称为（　　）。

124. HT200 表示最低抗拉强度为 $200\ N/mm^2$ 的（　　）。

125. 将钢加热到一定温度，再保温一定时间，然后缓慢冷却下来的热处理工艺，叫作（　　）。

126. 淬火的目的是提高（　　），增加耐磨性。

127. 绕组采用丝包线的优点是机械强度高，便于加工；缺点是（　　）。

128. 在高压设备中促使绝缘材料老化的主要原因是（　　）。

129. 固体电介质的击穿分强电击穿、放电击穿和（　　）。

130. 影响绝缘材料导电的因素主要有（　　）温度和湿度三种。

131. 一般来说材料的耐热等级越高，价格（　　）。

132. 对同一介质，外施不同电压，所得电流是不同的，绝缘电阻是（　　）。

133. 所谓电源的外特性是指电源的端电压随（　　）的变化关系。

134. 基尔霍夫第一定律，反映了电路中各节点（　　）之间的关系。

135. 基尔霍夫第二定律，反映了回路中各元件（　　）之间的关系。

136. 依据支路电流法解得的电流为负值时，说明电流参考方向与真实方向（　　）。

137. 所谓支路电流法就是以支路电流为未知量,依据(　　)定律列方程求解的方法。

138. 纯电感正弦交流电路中,有功功率为(　　)。

139. 视在功率表示(　　)提供的最大功率。

140. 楞次定律的主要内容是:感应电动势总是企图产生感应电流(　　)回路中磁通的变化。

141. 法拉第电磁感应定律为:同一线圈中感生电动势的大小与(　　)的变化率成正比。

142. 电流周围的磁场用(　　)来判定。

143. 通电导线在磁场中的受力方向用(　　)来判定。

144. 描述磁场中各点磁场强弱和方向的物理量是(　　)。

145. 交流三相绕组各项的相轴在空间相差(　　)电角度。

146. 对于叠绕组每一支路各元件的对应边应处于(　　)下,以获得最大的支路电动势和电磁转矩。

147. 对于波绕组每一支路各元件的对应边应处于所有相同极性的(　　)下,以获得最大的支路电动势和电磁转矩。

148. 绕组绝缘中的微孔和薄层间隙容易(　　),使绝缘电阻下降。

149. 一台三相交流电机 $Z_1=36,2P=4$,每槽电角度为(　　)。

150. 一台三相交流电机 $Z_1=24,2P=4$,采用的双层叠绕组,这时每槽电角度 $\alpha=$(　　)。

151. 单相电容电动机,主绕组和副绕组各占定子总槽数的(　　)。

152. 一台直流电机,$S=K=200$,其一个实槽中有 4 个元件,则实槽数 $Z=$(　　)。

153. 单波绕组一个元件的两个有效边位于大约相距(　　)的两个换向片上。

154. 单波绕组两个相串联的元件大约相距(　　)。

155. 交流线圈由两部分组成,即(　　)和端接部分。每个线圈有两个出线端,一个称为首端,另一个称为末端。

156. 直流电机电枢绕组为(　　),即电枢槽分上下两层放置线圈。

157. 浸渍是用(　　)堵塞纤维绝缘材料和其他制件的孔隙的生产过程。

158. 浸渍的分类有沉浸(常压浸渍)、滴浸、滚浸和(　　)。

159. 烘焙温度的确定取决于烘箱的条件和线圈绝缘的(　　)。

160. 绝缘漆的用途有浸渍、(　　)。

161. 机床电气线路图可以用原理图和(　　)表示。

162. 50 kW 高频焊机需要提供(　　)kg/cm^2 的水压。

163. 四柱液压机由(　　)和控制机构两大部分组成。

164. 退火炉密封不严将造成工件(　　)。

165. 烘箱在干燥(　　)和浸渍元件时必须开启排气阀门。

166. 打纱搪锡炉上三组线圈接法为(　　)形法。

二、单项选择题

1. 在平行投影法中,投影线与投影面垂直的投影称为(　　)。
(A)斜投影　　　(B)正投影　　　(C)中心投影　　　(D)平行投影

2. 当物体上的平面(或直线)与投影面平行时,其投影反映实形(或实长),这种投影特性称为（　　）性。

(A)积聚　　　　　(B)收缩　　　　　(C)真实　　　　　(D)一般

3. 圆柱属于（　　）立体。

(A)平面　　　　　(B)曲面　　　　　(C)基本　　　　　(D)一般

4. 棱柱属于（　　）立体。

(A)平面　　　　　(B)曲面　　　　　(C)基本　　　　　(D)一般

5. 平行于 H 面，倾斜于 V、W 面的直线称为（　　）平线。

(A)正　　　　　(B)侧　　　　　(C)水　　　　　(D)公

6. 用两相交的剖切平面剖开零件的方法称为（　　）剖。

(A)单一　　　　　(B)旋转　　　　　(C)阶梯　　　　　(D)复合

7. 当零件具有对平面时，在垂直于对称平面的投影面上投影所得图形，可以对称中心线为界，一半画成剖视图，另一半画成视图，称为（　　）剖视图。

(A)全　　　　　(B)半　　　　　(C)局部　　　　　(D)单一

8. 具有互换性的零件应是（　　）。

(A)相同规格的零件　　　　　(B)不同规格的零件

(C)相互配合的零件　　　　　(D)形状和尺寸完全相同的零件

9. 某种零件在装配时允许有附加的挑选、调整，则此种零件（　　）。

(A)具有完全互换性　　　　　(B)具有不完全互换性

(C)不具有互换性　　　　　(D)无法确定其是否具有互换性

10. 公差的大小等于（　　）。

(A)实际尺寸减基本尺寸　　　　　(B)上偏差减下偏差

(C)最大极限尺寸减实际尺寸　　　　　(D)最小极限尺寸减实际尺寸

11. 尺寸的合格条件是（　　）。

(A)实际尺寸等于基本尺寸　　　　　(B)实际偏差在公差范围内

(C)实际偏差在上、下偏差之间　　　　　(D)实际尺寸在公差范围内

12. 最小极限尺寸减去其基本尺寸所得的代数差为（　　）。

(A)上偏差　　　　　(B)下偏差　　　　　(C)基本偏差　　　　　(D)实际偏差

13. 当孔的下偏差大于相配合的轴的上偏差时，此配合的性质是（　　）。

(A)间隙配合　　　　　(B)过渡配合　　　　　(C)过盈配合　　　　　(D)无法确定

14. 基本偏差通常是（　　）。

(A)上偏差　　　　　(B)下偏差

(C)靠近零线的那个偏差　　　　　(D)极限偏差

15. 内螺纹在投影为圆的视图上，表示牙底的细实线圆只画约（　　）圆。

(A)1/2　　　　　(B)1/4　　　　　(C)1　　　　　(D)3/4

16. 符号"╱╱"的名称是（　　）。

(A)直线度　　　　　(B)平面度　　　　　(C)圆柱度　　　　　(D)垂直度

17. 在同一图样上，每一表面结构代（符）号只注（　　）次。

(A)1　　　　　(B)2　　　　　(C)3　　　　　(D)4

18. 草图上画横线时（　　）连续画出。

(A)从左到右　　　　(B)从右到左　　　　(C)从中间向两端　　(D)任意

19. 相邻两零件的接触面和配合面间只画(　　)条线。

(A)一　　　　(B)二　　　　(C)三　　　　(D)四

20. 油压机高压泵流量调得过低会造成(　　)。

(A)高压行程速度不够　　　　　　　　(B)停车后活动横梁下滑

(C)活动横梁爬行　　　　　　　　　　(D)压力表指针摆动严重

21. 大电流热压机不加热的主要原因有(　　)。

(A)连线故障　　　　(B)接触器烧损　　　　(C)变压器短路　　　　(D)可控硅烧损

22. 搪锡炉升温时间较慢的原因是(　　)。

(A)锡太多　　　　(B)锡炉太大　　　　(C)加热线圈匝短　　　　(D)放置导线太多

23. 脉冲测试仪通过(　　)来判断故障的。

(A)波形　　　　(B)显示数字　　　　(C)刻度尺　　　　(D)文字

24. 脉冲测试仪的振荡频率范围(　　)。

(A)300 kHz 以下　　　　　　　　(B)2 000 kHz 以上

(C)300~1 000 kHz　　　　　　　(D)100~1 500 kHz

25. 闪络击穿仪的振荡频率为(　　)。

(A)50 Hz　　　　(B)500 Hz　　　　(C)5 kHz　　　　(D)7 kHz

26. 工艺规程(　　)包括工时定额及工人技术等级。

(A)不应该　　　　(B)应该　　　　(C)不一定　　　　(D)一定条件下

27. 工艺过程由(　　)部分组成。

(A)2　　　　(B)4　　　　(C)5　　　　(D)6

28. 在生产现场,工装的管理分类要求对重点工装涂(　　)色。

(A)黑　　　　(B)黄　　　　(C)红　　　　(D)兰

29. 按照一般工厂的习惯下面哪些属于工装(　　)。

(A)检查样板　　　　(B)千分尺　　　　(C)复型膜　　　　(D)弯头模

30. 产品工艺和操作规程,是生产技术实践的总结,也是保证产品质量的(　　)。

(A)重要环节　　　　(B)指导文件　　　　(C)中心环节　　　　(D)措施

31. 交流电枢线圈属于(　　)类线圈。

(A)开式　　　　(B)闭式　　　　(C)混合式　　　　(D)A 和 B

32. 工艺上常选用(　　)绝缘料作为绝缘修补材料。

(A)云母带　　　　(B)F_{46}带　　　　(C)压敏带　　　　(D)聚酯带

33. 工艺上常选用下面(　　)方式进行绝缘修补。

(A)花包　　　　(B)平包　　　　(C)半迭包　　　　(D)2/3 包

34. 包装设计应考虑的因素不包括(　　)。

(A)时间性　　　　(B)空间性　　　　(C)文化性　　　　(D)方便性

35. 交流定子线圈转运时,摆放不允许超过(　　)层。

(A)四　　　　(B)五　　　　(C)六　　　　(D)七

36. 为了便于识别各个按钮的作用,避免误操作,常在按钮上作出不同标志或涂以不同的颜色,(　　)。

(A)一般黄色为启动按钮,绿色或黑色表示停止按钮

(B)一般红色为停止按钮,绿色或黑色为启动按钮

(C)一般绿色为启动按钮,红色或黑色为停止按钮

(D)一般黑色为启动按钮,红色或绿色为停止按钮

37. 中小容量异步电动机的短路保护一般采用( )。

(A)自动空气开关　　(B)过流继电器　　　　(C)热继电器　　　　　(D)熔断器

38. 发生火警在未确认切断电源时,灭火严禁使用( )。

(A)四氯化碳灭火器　(B)二氧化碳灭火器　(C)水　　　　　　　　(D)干粉灭火器

39. 生产性毒物以物理形态分为( )。

(A)气体、烟、雾、粉尘　　　　　　　　　(B)气体、蒸汽、烟、雾、粉尘

(C)气体、液体、固体　　　　　　　　　　(D)气体、蒸汽、粉尘

40. 粉尘最大爆炸压力一般在( )MPa 之间。

(A)0.1~0.5　　　　　(B)0.2~0.7　　　　　(C)0.3~0.9　　　　　(D)0.4~1

41. 电气试验人员,进入作业区要穿( )。

(A)皮鞋　　　　　　　(B)布鞋　　　　　　　(C)胶鞋　　　　　　　(D)绝缘鞋

42. 工作时,闪络击穿设备应与被试线圈相距( )m。

(A)1　　　　　　　　　(B)2　　　　　　　　　(C)3　　　　　　　　　(D)4

43. 在吊运工件过程中,司机对( )发出的"紧急停车"信号都应服从。

(A)操作人员　　　　　(B)行走人员　　　　　(C)任何人员　　　　　(D)特殊人员

44. 完善管理保证体系是提高生产现场管理运行效能的( )。

(A)控制措施　　　　　(B)重要手段　　　　　(C)一般条件　　　　　(D)等效条件

45. 下面哪个不是薄膜导线卷边和翻边的原因( )。

(A)带子张力过大

(B)启动时没有及时调整张力

(C)启动时绕包启动不及时,带子滑下削杆拨

(D)带子强度不够

46. 代号为 1159 的绝缘漆( )数字表示耐热等级。

(A)第一位 1　　　　　(B)第二位 1　　　　　(C)第三位 5　　　　　(D)第四位 9

47. 绝缘材料领来后可以不进行( )检查。

(A)外观　　　　　　　(B)质量　　　　　　　(C)成分　　　　　　　(D)保质期

48. 电晕对绝缘材料的危害大小是由( )决定的。

(A)局部放电的强度　　　　　　　　　　　(B)材料的耐电晕性能

(C)材料的绝缘等级　　　　　　　　　　　(D)由局部放电的强度及材料的耐电晕性能

49. 下列物质属于液体绝缘材料的是( )。

(A)电容器油　　　　　(B)六氟化硫　　　　　(C)二氧化碳　　　　　(D)陶瓷

50. 使绝缘材料发生热老化现象的是( )。

(A)温度高出允许的极限工作温度　　　　　(B)高压电

(C)酸、碱　　　　　　　　　　　　　　　(D)紫外光

51. 当弯曲边长为弯曲半径加( )倍材料厚时可消除弯曲缺陷。

（A）1　　　　　　　（B）2　　　　　　　（C）3　　　　　　　（D）4

52. 平绕机压轮倒转通常是因为（　　）。

（A）压轮压力大　　　（B）轮轴润滑不好　　　（C）支架轴润滑　　　（D）操作者的失误

53. 高频铜焊机加热线圈短路会造成（　　）。

（A）振荡频率上限有误　　　　　　　　（B）速熔熔丝烧断

（C）振荡频率下限有误　　　　　　　　（D）过流错误

54. 绕制梭形时,绕线模的模芯与夹线口的中心线要（　　）。

（A）有夹角　　　（B）平行　　　（C）在一条直线上　　　（D）没有要求

55. 线圈绕制时拉力过大影响线规,使铜线截面（　　）,电阻变大。

（A）变大　　　（B）变小　　　（C）不变　　　（D）无法确定

56. 平绕机压轮压力过大,使绕制线圈的绕线张力（　　）,影响线圈尺寸。

（A）变大　　　（B）变小　　　（C）不变　　　（D）无法确定

57. 平绕机压轮压力（　　）,使绕制线圈的绕线张力变大,影响线圈尺寸。

（A）过大　　　（B）过小　　　（C）不变　　　（D）无法确定

58. 散嵌线圈绕制时,引线头用胶布缠裹约（　　）,并与线圈一起用白布带绑扎整齐。

（A）5 mm　　　（B）10 mm　　　（C）15 mm　　　（D）20 mm

59. 散嵌线圈外保护带平包到位,不允许花包,保护带缝隙小于（　　）,引线头露出保护带。

（A）5 mm　　　（B）4 mm　　　（C）3 mm　　　（D）2 mm

60. ZD105 型脉流电机中,补偿绕组的作用是（　　）。

（A）实现能量转换　　　　　　　（B）产生换向极磁场

（C）产生主极磁场　　　　　　　（D）改善电机换向

61. 扁绕时风压的大小影响铜线的伸展性,使（　　）易产生毛刺。

（A）整个线圈　　　（B）直线部位　　　（C）R 角　　　（D）端部

62. 补偿线圈铜线焊接只能焊接在（　　）。

（A）直线部位　　　（B）端部　　　（C）R 角　　　（D）任何部位

63. 扁绕机在绕线时加乳化液的作用使铜线（　　）。

（A）冷却　　　（B）润滑　　　（C）冷却,润滑　　　（D）加快绕线速度

64. 线圈绕制时拉力过大,容易造成铜线截面变小,电阻（　　）。

（A）变大　　　（B）变小　　　（C）不变　　　（D）无法确定

65. 绕线时,夹线板与绕线模的中心线要调整在（　　）,以保证绕线质量。

（A）一条线上　　　（B）互相平行　　　（C）互相垂直　　　（D）任意位置

66. 平绕线圈匝间要求平整,绝缘料垫放到位,线匝服贴紧密,线匝缝隙要不超过导线厚度的（　　）。

（A）1/3　　　（B）1/5　　　（C）1/7　　　（D）1/2

67. 请指出滚扁模属于下面哪一类模具（　　）。

（A）冲裁模　　　（B）冷挤压模　　　（C）拉延模　　　（D）成型模

68. 弯头模的弯曲半径必须要与产品的（　　）一致,才能保证引线间距。

（A）引线间距　　　（B）引线半径　　　（C）图纸尺寸　　　（D）鼻部半径

69. 线圈高频焊的虚焊指（　　）。

(A)焊接温度偏低,焊条没被完全熔化

(B)焊接温度偏高,焊条熔化过快

(C)焊接温度偏高,把焊件熔化

(D)焊接温度偏低,焊条外层熔化,内层没熔化

70. 进行搪锡打纱时,锡炉的温度要求必须达到（　　）。

(A)300 ℃　　　(B)250 ℃　　　(C)400 ℃　　　(D)350 ℃

71. 打扁过程中,每打扁（　　）支线圈必须对打扁尺寸进行测量。

(A)5～10　　　(B)10～15　　　(C)15～20　　　(D)20～25

72. 打扁后引线头刀颈根部不能超过（　　）。

(A)1 mm　　　(B)2 mm　　　(C)3 mm　　　(D)4 mm

73. 冲模在工作时所受的合力作用点若与冲床滑块的中心线重合,该合力作用点称为（　　）。

(A)偏心距　　　(B)中心距　　　(C)压力中心　　　(D)闭合中心

74. 磁极线圈引线头搪锡的目的,使线圈具有良好的（　　）。

(A)焊接性能　　　(B)导电性能　　　(C)光洁性能　　　(D)机械性能

75. 若搪锡质量不好或搪不上锡,使导体接触面小,电阻（　　）,磁极温升增高。

(A)增大　　　(B)变小　　　(C)不变　　　(D)波动

76. 引伸件压边力不足或压边力不均匀容易造成工件（　　）。

(A)变形　　　(B)起皱　　　(C)破坏　　　(D)弯曲

77. 以下装备在励磁线圈制造中经常被使用,请指出哪个不属于模具（　　）。

(A)索紧器　　　(B)绕线模　　　(C)压型模　　　(D)热压模

78. 请指出下面电枢线圈制造中所使用的模具哪一个不属于冷冲模（　　）。

(A)弯 U 模　　　(B)扒角模　　　(C)敲形模　　　(D)绝缘成型模

79. 请指出绕线模属于下面哪一类模具（　　）。

(A)冲裁模　　　(B)弯曲模　　　(C)拉延模　　　(D)成型模

80. 操作人员,在操作成型机时,可视具体情况修改（　　）。

(A)线圈参数　　　(B)成型参数　　　(C)控制程序　　　(D)机床参数

81. 线圈敲形时不许用铁榔头直接敲击线圈,需用（　　）衬垫。

(A)毡垫　　　(B)橡胶垫　　　(C)胶木板　　　(D)木板

82. 包线圈的保护带时,张型受力变形部位应该（　　）,尽量减少其绝缘破损和变形。

(A)不包　　　(B)花包　　　(C)平包　　　(D)1/2 迭包

83. 敲形时线圈必须与模体贴合,以保证线圈的（　　）符合设计图纸要求。

(A)直线尺寸　　　(B)电性能　　　(C)几何尺寸　　　(D)端部尺寸

84. 电枢线圈成型过程中引线头不齐度要求必须小于（　　）。

(A)2 mm　　　(B)1 mm　　　(C)0.15 mm　　　(D)2.5 mm

85. 均压线在存放架摆放时应不超过（　　）层,存放时注意防尘、防潮。

(A)5　　　(B)7　　　(C)9　　　(D)10

86. 高频焊要求焊接后上下层线圈不错位,焊接面积不得小于焊接长度的（　　）。

(A)50％　　　　(B)70％　　　　(C)80％　　　　(D)90％

87.纯铜退火后不得出现(　　)现象。

(A)返工　　　　(B)刻痕　　　　(C)粘连　　　　(D)耐热

88.复型时,线圈要保证与模具(　　)。

(A)伏贴　　　　(B)有间隙　　　(C)紧密接触　　(D)没要求

89.(　　)的目的是使线圈尺寸符合设计图纸的几何形状要求。

(A)张型　　　　(B)敲形　　　　(C)复型　　　　(D)热压

90.交流定子线圈直线平直度要求不大于(　　)。

(A)0.5 mm　　　(B)1 mm　　　　(C)1.5 mm　　　(D)2 mm

91.励磁线圈整形后,要求线圈内外侧及上下平面光滑平整,划伤及压痕面积小于(　　)。

(A)2 mm×20 mm　(B)2 mm×30 mm　(C)3 mm×20 mm　(D)3 mm×30 mm

92.复型后线圈内框、高度、引线头尺寸符合图纸要求,线圈垂直度不大于(　　)。

(A)0.5 mm　　　(B)1 mm　　　　(C)1.5 mm　　　(D)2 mm

93.热压温度不够容易造成(　　)。

(A)直线错位　　(B)直线散匝　　(C)直线弯曲　　(D)直线破损

94.交流定子线圈匝间热压温度的选择与电磁线的(　　)有关。

(A)线规　　　　(B)耐热等级　　(C)材料　　　　(D)绝缘材料

95.热压温度不够容易造成(　　)。

(A)直线错位　　(B)直线散匝　　(C)直线弯曲　　(D)直线破损

96.扣合绝缘成形模属于(　　)。

(A)锻模　　　　(B)压铸模　　　(C)塑料膜　　　(D)铸模

97.ZD106型直流电动机电枢线圈采用(　　)作为绝缘补强材料。

(A)NMN 纸　　　(B)NHN 纸　　　(C)NOMEX 纸　　(D)DMD 纸

98.ZD106型直流电动机电枢线圈采用(　　)的对地绝缘结构。

(A)NHN 扣合　　(B)NOMEX 扣合　(C)三层亚胺带叠包　(D)三层云母带叠包

99.交流定子线圈常用对地绝缘材料是(　　)。

(A)聚酰亚胺薄膜　(B)无碱玻璃丝　(C)硅有机漆布　(D)聚酯热缩带

100.云母制品主要成分不包括(　　)。

(A)片或粉云母　(B)补强材料　　(C)胶粘剂　　　(D)绝缘漆

101.线圈一般使用的外包绝缘材料是(　　)。

(A)无碱玻璃丝带　(B)云母带　　(C)聚酰亚胺薄膜带　(D)热缩带

102.云母带要求在(　　)范围内具有柔软性。

(A)(10～80)℃±3 ℃　　　　　(B)(10～80)℃±5 ℃

(C)(20～100)℃±3 ℃　　　　　(D)(20～100)℃±5 ℃

103.手摇发电机式兆欧表使用前,指针指示在标度尺的(　　)。

(A)"0"处　　　(B)"∞"处　　　(C)中央处　　　(D)任意位置

104.使用速测微欧仪测量阻值,被测电阻的额定电流值为(　　),以免被测电阻损坏。

(A)等于1 A　　(B)大于1 A　　(C)小于1 A　　(D)不确定

105. 交流电桥平衡的条件是(   )。

(A)相对两臂阻抗数值的乘积相等

(B)相对两臂的阻抗角之和相等

(C)相对两臂阻抗数值的乘积相等且相对两臂的阻抗角之和相等

(D)以上答案都不对

106. 按试验规定,(   )个脉冲过后线圈不被击穿便认为匝间绝缘合格。

(A)1   (B)2   (C)3   (D)4

107. 用闪络击穿仪进行耐压试验一般是(   )min。

(A)1   (B)2   (C)3   (D)4

108. 对于匝间试验电压值有(   )决定。

(A)额定电压   (B)容量   (C)输出电压   (D)额定电压和容量

109. 用中频匝间试验时,(   )表示严重短匝。

(A)$R \gg WL$,短路呈电感性质   (B)$R \ll WL$,短路呈电阻性质

(C)$R \gg WL$,短路呈电容性质   (D)$R \ll WL$,短路呈电感性质

110. 通常对于(   )以上的高压绕组要进行介质损耗和电晕起始电压的检查。

(A)5 kV   (B)5.5 kV   (C)6 kV   (D)7 kV

111. 三项绕组对地试验,全值试验电压应维持(   )。

(A)10 s   (B)15 s   (C)30 s   (D)1 min

112. 同一电阻每次测量值与其平均值不得超过(   )。

(A)±0.5%   (B)±1%   (C)±2%   (D)±4%

113. 三相交流绕阻的三相电流平衡试验,应在绕组(   )进行。

(A)嵌完线   (B)联完线   (C)浸漆后   (D)组装完

114. 游标卡尺的规格是按照(   )来规定的。

(A)测量限起止范围   (B)测量上限   (C)测量下限   (D)被测量物体

115. 游标读数值为 0.02 mm 的游标卡尺在测量 300~500 mm 范围时游标示值允许误差(   )mm。

(A)±0.02   (B)±0.03   (C)±0.04   (D)±0.05

116. 当千分尺测量上限小于 300 mm 时,其测量范围为(   )。

(A)25 mm   (B)50 mm   (C)75 mm   (D)100 mm

117. 金属材料在外力作用下抵抗塑性变形或断裂的能力称为(   )。

(A)硬度   (B)强度   (C)冲击韧度   (D)弹性

118. 金属材料在无数次交变载荷作用下而不破坏的(   ),称为疲劳强度。

(A)最小应力   (B)最大应力   (C)最大内力   (D)平均应力

119. 45 钢按含碳量不同分类,属于(   )。

(A)中碳钢   (B)低碳钢   (C)高碳钢   (D)共析钢

120. T8 钢按含碳量不同分类,属于(   )。

(A)中碳钢   (B)低碳钢   (C)高碳钢   (D)亚共析钢

121. 为改善低碳钢的切削加工性能,应采用(   )。

(A)球化退火   (B)完全退火   (C)正火   (D)去应力退火

122. 表面热处理是为了改善零件( )的化学成分和组织。

(A)内部 (B)表层 (C)整体 (D)中心

123. 下列圆裸线中硬铝线是( )。

(A)TY (B)TR (C)LY (D)LR

124. 下列裸铜接线中软铜绞线是( )。

(A)TS (B)TRJ (C)TRZ (D)QC

125. 比较不同材料的 ρ 或 γ 值,( )导电性能愈优。

(A)ρ 值愈小 γ 值愈小 (B)ρ 值愈小 γ 值愈大

(C)ρ 值愈大 γ 值愈小 (D)ρ 值愈大 γ 值愈大

126. XP218 粉云母带外观应柔软,有一定的粘度,胶质不固化,发硬。保存在( )。

(A)5 ℃以上,30 d (B)5 ℃以上,60 d

(C)5 ℃以下,30 d (D)5 ℃以下,60 d

127. 绝缘材料在潮气的作用下,材料性能( ),严重影响绕组寿命。

(A)变化 (B)恶化 (C)一般恶化 (D)显著恶化

128. 绕组表面的湿层和污物,会急剧降低绝缘层的表面( )电压。

(A)放电 (B)绝缘 (C)导电 (D)一切

129. 绝缘材料受热变质,绝缘电阻或击穿电压值就会( )。

(A)增大 (B)变小 (C)不变 (D)不一定

130. 水分子不会使非极性物质湿润,只能在( )存在时,才能使非极性介质表面电阻下降。

(A)高温 (B)水分子 (C)污物 (D)其他物

131. ( )使电路中某点电位提高。

(A)改变电路中某些电阻的阻值一定能 (B)改变参考点的选择可能

(C)增大电源电动势一定能 (D)增大电路中的电流一定能

132. 无功功率的单位是( )。

(A)瓦 (B)乏尔 (C)伏安 (D)焦耳

133. 直导线在磁场中作切割磁力线运动所产生的感生电动势的方向用( )来判定。

(A)欧姆定律 (B)安培定则 (C)右手定则 (D)左手定则

134. 通电导体在磁场中受力最大时,载流导线上的电流方向与磁感应强度的方向夹角为( )。

(A)0° (B)45° (C)60° (D)90°

135. 要使载流导体在磁场中受力方向发生变化可采取( )方法。

(A)可增大载流导体中的电流 (B)增加磁感应强度的大小

(C)增长导体在磁场中的强度 (D)改变电流方向或者磁感应强度的方向

136. 下列物理单位是特斯拉的是( )。

(A)磁通 (B)磁感应强度 (C)磁导体 (D)磁场强度

137. 下列物理量与媒介质磁导率无关的是( )。

(A)磁通 (B)磁感应强度 (C)磁场强度 (D)磁阻

138. 在三相对称绕组中通入三相对称正弦交流电产生( )。

(A)恒定磁场　　　　(B)旋转磁场　　　　(C)脉动磁场　　　　(D)匀强磁场

139. 对称三相绕组在空间位置上应彼此相差(　　)电角度。

(A)60°　　　　　　(B)120°　　　　　(C)180°　　　　　(D)360°

140. 对于叠绕组每一支路各元件的对应边应处于(　　)下,以获得最大的支路电动势和电磁转矩。

(A)同极性主极　　　(B)同极性副极　　　(C)同一主极　　　(D)同一副极

141. 对于波绕组每一支路各元件的对应边应处于(　　)下,以获得最大的支路电动势和电磁转矩。

(A)同极性主极　　　(B)同极性副极　　　(C)同一主极　　　(D)同一副极

142. 一台三相交流电机 $Z1=24,2P=4$,每极每相槽数 $q=$(　　)。

(A)6　　　　　　　(B)4　　　　　　(C)3　　　　　　(D)2

143. 一台直流电机 $Zu=S=K=15,2P=4$ 的左行短距单波绕组的第一节距 $y_1=$(　　)。

(A)6　　　　　　　(B)5　　　　　　(C)4　　　　　　(D)3

144. 同一线圈上产生的感生电动势的大小正比于(　　)。

(A)磁通量的大小　　　　　　　　　　(B)磁通量的改变量

(C)磁感应强度　　　　　　　　　　　(D)磁通量的变化率

145. ZD109 型直流电机的电枢绕组为(　　)绕组。

(A)单叠　　　　　　(B)单波　　　　　(C)复叠　　　　　(D)复波

146. 当变压器带电容性负载运行时,其电压调整率 $\Delta U\%$(　　)。

(A)大于零　　　　　(B)等于零　　　　(C)小于零　　　　(D)大于1

147. 大型变压器的铁心柱截面常采用(　　)。

(A)正方形　　　　　(B)长方形　　　　(C)阶梯形　　　　(D)圆形

148. 交流接触器的铁心,一般用硅钢片迭压而成,以减小交变磁场在铁心中产生的(　　)损耗。

(A)涡流　　　　　　(B)铜　　　　　　(C)磁滞　　　　　(D)铁损(涡流磁滞)

149. 下列(　　)继电器可以在电路中起过载保护作用。

(A)压力继电器　　　(B)速度继电器　　(C)中间继电器　　(D)热继电器

150. 要想使一台三相异步电动机能连续运行,在启动按钮的常开点并联接触器常开触点。我们将这种连接称为(　　)。

(A)自锁保护　　　　(B)互锁保护　　　(C)短路保护　　　(D)过载保护

151. 当换向器升高片有深槽和浅槽时,深槽中还要嵌入(　　)。

(A)电枢线圈　　　　(B)均压线　　　　(C)主极线圈　　　(D)补偿绕组

152. 同步发电机的励磁绕组产生的主极磁场是(　　)。

(A)恒定磁场　　　　(B)旋转磁场　　　(C)脉动磁场　　　(D)匀强磁场

153. 107 烘箱烘焙温度范围为(　　)。

(A)80～205 ℃　　　(B)50～150 ℃　　(C)80～160 ℃　　(D)175～185 ℃

154. 两轴平行,相距较远的传动可选用(　　)。

(A)圆锥齿轮传动　　　　　　　　　　(B)圆柱齿轮传动

(C)带传动　　　　　　　　　　　　　(D)蜗杆传动

155. 柱齿轮传动用于两轴（　　）的传动场合。

(A)平行　　　　　(B)相交　　　　　(C)相错　　　　　(D)垂直相交 A24Y

156. 带传动具有（　　）的特点。

(A)传动比不准确　　　　　　　　(B)瞬时传动比准确

(C)平均传动比准确　　　　　　　(D)传动比准确

157. 齿轮传动的特点有（　　）。

(A)寿命长,效率低　　　　　　　(B)传递的功率和速度范围大

(C)传动不平稳　　　　　　　　　(D)制造和安装精度要求不高

158. 带传动是依靠（　　）来传递运动和动力的。

(A)主轴的动力　　　　　　　　　(B)主动轮的转矩

(C)带与带轮间的摩擦力　　　　　(D)带与带轮间的正压力

159. 带传动具有（　　）的特点。

(A)效率高　　　　　　　　　　　(B)过载时会产生打滑现象

(C)传动比准确　　　　　　　　　(D)传动平稳、噪声大

160. （　　）可用于两轴相交的传动场合。

(A)直齿圆柱齿轮传动　　　　　　(B)斜齿圆柱齿轮传动

(C)圆锥齿轮传动　　　　　　　　(D)蜗杆传动

161. 圆柱齿轮传动用于两轴（　　）。

(A)相交　　　　　(B)垂直相交　　　　　(C)平行　　　　　(D)垂直相错

162. 下面哪一个不是蜗杆传动的优点（　　）。

(A)传动比大　　　(B)传动平稳　　　(C)效率高　　　(D)有自锁作用

163. 在高速传动中,既能补偿两轴的偏移,又不会产生附加载荷的联轴器是（　　）联轴器。

(A)凸缘式　　　　(B)齿式　　　　(C)十字滑块式　　　　(D)万向式

164. 液压系统的执行元件是（　　）。

(A)电动机　　　　(B)液压缸　　　　(C)液压泵　　　　(D)液压控制阀

165. 液压系统的功率等于系统的（　　）乘积。

(A)压力和面积　　(B)压力和流量　　(C)负载和面积　　(D)速度和面积

166. 可用于高压系统的液压泵是（　　）。

(A)柱塞泵　　　　(B)齿轮泵　　　　(C)叶片泵　　　　(D)定量泵

三、多项选择题

1. 基本视图包括（　　）。

(A)主视图　　　　　　　(B)左视图　　　　　　　(C)右视图

(D)俯视图　　　　　　　(E)仰视图　　　　　　　(F)后视图

2. 一张完整的零件图样应包括（　　）。

(A)视图　　　　(B)尺寸　　　　(C)技术要求　　　　(D)标题栏

3. 标注表面结构的代码时应包括（　　）。

(A)数值　　　　(B)尺寸线　　　　(C)尺寸界线　　　　(D)可见轮廓线

4. 形位公差带的四要素,即形位公差的(　　　)。

(A)形状　　　　　(B)数值　　　　　(C)基准　　　　　(D)位置

5. 平面图形中的尺寸按照作用分为(　　　)。

(A)基准尺寸　　　　(B)定形尺寸　　　　(C)定量尺寸　　　　(D)定位尺寸

6. 在绘图中,下列对于剖视图的说法正确的有(　　　)。

(A)按照剖视占用视图的范围可分为全剖视图、半剖视图、局部剖视图、复合剖视图

(B)全剖视图主要适用于外形简单、内部结构比较复杂且没有对称性的情况

(C)半剖视图主要适用于内外结构形状较复杂且具有对称或接近对称的情况

(D)在局部剖视图中,视图与剖视用波浪线分界,且波浪线不应与图形上其他图线重合

7. 在画剖视图时易出现的错误有(　　　)。

(A)出现"漏线"现象

(B)画半剖视图时,剖视图与视图的分界线是该图形的对称线,使用粗实线

(C)画半剖视图时,剖视图与视图的分界线是该图形的对称线,使用细点划线

(D)半剖视图中可省略的虚线未省略

8. 基本偏差代号为 f 的轴与基本偏差代号为 H 的孔不可能构成(　　　)。

(A)间隙配合　　　　　　　　　　(B)过渡配合

(C)过盈配合　　　　　　　　　　(D)过渡配合或过盈配合

9. 对于切割型的组合体,看图时不能用(　　　)。

(A)形体分析法　　　　(B)线分析法　　　　(C)面分析法

(D)线、面分析法　　　　(E)原始分析法

10. 线性尺寸数字可以注写在(　　　)。

(A)尺寸线的上方　　　　　　　　(B)尺寸线的中断处

(C)尺寸线的下方　　　　　　　　(D)三种均可

11. 同一零件在各剖视图中,剖面线的方向和间隔不能(　　　)。

(A)互相相反　　　　(B)保持一致　　　　(C)宽窄不等　　　　(D)宽窄相等

12. 下列应用细实线的情况是(　　　)。

(A)螺纹的牙底线　　　(B)齿轮的齿根线　　　(C)可见过渡线　　　(D)尺寸线

13. "⊘"符号不表示该表面结构是用(　　　)方法获得。

(A)去除材料的　　　　　　　　　(B)不去除材料的

(C)去或不去除材料　　　　　　　(D)任意的

14. 计量器具对被测量变化的反应能力不是指(　　　)。

(A)灵敏限　　　　(B)稳定度　　　　(C)灵敏度　　　　(D)不确定度

15. 零件在加工中或机床上进行的测量不能称之为(　　　)。

(A)直接测量　　　(B)间接测量　　　(C)在线测量　　　(D)离线测量

16. 造成薄膜导线卷边和翻边的原因有(　　　)。

(A)带子张力过大

(B)启动时没有及时调整张力

(C)启动时绕包启动不及时,带子滑下削杆拨

(D)导向轮导向性能不好

17. 造成薄膜熔敷时断带的原因有(　　)。

(A)带子角度不合适　　　　　　　　　(B)带子边缘有划破伤

(C)绕包时张力太大　　　　　　　　　(D)带子强度不够

18. 平绕机通电后不转下面哪些做法是错误的(　　)。

(A)找电工　　　　　　　　　　　　　(B)断电,再找电工

(C)检查熔丝是否烧毁　　　　　　　　(D)自己处理

19. 高频铜焊机加热线圈短路不会造成(　　)。

(A)振荡频率上限有误　　　　　　　　(B)速熔熔丝烧断

(C)振荡频率下限有误　　　　　　　　(D)过流错误

20. 油压机可控单向阀阀口不严不会引起(　　)。

(A)活动横梁慢速下行带压　　　　　　(B)停车后活动横梁下滑

(C)支承压力过大　　　　　　　　　　(D)管路机械振动

21. 下面的设备用于匝间处理的设备是(　　)。

(A)大电流热压机　　(B)烘箱　　　　(C)弯形机　　　　(D)浸漆罐

22. 换向元件中有(　　)电势。

(A)自感　　　　　　(B)互感　　　　(C)电枢反应　　　(D)换向极

23. 造成工件外形不平整的原因有(　　)。

(A)上无出气孔　　　(B)材料弹性回弹　　(C)间隙太大　　(D)设备状态不好

24. 工件弯曲的主要缺陷有(　　)。

(A)破裂　　　　　　(B)回跳　　　　(C)毛刺　　　　　(D)刻痕

25. 夹具装配时,绝大多数不会选择(　　)为基准件。

(A)定位元件　　　　(B)导向元件　　(C)夹具体　　　　(D)定位和导向

26. 从工装的定义上来看,下面哪些属于工装范畴(　　)。

(A)车床　　　　　　(B)模具　　　　(C)夹具　　　　　(D)样板

27. 下面哪些模具属于型模(　　)。

(A)锻模　　　　　　(B)压铸模　　　(C)塑料膜　　　　(D)铸模

28. 确定夹紧力方向时,夹紧力方向不能选择垂直于(　　)基准面。

(A)主要定位　　　　(B)辅助定位　　(C)止推定位　　　(D)任意定位

29. 交流电枢线圈不属于(　　)类线圈。

(A)开式　　　　　　(B)闭式　　　　(C)混合式　　　　(D)A 和 B

30. 交流定子线圈的梭型尺寸与(　　)有关。

(A)导线弹性　　　　(B)夹线压力　　(C)线规　　　　　(D)风压

31. 质量检验的主要功能(　　)。

(A)鉴别功能　　　　(B)把关功能　　(C)预防功能　　　(D)报告功能

32. 下面哪种线圈通以交流电会产生脉振磁势(　　)。

(A)单个线圈　　　　(B)单个线圈组　　(C)一相绕组　　　(D)多相绕组

33. 环境温度的变化对绕组的电气性能不会(　　)。

(A)影响很大　　　　(B)影响不大　　(C)没影响　　　　(D)不一定

34. 下面哪些不是绿色包装提倡的(　　　)。

(A)易于重复利用　　(B)不能重复利用　　(C)豪华包装　　　　(D)包装复杂

35. 主极线圈在转序时,线圈在周转架上要求(　　　)。

(A)只能摆放 2 层　　(B)只能摆放 3 层　　(C)加垫防护毡　　　(D)严防磕碰

36. 表示绝缘材料吸湿性能的名称(　　　)。

(A)吸水性　　　　　(B)透湿性　　　　　(C)抗潮性　　　　　(D)流动性

37. 使用时不需要倒过来的灭火器有(　　　)。

(A)泡沫灭火器　　　　　　　　　　　(B)干粉灭火器

(C)二氧化碳灭火器　　　　　　　　　(D)其他灭火器

38. 防止易燃易爆物质燃烧爆炸的基本措施有(　　　)。

(A)控制火源　　　　　　　　　　　　(B)控制电源

(C)控制易燃介质泄漏　　　　　　　　(D)控制助燃物

39. 按照安全用电方面规定对地电压为(　　　)称为高压电气设备。

(A)380 V　　　　　(B)250 V　　　　　(C)220 V　　　　　(D)36 V

40. 中频机工作环境周围禁止存放(　　　)物品。

(A)酸　　　　　　　(B)碱　　　　　　　(C)蓄电池　　　　　(D)绝缘漆

41. 电机常用的导线有(　　　)。

(A)纸包线　　　　　(B)漆包线　　　　　(C)薄膜绕包线　　　(D)铜母线

42. 下面哪些是线圈常用对地绝缘材料(　　　)。

(A)聚酰亚胺薄膜　　(B)无碱玻璃丝　　　(C)硅有机漆布　　　(D)聚酯热缩带

43. 云母制品主要成分包括(　　　)。

(A)片或粉云母　　　(B)补强材料　　　　(C)胶粘剂　　　　　(D)绝缘漆

44. 无碱玻璃丝带,可提高绕组的(　　　)性能。

(A)耐潮　　　　　　(B)耐热　　　　　　(C)机械性能　　　　(D)化学

45. 线圈一般不使用下面的哪种材料作为外包绝缘材料(　　　)。

(A)无碱玻璃丝带　　　　　　　　　　(B)云母带

(C)聚酰亚胺薄膜带　　　　　　　　　(D)热缩带

46. 下列绝缘材料达到 H 级的(　　　)。

(A)XP218 多胶粉云母带　　　　　　　(B)6050 聚酰亚胺薄膜

(C)DY7329 少胶粉云母带　　　　　　　(D)544—1 粉云母带

47. 电机定子的绝缘结构主要由(　　　)构成。

(A)主绝缘　　　　　(B)匝间绝缘　　　　(C)对地绝缘　　　　(D)槽绝缘

48. 磁极线圈常用的层间绝缘料有(　　　)。

(A)柔软云母板　　　(B)电热云母板　　　(C)玻璃丝带　　　　(D)云母带

49. 绕制梭形线圈时,要检查(　　　)。

(A)线规　　　　　　(B)模具尺寸　　　　(C)梭形尺寸　　　　(D)其他尺寸

50. 定子线圈绕制的梭形形状有(　　　)。

(A)梭形　　　　　　(B)梯形　　　　　　(C)菱形　　　　　　(D)跑道形

51. 在梭形绕制过程中容易出现的质量问题有(　　　)。

(A)梭形内长尺寸超差　　　　　　　(B)模具、夹具等毛刺导致梭形绝缘破损

(C)导线匝间错位、松散　　　　　　(D)未测量线规

52. (　　)属于绝缘材料耐热等级。

(A)F 级绝缘　　　(B)A 级绝缘　　　(C)H 级绝缘　　　(D)C 级绝缘

53. (　　)是电机的绝缘处理一般具有特点和不安全因素。

(A)高温　　　(B)有毒　　　(C)易燃易爆　　　(D)腐蚀性强

54. 定子线圈绕线工序易出现的质量问题有(　　)。

(A)梭形不平直　　　　　　　　　　(B)梭形尺寸超差

(C)导线线规超差　　　　　　　　　(D)梭形匝数超差

55. 定子线圈的绕制过程中造成梭形松散、匝间不齐的原因有(　　)。

(A)操作者未认真自检　　　　　　　(B)设备张力值调整不合适

(C)原材料质量问题　　　　　　　　(D)操作不规范

56. 线圈绕制时拉力过大会导致梭形线圈产生以下缺陷(　　)。

(A)截面尺寸变小　　　(B)绝缘损伤　　　(C)总长缩短　　　(D)弹性变大

57. 平绕机压轮压力过大,会导致绕线张力(　　),影响线圈尺寸。

(A)变大　　　　　　　　　　　　　(B)内框尺寸变小

(C)导线截面尺寸变小　　　　　　　(D)无法确定

58. 下列产品中采用平绕结构的有(　　)。

(A)ZDY761 主极线圈　　　　　　　(B)ZD109 主极线圈

(C)YZ134A 他励线圈　　　　　　　(D)YZ134A 串励线圈

59. 平绕磁极线圈在绕制过程中易出现的质量问题有(　　)。

(A)导线绝缘破损　　　　　　　　　(B)线圈表面导线拉伤

(C)内长、内宽尺寸超差　　　　　　(D)线圈匝间有铜屑

60. 扁绕线圈在绕制过程中易出现的质量问题有(　　)。

(A)导线绝缘破损　　　　　　　　　(B)线圈表面导线拉伤

(C)内长、内宽尺寸超差　　　　　　(D)线圈匝间有铜屑

61. 扁绕时的乳化液配制水与乳化油比例哪些是错误的(　　)。

(A)1∶30　　　(B)1∶50　　　(C)50∶1　　　(D)30∶1

62. (　　)是影响绝缘材料导电的主要因素。

(A)温度　　　(B)密度　　　(C)杂质　　　(D)湿度

63. (　　)是常用的外包绝缘材料。

(A)漆布　　　(B)热缩带　　　(C)无碱玻璃丝带　　　(D)复合材料 NHN

64. (　　)是一般电机绕组常见的绝缘材料。

(A)玻璃丝带　　　(B)聚酰亚胺薄膜　　　(C)云母带　　　(D)绝缘漆

65. 固化后的绝缘漆具有以下哪些优良的性能:(　　)。

(A)耐溶剂　　　(B)耐碱　　　(C)耐酸　　　(D)耐潮

66. 引线头弯头时,要保证(　　)一致、到位,以保证引线头间距。

(A)弯头部位　　　(B)弯头尺寸　　　(C)弯头角度　　　(D)弯头方向

67. 弯头模的弯曲半径必须要与产品的(　　)一致,才能保证引线间距。

(A)引线间距　　　(B)引线半径　　　(C)图纸尺寸　　　(D)鼻部半径

68. YJ127 系列产品引线头标识包括以下几个部分（　　）。

(A)操作者工号　　　(B)张型机名称　　　(C)产品品种　　　(D)导线厂家

69. 打纱工序易出现的质量问题有（　　）。

(A)引线头打纱不干净　　　　　　　　(B)引线头打纱不到位

(C)引线头氧化发蓝、发黑　　　　　　(D)因操作不当损伤导线绝缘

70. 定子线圈引线头打纱工序对下工序产生的影响（　　）。

(A)打纱不干净导致引线头焊接不牢

(B)打纱过长,引线头修补过长使线圈端部尺寸大,嵌线排列困难

(C)引线头薄厚不均匀导致焊接不牢

(D)钢丝夹入导线匝间,导致线圈匝短

71. 直流电枢线圈引线头打扁后还需要进行切边的产品有（　　）。

(A)ZD120　　　(B)ZD105　　　(C)ZD115　　　(D)ZQ800-1

72. 预烘一般在一定真空度下进行对于预烘过程可以（　　）。

(A)较低温度下水分子出来　　　　　(B)排除溶剂小分子

(C)排除水分　　　　　　　　　　　(D)同一温度下缩短烘焙时间

73. 磁极线圈弯头工序质量问题对下工序造成的影响有（　　）。

(A)匝间短路　　　(B)定装质量　　　(C)对地击穿　　　(D)影响连线

74. 焊头毛刺清除使用工具（　　）。

(A)砂轮　　　(B)砂布　　　(C)百洁布　　　(D)汤布

75. 操作人员,在操作成型机时,不可随意修改（　　）。

(A)线圈参数　　　(B)成型参数　　　(C)控制程序　　　(D)机床参数

76. 舒曼张型机制作交流定子线圈,夹钳的位置与尺寸由（　　）确定。

(A)直线长度　　　(B)直线的宽度　　　(C)直线高度　　　(D)线圈的长度

77. 舒曼张型机张型时容易出现的问题有（　　）。

(A)夹钳的宽度和高度调整不合适

(B)弧板调整不合适

(C)梭形内长和线圈成型后长度尺寸输入不合适

(D)直线部分长度尺寸设置不合适

78. 定子线圈张型工序需要测量和控制的尺寸包括（　　）。

(A)线圈的总长　　　　　　　　　　(B)线圈的直线长度

(C)直线边的宽度和高度　　　　　　(D)线圈直线边的跨距和角度

79. 定子线圈张型工序易出现的质量问题及对下工序的影响有（　　）。

(A)线圈一致性差下工序嵌线困难、嵌线后端部间隙不均匀,影响外观质量

(B)直线角度、跨距不好下工序嵌线后线圈绝缘破损,电机接地

(C)线圈直线长度短下工序嵌线时易损伤线圈槽口部位绝缘,电机存在接地隐患

(D)导线绝缘破损降低电机的可靠性

80. 定子线圈在张型过程中造成导线绝缘破损的原因有（　　）。

(A)梭形保护带包扎不符合工艺要求　　(B)张型机鼻部张型工装防护不到位

(C)张型机夹钳尺寸调整不合适　　　　(D)顶弧板调整过高

81. 目前用于电枢线圈鼻部成型的设备有(　　)。

(A)自动成型机　　　(B)气动弯 U 机　　　(C)气动扒角机　　　(D)鼻部成型机

82. 下列产品在制作过程中需要采取刨角处理的有(　　)。

(A)YZ02B 主极线圈　　　　　　　　　(B)YZ08 副极线圈

(C)YJ62 磁极线圈　　　　　　　　　(D)ZD109 主极线圈

83. 磁极线圈在刨角过程中易出现的质量问题有(　　)。

(A)导线绝缘破损　　　　　　　　　(B)棱边飞边未去除

(C)角度超差　　　　　　　　　　　(D)尺寸超差

84. 下面哪些不是工件退火后弹性不均匀的原因(　　)。

(A)温度低　　　(B)温度高　　　(C)温度刚好　　　(D)工件上下有温差

85. 下面哪些原因不会造成工件退火后"粘连"(　　)。

(A)温度低　　　(B)温度高　　　(C)温度刚好　　　(D)工件上下有温差

86. 电枢线圈敲形时,线圈要保证与模具不能有(　　)。

(A)伏贴　　　(B)间隙　　　(C)错位　　　(D)毛刺

87. 直流电动机主极线圈 R 角的增厚处理常采用(　　)工艺。

(A)铣角　　　(B)压角　　　(C)刨角　　　(D)砸角

88. 线圈匝间热压温度的选择与电磁线的(　　)无关。

(A)截面尺寸　　　(B)耐热等级　　　(C)延伸率　　　(D)硬度刚度

89. 线圈热压时常出现的质量问题有(　　)。

(A)直线错位　　　(B)直线散匝　　　(C)直线弯曲　　　(D)直线破损

90. 下面哪些材料不是 ZD106 副极线圈匝间绝缘料(　　)。

(A)0.05 mm 亚胺薄膜　　　　　　　(B)0.25 mm 四氟乙烯漆布

(C)0.2 mm 粘性玻璃坯布　　　　　　(D)5 mm 层压板

91. 下列绝缘材料中常用于匝间绝缘的有(　　)。

(A)导线本体绝缘　　　　　　　　　(B)0.08 mm NOMEX 纸

(C)1.5 mm 云母板　　　　　　　　　(D)0.05 mm 亚胺薄膜带

92. 以下属于电机绕组的绝缘处理过程的有(　　)。

(A)干燥　　　(B)浸渍　　　(C)预烘　　　(D)试验

93. 定子线圈端部绝缘包扎时易出现的质量问题有(　　)。

(A)各层绝缘未按照要求搭接　　　　(B)绝缘材料堆积、尺寸超差

(C)迭包过密或稀包　　　　　　　　(D)绝缘材料来回绕包

94. ZD106 型直流电机电枢线圈绝缘补强不选用下列哪些材料(　　)。

(A)NMN 纸　　　(B)NHN 纸　　　(C)NOMEX 纸　　　(D)DMD 纸

95. (　　)是电机绕组常用浸渍方法。

(A)真空压力浸　　　(B)滴浸　　　(C)沉浸　　　(D)滚浸

96. (　　)是绕组烘干常采用方法。

(A)电流烘干法　　　　　　　　　　(B)灯泡烘干法

(C)烘箱烘干法　　　　　　　　　　(D)太阳照射法

97.（　　）是烘箱常用的加热形式。

(A)蒸汽加热　　　　(B)电加热　　　　(C)燃气加热　　　　(D)太阳能加热

98. 下列绝缘材料中常用于对地绝缘的是（　　）。

(A)0.3 mmNOMEX 纸　　　　　　　　　(B)0.08 mmNOMEX 纸

(C)0.14 mm 少胶粉云母带　　　　　　　(D)0.05 mm 亚胺薄膜带

99. 用量限为 500 V 的直流电压表测量有效值为 220 V 的工频电压，指针不能指示在（　　）。

(A)0 V　　　　　　(B)220 V　　　　　(C)310 V　　　　　(D)500 V

100. 电器触头的接触形式有（　　）。

(A)点接触　　　　　(B)线接触　　　　　(C)面接触　　　　　(D)体接触

101. 高电场作用下的带电部件发生局部放电会产生（　　）。

(A)电晕　　　　　　(B)击穿　　　　　　(C)涡流　　　　　　(D)短路

102. 定子线圈电性能试验不合格的主要项目有（　　）。

(A)匝短短路　　　　(B)对地击穿　　　　(C)绝缘电阻低　　　(D)阻值偏差大

103. 造成线圈匝短的主要因素有（　　）。

(A)材料缺陷　　　　(B)工艺缺陷　　　　(C)设备因素　　　　(D)环境因素

104. 固体电介质的击穿大致可分（　　）三种形式。

(A)电击穿　　　　　(B)热击穿　　　　　(C)老化击穿　　　　(D)放电击穿

105. 产品质量是否合格，不能以（　　）来判断的。

(A)质检员水平　　　(B)技术标准　　　　(C)工艺条件　　　　(D)工艺标准

106. 下面哪些检验方法属于观察检验方法（　　）。

(A)手摸　　　　　　(B)小锤轻击　　　　(C)目视　　　　　　(D)样板测

107. 绕组电性能检查包括（　　）检查。

(A)匝间　　　　　　(B)对地　　　　　　(C)阻值　　　　　　(D)匝数

108. 双臂电桥不适用于测量（　　）。

(A)1 Ω 以下的低值电阻　　　　　　　　(B)1～10^6 Ω 中值电阻

(C)任何值电阻　　　　　　　　　　　　(D)高值电阻

109. 双臂电桥中的 R 不能采用截面积（　　）的紫铜条或导线。

(A)小　　　　　　　(B)足够小　　　　　(C)任意　　　　　　(D)足够大

110. 用 QJ—23 直流电桥测量兆欧的电阻，比臂率不会选择（　　）。

(A)1　　　　　　　(B)0.1　　　　　　(C)0.01　　　　　(D)0.001

111. 对于额定电压为 8 000 kV 的电机，试验电压不可能为（　　）。

(A)27.508 kV　　　(B)20.508 kV　　　(C)25.508 kV　　　(D)30.508 kV

112. 同一电阻每次测量值与设计值比较可以超过（　　）。

(A)±0.5%　　　　　(B)±1%　　　　　　(C)±2%　　　　　　(D)±4%

113. 三相电流平衡试验电压，不能取额定电压的（　　）。

(A)2%～5%　　　　(B)3%～10%　　　　(C)10%～15%　　　(D)15%以上

114. 直流电动机的空载损耗有（　　）。

(A)铁损耗　　　　　　　　　　　　　　(B)机械损耗

(C)电枢铜耗　　　　　　　　　　　　(D)电磁功率-输出功率

115. 万能角度尺的读数原理与下面哪些量具的读数原理不同(　　)。

(A)千分尺　　　　　(B)直尺　　　　　(C)游标卡尺　　　　　(D)量表

116. 制造零件常用的有(　　)。

(A)合金金属钢 40Cr　(B)45 钢　　　　(C)铸铁　　　　　(D)银

117. 对零件进行热处理的目的(　　)。

(A)便于加工　　　　　　　　　　　　(B)延长使用寿命

(C)满足零件所要求的使用性能　　　　(D)提高零件的质量

118. 普通热处理的方法有(　　)。

(A)退火　　　　　(B)氮化　　　　　(C)淬火　　　　　(D)回火

119. 下列圆裸线中(　　)代表铜导线。

(A)TY　　　　　(B)TR　　　　　(C)LY　　　　　(D)LR

120. 铜和铜合金的突出优点是(　　)。

(A)导电性能好　　　　　(B)机械强度好　　　　　(C)耐蚀性好

(D)价格低廉　　　　　(E)导热性好

121. 表面热处理不能改善零件(　　)的化学成分和组织。

(A)内部　　　　　(B)表层　　　　　(C)整体　　　　　(D)中心

122. 电路就是电流的通路,是由(　　)组成。

(A)电源　　　　　(B)开关　　　　　(C)负载　　　　　(D)传输装置

123. 理想的电路元件主要有(　　)。

(A)电感元件　　　　　(B)电容元件　　　　　(C)电阻元件　　　　　(D)电源元件

124. 电路中主要的物理量包括有(　　)。

(A)电压　　　　　(B)电势　　　　　(C)电流　　　　　(D)功率

125. 下列关于电阻说法正确的是(　　)。

(A)串联电阻越多,等效电阻越小　　　　(B)串联电阻越多,等效电阻越大

(C)并联电阻越多,等效电阻越小　　　　(D)并联电阻越多,等效电阻越大

126. 根据基尔霍夫电压定律,下图 1 中表达式正确的有(　　)。

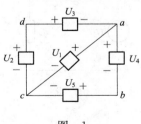

图　1

(A)$U_1 - U_2 + U_3 = 0$　　　　　　　(B) $U_1 + U_2 - U_3 = 0$

(C) $U_1 - U_4 + U_5 = 0$　　　　　　　(D) $U_4 + U_5 - U_1 = 0$

127. 各种物质按照其导电性能分为(　　)。

(A)导体　　　　　(B)电解质　　　　　(C)半导体　　　　　(D)检查

128. 下列物质中属于导体的有(　　)。

(A)铜　　　　　　　　　　(B)铁　　　　　　　　　　(C)酸溶液

(D)胶木　　　　　　　　　(E)云母　　　　　　　　　(F)银

129. 下列物质中属于电介质的有(　　)。

(A)铜　　　　　　　　　　(B)铁　　　　　　　　　　(C)酸溶液

(D)胶木　　　　　　　　　(E)云母　　　　　　　　　(F)银

130. 下列欧姆定律的描述中正确的有(　　)。

(A)当通过电阻 R 中的电流一定时,电阻值越大,加于电阻两端的电压越低

(B)当通过电阻 R 中的电流一定时,电阻值越大,加于电阻两端的电压越高

(C)一个电阻两端的电压与通过的电流成正比

(D)一个电阻两端的电压与通过的电流成反比

131. 根据焦耳-楞次定律:电流通过导体会产生热效应,所产生的热量描述正确
有(　　)。

(A)与电压的平方成正比　　　　　　　(B)与电流的平方成正比

(C)导体的电阻成正比　　　　　　　　(D)通过电流的时间成正比

132. 电路如图 2 所示,选节点 a 为参考点时,所列方程正确的有(　　)。

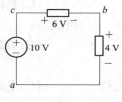

图　2

(A)$V_b = U_{ba} = U_{bc} + U_{ca}$　　　　　　(B)$V_b = U_{ba} = U_{bc} - U_{ca}$

(C)$V_c = U_{ca} = U_{cb} + U_{ba}$　　　　　　(D)$V_c = U_{ca} = U_{cb} - U_{ba}$

133. 如图 3 电路中按照欧姆定律可列出以下方程式(　　)。

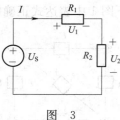

图　3

(A)$IR_1 + IR_2 - U_s = 0$　　　　　　(B)$U_1 = \dfrac{R_1}{R_1 + R_2} \cdot U_s$

(C)$U_1 = \dfrac{R_2}{R_1 + R_2} \cdot U_s$　　　　　　(D)$U_1 + U_2 - U_s = 0$

134. 当导线在磁场中切割磁力线运动时,它的感应电动势大小的描述正确的是(　　)。

(A)切割磁力线的导线有效长度越长,所产生的感应电动势越小

(B)切割磁力线的导线有效长度越长,所产生的感应电动势越大

(C)导线切割磁力线的运动速度越大,所产生的感应电动势越大

(D)导线切割磁力线的运动速度越大,所产生的感应电动势越大

135. 在下图 4 并联电路中,各支路中的电流分别为( )。

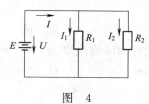

图 4

(A)$I_1 = \dfrac{R_2}{R_1 + R_2}$ (B)$I_1 = \dfrac{R_1}{R_1 + R_2}$ (C)$I_2 = \dfrac{R_1}{R_1 + R_2}$ (D)$I_2 = \dfrac{R_2}{R_1 + R_2}$

136. 正确检测电机匝间绝缘的方法是( )。

(A)工频对地耐压试验   (B)测量绝缘电阻

(C)中频匝间试验   (D)匝间脉冲试验

137. 在磁路中,磁势的大小与( )有关。

(A)线圈中的电流   (B)线圈的匝数

(C)磁路的平均长度   (D)铁心的横截面积

138. 电路的四大定律( )。

(A)全电流定律   (B)电磁感应定律   (C)电路定律

(D)基尔霍夫电压定律   (E)电磁力定律

139. 换向器绝缘包括( )。

(A)绑扎绝缘   (B)片间绝缘   (C)对地绝缘   (D)两端涂封绝缘

140. 一台直流电机 $Z_u = S = K = 15$、$2P = 4$ 的左行短距单波绕组的合成节距不会是( )。

(A)5   (B)6   (C)7   (D)4

141. 当变压器带电容性负载运行时,其电压调整率 $\Delta U\%$ 不可能( )。

(A)大于零   (B)等于零   (C)小于零   (D)大于1

142. 大型变压器的铁心柱截面一般不采用( )。

(A)正方形   (B)长方形   (C)阶梯形   (D)圆形

143. 交流线圈的作用( )。

(A)产生感应电势   (B)产生感应电流   (C)产生电磁转矩   (D)产生电磁功率

144. ZD109 型直流电机的电枢绕组不是( )绕组。

(A)单叠   (B)单波   (C)复叠   (D)复波

145. 三相鼠笼式异步电动机启动时有一种方法是:启动时绕组电机接法是减小启动电流,待电机转速上升到一定值后,再将它接成另外一种接法,这种接法设备费用较小,电机绕组又没很多抽头,这不是( )启动方法。

(A)自耦变压器   (B)电阻或电抗器   (C)星-三角形   (D)延边三角形

146. 换向器表面无规则灼痕是电机械的原因引起的,主要是( )。

(A)换向器偏心或变形   (B)个别换向片凸起

(C)电枢动平衡不良 　　　　　　　　(D)刷架或机体刚度不足

147. 用伏特杯调配绝缘漆粘度,当室温 20 ℃,选粘度为(　　)滴/s。

(A)16～18　　　(B)18～20　　　(C)20～22　　　(D)22～24

148. 下面哪个不是粘度单位(　　)。

(A)℃　　　(B)s　　　(C)滴　　　(D)滴/s

149. 成品磁极线圈表面的非配合面漆瘤高度为(　　)视为合格。

(A)0.5 mm　　　(B)1 mm　　　(C)2 mm　　　(D)1.5 mm

150. 传动方式包括(　　)。

(A)液压传动　　　(B)气压传动　　　(C)机械传动　　　(D)电气传动

151. 机械传动的方式有(　　)。

(A)皮带传动　　　(B)齿轮传动　　　(C)液压传动　　　(D)蜗杆传动

152. 皮带传动的特点有(　　)。

(A)结构简单,可以传动的中心距较大

(B)保证准确的平均速比

(C)传动的运动速度比套筒链快,运行时的噪声比套筒链的低

(D)传动平稳,无噪声

153. 蜗轮传动的特点有(　　)。

(A)传动平稳,无噪声　　　　　　　　(B)传动的结构紧凑

(C)传动效率较低　　　　　　　　　　(D)结构简单,制造方便

154. 螺杆传动的特点包括(　　)。

(A)结构简单,制造方便　　　　　　　(B)较高的传动精度

(C)传动效率较低　　　　　　　　　　(D)工作平稳,易于自锁

155. 液压传动比其他机械传动方式的优点包括(　　)。

(A)传动平衡,易于频繁换向　　　　　(B)调速范围大,易实现无级调速

(C)质量轻体积小,动作灵敏　　　　　(D)便于实现自动化控制

156. 烘箱保温性能差的原因有(　　)。

(A)保温层失效　　　(B)箱门密封失效　　　(C)加热时间不够　　　(D)工件太多

157. 闪络击穿仪测试电压无法升压的原因有(　　)。

(A)电源未开　　　　　　　　　　　　(B)脚踏开关未接触上

(C)连线故障　　　　　　　　　　　　(D)误动作

四、判断题

1. 正投影能真实地反映物体的形状和大小。(　　)

2. 中心投影法得到的图形具有很强的立体感。(　　)

3. 曲面立体的曲面都是回转面则该立体称回转体。(　　)

4. 圆锥既不是平面立体也不是曲面立体。(　　)

5. 一般位置平面的三个投影均为缩小的类似形。(　　)

6. 当剖视图按投影关系配置,中间对没有其他图形隔开时,可以不标箭头。(　　)

7. 具有互换性的零件,其实际尺寸一定相同。(　　)

8. 零件的互换性程度越高越好。（　　　）

9. 零件的公差可以是正值,也可以是负值或等于零。（　　　）

10. 实际偏差为零的尺寸一定合格。（　　　）

11. 在一对配合中,相互结合的孔、轴的基本尺寸相同。（　　　）

12. 配合公差永远大于相配合的孔或轴的尺寸公差。（　　　）

13. 只要公差等级相同,则制造的精度就相同。（　　　）

14. $\phi25H7$ 表示基本尺寸为 25 mm,标准公差为 7 级的基准轴。（　　　）

15. 如零件的全部表面结构相同,可在图样的左下角统一标注。（　　　）

16. 零件草图是绘制零件工作图的依据。（　　　）

17. 局部剖视图用波浪线分界。（　　　）

18. 剖面图仅画出机件断面的图形。（　　　）

19. 画在视图轮廓之外的剖面称为重合剖面。（　　　）

20. 要求传动比准确的传动应选用带传动。（　　　）

21. 齿轮传动能保持瞬时传动比恒定不变,因而传动运动平稳。（　　　）

22. 链传动能保证准确的平均传动比,传动功率较大。（　　　）

23. 带传动能在过载时起安全保护作用。（　　　）

24. 相互啮合的一对齿轮,大齿轮转速高,小齿轮转速低。（　　　）

25. 蜗杆只能绕自己的轴线转动而不能沿轴线移动。（　　　）

26. 万向联轴器的角度偏移越大,则从动轴的速度变化也越大。（　　　）

27. 液压传动系统中的压力取决于外界负载。（　　　）

28. 压力控制阀都是利用油压与弹簧力相平衡的原理工作的。（　　　）

29. 液压传动系统中的执行元件的运动速度取决于系统的压力。（　　　）

30. 根据经验选用感应线圈应比导线宽度和厚度大 1 mm,其感应效果最好。（　　　）

31. 使用水封真空炉应注意水封的高度,密封不好将会使工件氧化。（　　　）

32. 除机床设备以外的所有工艺装备统称为工装。（　　　）

33. 夹具的动力装置最常见的有气缸和油缸。（　　　）

34. 产品包装的目的就是为了让客户感到美观,并不能产生效益。（　　　）

35. 成品磁极线圈表面无灰尘、漆瘤,非配合表面漆瘤高度不超过 2 mm。（　　　）

36. 当电器发生火警时,应立即切断电源。（　　　）

37. 开关应远离可燃物料存放地点 3 m 以上。（　　　）

38. 生产性毒物进入人体的途径有三条,即呼吸道、消化道和皮肤。（　　　）

39. 通风系统是由吸尘管道、除尘器、风机三部分组成。（　　　）

40. 电气试验区周围应设置遮拦,并应有"高压危险"等警示牌。（　　　）

41. 吊运工作物时,如遇安全道上有人,必须发出信号方准运行。（　　　）

42. 生产现场管理是培育企业精神,提高企业素质的重要步骤。（　　　）

43. NOMEX 纸是一种由人工合成的聚酰胺聚合物。（　　　）

44. 绝缘材料领来后应该进行外观检查、保质期检查。（　　　）

45. 云母是高压电机线圈的主要绝缘材料,其主要原因是它有优越的耐电晕性。（　　　）

46. 利用人工气隙是研究绝缘中局部放电的一种常用方法。（　　　）

47. 聚酰亚胺薄膜具有耐高温和耐深冷的优点,可以在 250 ℃温度下长期使用。(   )

48. 促使绝缘材料老化的主要原因,是高压设备中绝缘材料的介质损失。(   )

49. 绝缘纸主要有植物纤维纸和合成纤维纸两大类,它们属于有毒物质。(   )

50. 绝缘油主要由矿物油和合成油两大类组成。(   )

51. 高压电器能使绝缘材料发生热老化。(   )

52. 主极线圈、附极线圈、他励线圈、启动线圈、励磁线圈统称为磁极线圈。(   )

53. 磁极线圈的一般结构形式只有扁绕式。(   )

54. 电枢线圈分类的品种包括交流电机定子线圈。(   )

55. 绕线时,安装绕线模必须使绕线模与转盘平行,不能倾斜。(   )

56. 散绕组由于导线较细,出现多、少匝,不会影响电机性能。(   )

57. 散嵌线圈在多根并绕时,它们的拉力大小要一致,转层时,几根并绕导线要同时转层,不应错层,以保证线匝排列整齐。(   )

58. 绝大部分的励磁线圈选用铜母线绕制。(   )

59. 磁极线圈绕制时拉力过大会影响线规,但对线圈的内在质量没有影响。(   )

60. 扁绕线圈时导向模宽度尺寸应比导线厚度大 0.3 mm。(   )

61. 扁绕线圈时,R 角出现增厚现象,工艺上常采用压增厚和铣增厚法两种方式进行消除。(   )

62. 配置乳化液,水作为稀释剂,越少润滑效果越好。(   )

63. 散绕线圈绕线时,导线爬坡前拉力应小,爬坡后拉力应大。(   )

64. 直流电枢线圈导线下料尺寸偏小,会造成线圈引线头短,导致电机故障。(   )

65. 导线弯 U 时的靠山尺寸,是以 U 形长边为基准。(   )

66. U 形导体线鼻发瓢,是由于弯 U 模上下间隙调整过大造成。(   )

67. 搪锡打纱时根据工作经验来调整锡炉锡液的深度。(   )

68. 电枢线圈在搪锡打纱时,要求锡液的温度是 300 ℃左右。(   )

69. 上下层边引线头弯头时,线鼻端处作为画线基准,基准线要与模口平齐。(   )

70. 一般进行打扁尺寸测量时,测量工具主要为游标卡尺。(   )

71. 打扁后引线头刀颈根部不能超过 3 mm。(   )

72. 防止线圈成型后引线头的不齐的关键在于线圈滚扁冲弯时定位尺寸必须准确。(   )

73. 电枢线圈成型过程中引线头平齐度的要求必须小于 3 mm。(   )

74. 磁极线圈切头的目的是为了保证引线头的尺寸。(   )

75. 磁极线圈引线头搪锡质量不好有锡瘤或搪不上锡,使接触面大,电阻增大,磁极温升高。(   )

76. 顶弧板顶弧太高或者太低,都将影响成型后线圈的总长和鼻高。(   )

77. 敲形榔头与线圈接触的端面必须呈平面,棱角须导 R5 角,以保证榔头与线圈为面接触。(   )

78. 模具有毛刺后,用锉刀将模具锉光,就能使用。(   )

79. 线圈敲形时,工艺上常采用花包 0.4 mm 厚的斜纹白布带进行防护。(   )

80. 严禁用铁榔头直接敲击线圈,敲形榔头要选用比铜材软的材料。(   )

81. 电枢绕组为单波绕组时,需要连接均压线。(   )

82. ZD109 型直流牵引电动机电机采用全均压结构,即一个实槽连结一根均压线。( )

83. 均压线在存放架摆放时应不超过 12 层,存放时注意防尘、防潮。( )

84. 焊接引线头时两焊接件要有 2～3 mm 的间隙。( )

85. 铜线焊接一般采用银铜焊,用硼砂作为溶剂,斜口对焊。( )

86. 线圈高频焊时如果发生虚焊,线圈质量不能保证,只能进行报废处理,不能返工。( )

87. 纯铜退火温度在 500～700 ℃之间。( )

88. 再结晶退火可消除晶体点阵畸变和晶粒缺陷,使绕组电阻率恢复到原来水平。( )

89. 退火炉密封不好,炉温下降,线圈易氧化。( )

90. 退火的目的是使铜线变硬,使线圈不易变形。( )

91. 线圈复型的主要目的是为了进一步规范线圈的几何形状,使之达到设计要求。( )

92. 由于线圈形状的特殊性,所以只要它的几何形状满足嵌线要求就可以认为合格。( )

93. 测定大电流热压机的电流强度常用兆欧表。( )

94. 热压完毕取出线圈后,应摆放在平整的工作台上自然冷却,温度较高时,不能随意搬动,否则回导致线圈错位。( )

95. 线圈热压温度的选择与线圈绝缘等级及设备导热系统有关。( )

96. JF204C 型同步主发电机定子线圈采用自粘性导线,其热压温度为 110 ℃。( )

97. 工艺上常选用聚酰亚胺压敏带作为匝间绝缘修补材料。( )

98. 对同一介质,外施不同电压,所得电流相同,绝缘电阻不同。( )

99. 绝缘修补时,绝缘材料可用与原导体材料等级不同或比原导体等级高的材料。( )

100. 同一线圈各个线层之间的绝缘叫做匝间绝缘。( )

101. 磁极线圈匝间绝缘垫放到位,要求必须凸出导线表面,或与导线表面平齐。( )

102. 线圈包外包绝缘时应该注意的是搭接部分应错开 5～8 mm 避免局部过厚。( )

103. 绕组一般常用外包绝缘材料为无碱玻璃丝带。( )

104. 线圈包扎过松,由于气隙的存在,造成绕组介质损失增大。( )

105. 单叠绕组的电刷组数等于磁极对数。( )

106. 磁极线圈内框尺寸偏大容易套极,所以制造线圈时应尽量使线圈尺寸大一些。( )

107. 磁极线圈内框尺寸偏大,套极容易,但与铁心间隙大,不易散热,造成电机温升高。( )

108. 直流电机气隙中的磁通是由主磁极产生的。( )

109. 反接直流电动机的电枢绕组或励磁绕组,可使电动机的转向改变。( )

110. 已经制好的电压表,串联适当的分压电阻后,还可以进一步扩大量程。( )

111. 用万用表测设备绝缘电阻不能得到符合实际工作条件下的绝缘电阻。( )

112. 交流定子线圈电性能试验不合格的原因有匝间短路、对地击穿。( )

113. 并励直流发电机在稳态情况下短路时,短路电流并不大。( )

114. 使用速侧微欧计当读数不稳定时,可将自稳键按下,以改善数字的稳定性。( )

115. 在电桥平衡时,通过检流计的电流等于零。( )

116. 线圈的试验电压大小要根据电机的额定电压而定。( )

117. 直流电机的匝间耐压试验就是工频耐压试验。( )

118. 直流耐压试验可代替交流耐压试验。（　　　）

119. 绕组匝间绝缘试验规定用 1.3 倍额定电压值进行 3 min 短时升高电压试验。（　　　）

120. 耐压试验中,允许直接加全值试验电压。（　　　）

121. 游标卡尺的规格是按照测量上限来规定的。（　　　）

122. 千分尺是一种一般精度量具。（　　　）

123. 只要导线外观质量符合标准要求,即可判断该导线为合格产品。（　　　）

124. 绕组采用丝包线的优点是机械强度高,便于加工;缺点是绝缘等级、槽满率较低。（　　　）

125. 薄膜导线的优点是绝缘等级高、槽满率较高。（　　　）

126. 固体电介质的击穿分强电击穿、放电击穿、热击穿。（　　　）

127. 影响绝缘材料电性能的因素主要有杂质、温度和湿度三种。（　　　）

128. 冷作硬化是指铜、铝在冷加工后可提高抗拉强度会产生内应力且电阻率稍有减小。（　　　）

129. 绝缘材料通常按耐热性进行分级。（　　　）

130. 温度的升高能使铜、铝的电阻率增加。（　　　）

131. 污物会使非极性物质湿润,使非极性介质表面电阻下降。（　　　）

132. 温度一定时,明显改变气体的压力,可提高其击穿电压。（　　　）

133. 制造环境不会影响绕组的电气性能。（　　　）

134. 布氏硬度可用来测定高硬度的材料。（　　　）

135. 铸铁中碳的存在形式不同,则其性能也不同。（　　　）

136. 钢的正火比钢的淬火冷却速度快。（　　　）

137. 淬火钢必须及时进行回火。（　　　）

138. 为了消除伸延产生的硬化现象,提高工件的韧性,可采用低温退火处理。（　　　）

139. 弯曲圆角半径的大小与材料厚度无关。（　　　）

140. 由于材料弯曲后有回弹现象,因此材料弯曲后要进行整形处理。（　　　）

141. 在电路闭合状态下,负载电阻增大,电源电压就下降。（　　　）

142. 电路中两点的电位都很高,这两点间的电压一定很大。（　　　）

143. 基尔霍夫定律表明电路中任意节点的电荷不可能发生积累。（　　　）

144. 在电路中电源输出功率时,电源内部电流从正极流向负级。（　　　）

145. 交流电路的阻抗跟频率成正比。（　　　）

146. 纯电阻正弦交流电路中,电压与电流同相位。（　　　）

147. 提高功率因数的意义是提高供电设备的利用率和输电效率。（　　　）

148. 提高功率因数的方法是给感性负载并联适当的电容。（　　　）

149. 有磁通变化必有感生电流产生。（　　　）

150. 感生电流的方向总是与原变化的电流方向相反。（　　　）

151. 确定磁力线、电流、作用力三者之间的关系可以用电动机左手定则来确定。（　　　）

152. 三相交流电机绕组各相绕组的有效匝数要相等。（　　　）

153. 三相交流电机各相绕组在铁心上占有的总槽数不一定相等。（　　　）

154. 对于所有并联支路数大于一的电枢绕组,都必须采用均压线,以获得满意的换向条件。（　　　）

155. 单层绕组的线圈数等于定子槽数。(　　)

156. 三相单层绕组的线圈数等于极数,单路串联时绕组为反串联。(　　)

157. 最常用的三相单层绕组有同心式、交叉式和链式绕组。(　　)

158. 双叠绕组中的线圈数目与定子铁心的槽数相等。(　　)

159. 双叠绕组的缺点就是容易产生相间短路。(　　)

160. 单相同心式绕组,主、辅绕组在线槽中导体电流流动的方向不变。(　　)

161. 单相同心式绕组,线圈组之间连接规律为头尾相连。(　　)

162. 直流电机的右行单叠绕组为端部不交叉绕组。(　　)

163. 直流电机的左行单波绕组为端部不交叉绕组。(　　)

164. 直流电机绕组的支路数一定是偶数,而交流绕组支路数可以是奇数。(　　)

165. 浸渍是用绝缘漆堵塞纤维绝缘材料和其他制件的孔隙的生产过程。(　　)

166. 线圈在真空下预烘更易排除水分。(　　)

167. 烘箱在干燥油漆涂层和浸渍元件时必须开启排气阀门。(　　)

168. 浸渍漆中不含挥发性的惰性溶剂,能整体固化的液状可聚合树脂组成物。通常称为无溶剂浸渍漆。(　　)

169. 平绕机脚踏开关可以同时踩正车和反车。(　　)

170. 在高频焊机的冷却系统的冷却水中混入空气会使冷却水流异常。(　　)

171. 管路漏油是整形时油压机保压压力保持时间不够的唯一因素。(　　)

五、简 答 题

1. 看装配图的一般要求是什么?

2. 零件测绘的步骤是什么?

3. 剖面图与剖视图的不同之处在哪里?

4. 何谓投影的收缩性?

5. 蛙式绕组是否采用均压线?

6. 简述主磁极绕组的作用。

7. 什么叫绝缘的击穿?

8. 简述在生产过程中,工艺规程所起的作用。

9. 绝缘材料的耐热性,按其长期正常工作的允许的最高温度可分为几级? 分别是多少?

10. 绝缘材料按工艺特征如何分类?

11. 简述复合绝缘材料 PM、PMP、DMD、NMN、NHN、OHO 代号中字母的意义。

12. 什么叫做绝缘材料的热老化?

13. 怎么用兆欧表测量绕组对地的绝缘电阻?

14. 对牵引电机的绝缘材料有哪些要求?

15. 简述聚酰亚胺薄膜的特点。

16. 什么叫电晕现象?

17. 一般云母制品主要有哪几类,成分包括哪些?

18. 简述材料耐腐蚀性的含义。

19. 什么是工艺过程?

20. 电枢反应对直流电动机有何影响?

21. 简述散绕组线圈绕制应注意的问题有哪些。

22. 如何对扁铜线进行外观检查?

23. 磁极线圈绕制后,为什么要退火?

24. 简述散绕绕组焊接工艺。

25. 换向器表面无规律灼痕,是由哪些原因引起的?

26. 简述磁极线圈绕制时绕线拉力对线圈质量的影响。

27. 线圈平绕和扁绕的区别有哪些?

28. 如何消除弯曲中的破裂缺陷?

29. 电机磁极连线的引线接头有漆膜对电机有何影响?

30. 写出电枢线圈引线头的打扁工艺过程。

31. 引线头打扁应注意什么?

32. 简述磁极线圈引线头搪锡的目的及质量影响。

33. 简述交流线圈的分类。

34. 异步电动机在装配时,若定转子铁心没有对齐,对电机性能有何影响?

35. 简述直流电机绕组的构成要求。

36. 工序检验的定义是什么?

37. 根据结构和制造方法的不同交流绕组如何分类?

38. 简述电枢线圈制造过程所用设备有哪些。(至少五种)

39. 简述补偿绕组的作用。

40. 简述交流线圈自动张型机工艺流程。

41. 简述纯铜退火后氢脆现象的测定。

42. 复型的目的是什么?

43. 在直流电机中,什么叫做绕组元件?

44. 简述外包绝缘的作用。

45. 什么叫做直流电机电枢绕组的均压线?

46. 同步电机的同步是什么意思?同步电机的转速与负载有关系吗?

47. 电流表与电压表的异同点是什么?

48. 简述工频耐压试验的升压规范。

49. 简述测量绕组的直流电阻的目的。

50. 什么是技术标准?

51. 如何判断定子绕组三相电流不平衡的原因?

52. 线圈的电气检查包括哪些?

53. 游标卡尺产生误差的主要原因是什么?

54. 简述电磁线的基本性能。

55. 简述丝包线的特点。

56. 三相异步电动机的转子是如何转动起来的?

57. 绝缘材料性能包括哪些?

58. 试说明如何用楞次定律来判断线圈中感生电动势的方向。
59. 功率因数下降有哪些不良后果?
60. 交流单层绕组的主要特点是什么?
61. 双层绕组的主要优点是什么?
62. 直流电机单叠绕组的特点是什么?
63. 单波绕组的特点是什么?
64. 简述绕组浸漆的方法有几种。
65. 常压浸渍的质量与哪些因素有关?
66. 简述脉冲测试仪的原理。
67. 简述平绕机常见故障及处理。
68. 简述油压机保压动作失灵的原因及处理。
69. 烘箱温度长时间上不到设定温度,如何简单检查故障点?
70. 大电流热压机电流调不上去的主要原因是什么?

六、综 合 题

1. 作图 5 中 A 点和 B 点的第三面投影。

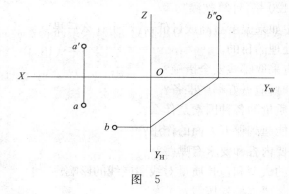

图　5

2. 将图 6 中主视图画成全剖视图。

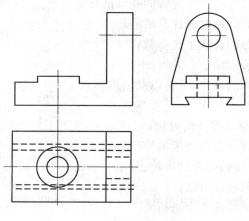

图　6

3. 如图 7 所示,已知:$E_1 = 3$ V;$E_2 = 4.5$ V;$R = 10$ Ω;$U_{AB} = -10$ V,求流过电阻 R 的电流的大小和方向。

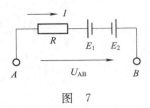

图　7

4. 已知 RLC 串联交流电路中,$R = 20$ Ω,$X_L = 20$ Ω,$X_C = 40$ Ω,电源电压 $U = 20\sqrt{2}$,试求电路中的有功功率及功率因数。

5. 在单相桥式整流电容滤波电路中,变压器次级电压的有效值为 20 V,试求:(1)最高输出电压为多少? (2)当电路满载时,输出电压为多少?

6. 用量程为 5 A,内阻为 0.015 Ω 的直流电流表改制成量程 100 A 时,要多大的分流电阻? 标尺的标度应扩大多少倍? 当电路中的电流为 75 A 时,流过电流表的电流是多少? 仪表读数又是多少?

7. 用电压量程为 150 V,电流量程为 5 A,满刻度格数为 150 格的功率表去测量电路功率时,指针的偏转格数为 120 格,计算被测功率。

8. 线圈退火过程中如果温度过高或过低,将产生什么后果?

9. 试述绕组绝缘处理的目的。

10. 高压试验时,应采取哪些安全措施?

11. 进行中频试验时,应做好哪些准备?

12. 影响线圈绕制质量的各种因素是什么?

13. 搞好定置管理能起到哪五方面的作用?

14. 文明生产的主要内容和要求有哪些?

15. 简述电枢线圈的成型和包扎质量对线圈嵌线的影响。

16. 直流电机为什么要连接均压线?

17. 简述潮气对绕组绝缘的影响。

18. 简述梭形绕线模尺寸的大小对线圈质量的影响。

19. 简述多匝成型线圈绕制时应注意的问题。

20. 简述绕组预烘的目的及其工艺参数。

21. 叙述打扁模的安装方法。

22. 简述直流电机线圈的种类、名称以及结构形式。

23. 简述交流线圈的基本要求。

24. 简述扁绕线圈 R 角增厚如何处理。

25. 为什么说绝缘处理能改善绕组的导热性能?

26. 简述温度、湿度对线圈电阻的影响。

27. 简述速测微欧计的使用方法。

28. 为什么高压线圈试验应单个进行?

29. 简述薄膜绕包线的特点。

30. 影响铜导体性能的主要因素有哪些？
31. 简述 107 烘箱的操作方法。
32. 什么是数控？什么是数控机床？
33. 试述交流绕组的构成原则。
34. 用于牵引电机的绝缘材料，有什么要求？
35. 简述 NOMEX 纸的特性。

线圈绕制工(中级工)答案

一、填空题

1. 中心	2. 点	3. 正	4. 统一的
5. 偏差	6. 公差	7. 相同	8. H
9. 0	10. 形状	11. 结构	12. 依据
13. 全	14. 局部	15. 断面	16. 重合剖面
17. 测量结果	18. 相交	19. 平稳	20. 摩擦力
21. 相反	22. 平行	23. 功率	24. 蜗杆
25. 传递扭矩	26. 压力油	27. 动力	28. 加工
29. 酸洗	30. 受拉	31. 500～700 ℃	32. 转子线圈
33. 电枢线圈	34. 返修	35. 可剥性塑料	36. 无延燃性
37. 切断电源	38. 急性中毒	39. 助燃物	40. 高压危险
41. 高压端	42. 产品质量	43. 外观检查	44. 少胶云母带
45. 显著恶化	46. 降低	47. 100	48. 轴向
49. 梯形	50. 同时	51. 外包绝缘	52. 大
53. 铣增厚	54. 散热	55. 斜口	56. 绕制毛刺
57. 变大	58. 小于	59. 毛刺	60. 中心线
61. 导线厚度	62. 偏短	63. 打纱长度	64. 300 ℃
65. 定位尺寸	66. 锉刀	67. 匝间	68. 棱角毛刺
69. 导电性能	70. 斜纹白布带	71. 2 mm	72. 弹性
73. 嵌线	74. 断裂	75. 下降	76. 1.5
77. 复型模	78. 几何形状	79. 加速	80. 不大于
81. 3 MPa	82. 绝缘击穿	83. 纯石英	84. 无碱
85. 毛刺和坑洼	86. 等级高	87. 各个线匝	88. 植物纤维纸
89. 矿物油	90. 均压线	91. 交流电	92. 受控状态
93. 机床设备	94. 冷冲模和型模	95. 压力	96. 塑料模
97. 气缸	98. 介质损失增大	99. 250 ℃	100. 花包
101. 绕组	102. 电性能	103. ≤1.0 mm	104. 对地击穿
105. 导电	106. $m-1$	107. 不频繁地	108. 接通或切断
109. 反作用力	110. 附近电场	111. 电阻值	112. 阴极示波器
113. 直流耐压试验	114. 电晕	115. 不平衡	116. 兆欧表
117. 机壳并接地	118. 全值试验电压	119. 接线	120. 游标
121. 二	122. 布氏硬度	123. 塑性	124. 灰铸铁

125. 退火	126. 硬度	127. 槽满率较低	128. 局部放电
129. 热击穿	130. 杂质	131. 越高	132. 不同的
133. 负载电流	134. 电流	135. 电压	136. 相反
137. 基尔霍夫	138. 零	139. 电源	140. 阻止
141. 磁通量	142. 安培定则(右手螺旋定则)		143. 左手定则
144. 磁感应强度(或者磁通密度)		145. 120°	146. 同一主极
147. 主极	148. 吸潮	149. 20°	150. 30°
151. 一半	152. 50	153. 两个极距	154. 两个极距
155. 有效部分	156. 双层绕组	157. 浸渍材料	158. 真空压力浸渍
159. 耐热等级	160. 覆盖和胶粘	161. 接线图	162. 3
163. 主机	164. 氧化	165. 油漆涂层	166. Y

二、单项选择题

1. B	2. C	3. B	4. A	5. C	6. B	7. B	8. A	9. B
10. B	11. C	12. B	13. A	14. C	15. D	16. B	17. A	18. A
19. A	20. A	21. A	22. C	23. A	24. C	25. A	26. B	27. C
28. C	29. A	30. B	31. B	32. C	33. C	34. D	35. B	36. B
37. D	38. C	39. B	40. B	41. D	42. B	43. C	44. B	45. D
46. C	47. C	48. D	49. A	50. A	51. B	52. A	53. A	54. A
55. B	56. A	57. A	58. B	59. A	60. D	61. C	62. B	63. C
64. A	65. A	66. B	67. B	68. B	69. D	70. A	71. C	72. C
73. C	74. B	75. A	76. B	77. A	78. D	79. B	80. B	81. C
82. D	83. C	84. A	85. D	86. C	87. C	88. A	89. C	90. C
91. C	92. C	93. B	94. B	95. B	96. C	97. C	98. B	99. A
100. D	101. A	102. D	103. D	104. B	105. C	106. C	107. A	108. D
109. D	110. C	111. D	112. A	113. B	114. A	115. B	116. A	117. B
118. B	119. A	120. C	121. C	122. B	123. C	124. B	125. C	126. C
127. D	128. A	129. B	130. C	131. B	132. B	133. C	134. D	135. D
136. B	137. C	138. B	139. B	140. C	141. B	142. D	143. B	144. D
145. A	146. C	147. C	148. D	149. D	150. A	151. B	152. A	153. A
154. C	155. A	156. A	157. B	158. C	159. B	160. B	161. C	162. C
163. B	164. B	165. B	166. A					

三、多项选择题

1. ABCDEF	2. ABCD	3. ABCD	4. ABCD	5. ABD	6. BCD	7. ABD
8. BCD	9. ABCE	10. AB	11. AC	12. ABD	13. AC	14. ABD
15. ABD	16. ABC	17. BCD	18. ACD	19. BCD	20. ACD	21. ABD
22. ABCD	23. ABC	24. ABD	25. AB	26. BCD	27. ABC	28. BC
29. ACD	30. AB	31. ABCD	32. ABC	33. BCD	34. BCD	35. ACD

36. ABC 37. BC 38. AC 39. AB 40. ABC 41. BCD 42. ABCD
43. ABC 44. ABC 45. BC 46. ABC 47. ABCD 48. AB 49. ABC
50. ABCD 51. ABC 52. ABCD 53. ABCD 54. ABCD 55. ABCD 56. ABC
57. ABC 58. AB 59. BC 60. ABC 61. ACD 62. ACD 63. BC
64. ABCD 65. ABC 66. ABCD 67. BCD 68. BCD 69. ABCD 70. ABCD
71. ABC 72. ACD 73. BD 74. ABCD 75. ACD 76. ABC 77. ABCD
78. ABD 79. ABCD 80. ABCD 81. BCD 82. ABCD 83. BCD 84. ABC
85. ACD 86. BCD 87. ABC 88. ACD 89. ABCD 90. ABD 91. ABC
92. ABC 93. ABCD 94. ABD 95. ABCD 96. ABC 97. ABC 98. ACD
99. BCD 100. ABC 101. AC 102. ABCD 103. ABC 104. ABD 105. ACD
106. ABC 107. ABC 108. BCD 109. ABC 110. ABC 111. BCD 112. ABC
113. ACD 114. ABC 115. ABD 116. ABC 117. BCD 118. ACD 119. AB
120. ABCE 121. ACD 122. ACD 123. ABC 124. ABCD 125. BC 126. AD
127. ABCD 128. ABCF 129. DE 130. BD 131. BCD 132. AC 133. ABCD
134. BC 135. AC 136. CD 137. ABCD 138. ABCE 139. BCD 140. ABD
141. ABD 142. ABD 143. ABC 144. BCD 145. ABD 146. ABCD 147. ABCD
148. ABC 149. AB 150. ABCD 151. ABD 152. AC 153. AD 154. ABCD
155. ABCD 156. AB 157. ABC

四、判断题

1. √ 2. √ 3. √ 4. × 5. √ 6. √ 7. × 8. × 9. ×
10. × 11. √ 12. √ 13. √ 14. × 15. × 16. √ 17. √ 18. √
19. × 20. × 21. √ 22. √ 23. √ 24. × 25. √ 26. √ 27. √
28. √ 29. × 30. × 31. √ 32. √ 33. √ 34. × 35. × 36. √
37. √ 38. √ 39. × 40. √ 41. × 42. √ 43. √ 44. √ 45. √
46. √ 47. √ 48. × 49. × 50. √ 51. × 52. √ 53. √ 54. √
55. √ 56. √ 57. × 58. √ 59. √ 60. √ 61. √ 62. × 63. ×
64. √ 65. × 66. √ 67. × 68. √ 69. √ 70. √ 71. √ 72. √
73. × 74. √ 75. × 76. √ 77. √ 78. × 79. × 80. √ 81. ×
82. × 83. × 84. √ 85. √ 86. × 87. √ 88. √ 89. √ 90. ×
91. √ 92. × 93. × 94. √ 95. √ 96. × 97. √ 98. × 99. ×
100. × 101. √ 102. √ 103. √ 104. √ 105. × 106. × 107. √ 108. ×
109. √ 110. √ 111. √ 112. √ 113. √ 114. √ 115. × 116. √ 117. ×
118. × 119. √ 120. × 121. √ 122. × 123. × 124. √ 125. √ 126. √
127. √ 128. × 129. √ 130. √ 131. × 132. √ 133. × 134. × 135. √
136. × 137. √ 138. √ 139. × 140. × 141. × 142. √ 143. √ 144. ×
145. × 146. √ 147. √ 148. √ 149. √ 150. × 151. × 152. √ 153. ×
154. × 155. × 156. √ 157. √ 158. √ 159. √ 160. √ 161. × 162. √
163. √ 164. √ 165. × 166. √ 167. √ 168. √ 169. × 170. √ 171. ×

五、简 答 题

1. 答:(1)了解部件的性能、作用、工作原理(1.5分);(2)了解各零件的相互位置和装配关系(1.5分);(3)了解主要零件的形状结构(2分)。

2. 答:(1)画零件草图(1分);(2)测量零件尺寸(1分);(3)确定零件技术要求和材料(1.5分);(4)画零件工作图(1.5分)。

3. 答:剖面图仅画出机件断面的图形(2.5分),而剖视图则要求画出剖切平面以后的所有可见部分的投影(2.5分)。

4. 答:当物体上的平面(或直线)与投影面倾斜时(2分),其投影缩小(或变短)(1分),并产生变形(1分),但仍与原平面的形状类似(1分)。

5. 答:蛙式绕组是由迭绕组和波绕组混合组成(1.5分),线圈形状像蛙,所以称为蛙式绕组(1.5分)。这种绕组本身就具有完善的均压作用,因此可节省均压线(2分)。

6. 答:磁极绕组的作用:通过励磁电流(2.5分),产生主磁通(2.5分)。

7. 答:当加在绝缘材料上的电场强度高于临界值时(1分),会使流过绝缘材料的电流剧增(1分),绝缘材料发生破裂和分解(1分),完全丧失绝缘性能(2分),这种现象称为绝缘的击穿。

8. 答:(1)保证产品质量和提高劳动生产率(1分);(2)保证均衡生产和提高机床利用率(1分);(3)使技术准备工作计划化(1分);(4)使设备和工具得到合理使用(1分);(5)便于总结经验和提高工艺水平(1分)。

9. 答:共可分十级(1.5分)。分别为70 ℃、90 ℃、105 ℃、120 ℃、130 ℃、155 ℃、180 ℃、200 ℃、220 ℃、250 ℃共十个级别(3.5分)。

10. 答:绝缘材料按其加工过程的工艺特征划分为六大类(1分):即漆、树脂和胶类(0.5分),浸渍纤维制品类(0.5分),层压制品类(0.5分),塑料类(0.5分),云母制品类(0.5分),薄膜(0.5分)、粘带(0.5分)和复合制品类(0.5分)。

11. 答:P 表示青壳纸(1分);M 表示聚酯薄膜(1分);D 表示聚酯纤维纸(1分);N 表示芳香族聚酰胺纤维纸(0.5分);H 表示聚酰亚胺薄膜(0.5分);O 表示噁二唑纤维纸(1分)。

12. 答:在短时间内温度升高或在高温长期作用下,绝缘材料或绝缘体发生缓慢或急剧的化学变化称为热老化(2分)。如变压器油内氧化物的形成漆膜的变硬、发脆及出现裂纹等,都是热老化的现象(1分)。除温度外,加速热老化的因素还有臭氧、日光照射、电场、机械负荷等(2分)。

13. 答:首先选择合适的电压等级的兆欧表(1.5分),然后将兆欧表的"L"端连接在电动机绕组的一相引线端上(1分),"E"端接在电机的机壳上(1分),以每分钟120转的速度摇动兆欧表的手柄(1.5分)。

14. 答:(1)良好的耐热性(1分);(2)高的机械强度(1分);(3)良好的介电性能(1分);(4)良好的耐潮性(1分);(5)良好的工艺性(0.5分);(6)货源充足,价格低廉(0.5分)。

15. 答:聚酰亚胺薄膜具有耐高温和耐深冷特点(1分),可以在250 ℃长期使用,在液氮温度下(−269 ℃)能保持柔软性(1分)。具有很高的绝缘电阻、击穿强度和机械强度(1分),能耐所有的有机溶剂和酸(1分),有较好的耐磨、耐电弧、耐高能辐射等特性(0.5分),但不耐强碱,也不推荐在油中使用(0.5分)。

16. 答:高压定子绕组在通风槽口及端部出槽口处,其绝缘表面的电场分布是不均匀的(2

分）。当局部场强达到一定数值（临界场强）时,气体发生局部电离（辉光放电）（1分）。在电离处出现蓝色的荧光,这是一种电晕现象（1分）。它产生热效应和臭氧、氮的氧化物,损坏绝缘（1分）。

17. 答:云母制品主要有云母带、云母板、云母箔、云母玻璃四类（2.5分）,云母制品主要成分包括片或粉云母带,补强材料,胶粘剂（2.5分）。

18. 答:耐腐蚀性表示材料抵抗外界介质（空气、水蒸气、化学药品氟里昂等）（2.5分）以及电化过程所带来破坏作用的能力（2.5分）。

19. 答:在机器的生产过程中,与原材料转变为成品直接有关的过程称为工艺过程（5分）。

20. 答:电枢反应使电动机前极端的磁场削弱,后极端磁场增强（2分）,物理中性线逆电机转向移开几何中性线（2分）,将对电机的换向造成影响（1分）。

21. 答:(1)绕线模的尺寸必须正确（1分）;(2)绕线拉力必须大小适度（1分）;(3)线匝排列必须整齐有序（1分）;(4)线匝匝数必须正确（1分）;(5)导线接头应在线圈的端部（1分）。

22. 答:(1)检查线规是否合格（1分）;(2)扁铜线有 0.8～1.2 mm 圆角（1分）;(3)表面光滑平整没有严重氧化物（1分）;(4)铜线没有严重的损伤（1分）;(5)线盘规则（1分）。

23. 答:在扁绕时,由于铜导线内部晶格结构发生变化（2分）,外部边缘拉长变薄,内部边缘受到挤压变厚,并使铜线变硬（1分）。为了保证线圈几何尺寸及形状和整形方便（1分）,所以要进行退火处理使其软化（1分）。

24. 答:先用剪刀或锉刀把铜线的外包绝缘漆刮掉（1分）,再用对角铜焊机焊接（1分）。焊接后先用锉刀把焊接处锉平（1分）,然后再用聚酰亚胺薄膜带绕包（2分）。

25. 答:换向器表面无规律灼痕是由机械方面的原因引起的（1分）,主要是:换向器偏心或变形（1分）;个别换向片凸起（1分）;电枢动平衡不良（1分）;刷架或机体刚度不足等（1分）。

26. 答:绕线拉力的大小对绕组质量有直接的影响（1分）,拉力过大导线截面变小,绕组电阻增大（1分）;拉力过小,绕制的线圈层与层之间比较松,影响线圈尺寸（1分）,同时可能造成线匝气隙增大,影响散热（2分）。

27. 答:线圈绕制时沿宽边进行弯绕称为平绕（1.5分）。它的特点是工艺简单,制作方便（1分）。线圈绕制时沿窄边进行弯绕称为扁绕（1.5分）。它的特点是散热效果好,抗弯、拉、压强度高,但工艺复杂（1分）。

28. 答:(1)使毛坯两面光滑（1分）;(2)毛坯边缘不带有显著毛刺（1分）;(3)注意弯曲纹流方向（1分）;(4)尽量避免弯曲处有焊接头（1分）;(5)弯曲边缘不应有缺口（1分）。

29. 答:电机磁极连线的引线接头有漆膜将会使引线头接触不良（2分）,接触电阻增大（1分）,造成过热引起接头烧损或断线故障（2分）。

30. 答:(1)去除组合导线的辅助材料,将成型好的线圈分解（1分）;(2)操作者手扶线匝的端部（引线端）,将引线头 R 和打扁模的 R 贴合,手扶线匝的位置不能高于打扁模下模工作面位置（2分）;(3)引线头打扁位置应在打扁模工作平面上,脚点动脚踏开关进行打扁（1分）;(4)将线圈用 0.2×20 平纹布带扎紧（1分）。

31. 答:(1)打扁过程中,每打扁 15～20 支线圈就要对打扁尺寸进行测量;若发现尺寸与标准不符,应重新调整上、下模间隙,直至符合标准要求（1分）;(2)将线圈组合在一起,检查线圈打扁后引线头刀颈根部是否平齐,要求引线头平齐度不超过 2 mm（2分）;(3)打扁后的引线头毛刺应清理干净,无铜屑残存（2分）。

32. 答:磁极线圈引线头搪锡的目的是为了引线头有良好的导电性(2.5分)。如果搪锡质量不好,有锡瘤或搪不上锡,使引线头接触面小,绕组电阻增大,磁极温升高(2.5分)。

33. 答:分类:

(1)按相数不同分为单相、两相、三相和多相绕组(2分)。

(2)按槽内层数分为单层、双层绕组(1分)。

(3)按每极每相槽数是整数还是分数分为整数绕组和分数绕组(1分)。

另外,根据嵌装布线排列形式分布绕组有可分同心式和叠式两种类型(1分)。

34. 答:定转子铁心没有对齐,相当于铁心有效截面积减小(1分),励磁电流增大(1分),功率因数降低(1分),铜损耗增加(1分),温升升高,效率降低(1分)。

35. 答:(1)每一支路各元件的对应边,叠绕组应处于同一主极下,波绕组应处于所有相同极性的主极下(2分);(2)绕组各对支路的元件数应相等(1.5分);(3)应保证有良好的换向性能(1.5分)。

36. 答:工序检验是指在本工序加工完毕时的检验(3分),其目的是预防产生大批的不合格品(1分),并防止不合格品流入下道工序(1分)。

37. 答:可分为散嵌绕组(软绕组)(2.5分)和成型绕组(硬绕组)两大类(2.5分)。

38. 答:平直下料机(0.5分)、打纱搪锡设备(0.5分)、绕线机(1分)、张型机(1分)、绝缘包扎机(1分)、热压机(0.5分)、脉冲检测仪等(0.5分)。

39. 答:为了防止发生环火,对于负载经常变化和需要削弱磁场工作的直流电机或牵引电动机来说最有效的办法是装置补偿绕组(2.5分)。补偿绕组的作用在于,尽可能地消除由于电枢反应对主极气隙磁场畸变,从而降低了换向器最大片间电压数值,并改善了电机的电位特性,减少发生环火的可能性(2.5分)。

40. 答:开机→输入线圈程序参数→回到基准位→调节程序微调参数→重回基准位→空载模拟张型→调节端部弧形组合模块→夹钳夹持梭形线圈下层边→夹钳夹持梭形线圈上层边→固定梭形左右鼻部→自动张型→松开各夹持部位→取下线圈。(每个工步0.5分)

41. 答:(1)用直径为 ϕ2.5 mm,长度为100 mm T2纯铜线与工件同时装炉(2分);(2)经退火与冷却后将铜丝折弯成180°(1分);(3)检查弯曲处表面断裂情况,断裂深度超过0.025 mm时表示发生氢脆作用(1分);(4)发现氢脆现象,工件应送试验室做理化检验(1分)。

42. 答:复型的目的:(1)解决张型的不足之处,纠正错位和变形(2分);(2)使线圈引线头端部和鼻部的形状规范统一(2分);(3)为下道工序电机嵌线提供便利的条件(1分)。

43. 答:绕组元件是指从一个换向片开始到所连接的另一个换向片为止的那一部分导线(5分)。

44. 答:外包绝缘时指包在对地绝缘外面的绝缘(2分)。其主要作用是保护对地绝缘免受机械损伤,并使整个线圈结实平整(2分)。同时也起到对主绝缘的补强作用(1分)。

45. 答:各并联支路中电位相等的点(2分),即处于相同磁极下相同位置的点用导线连接起来(通常连接换向片),就称该导线为均压线(3分)。

46. 答:同步电机的转速 n 在稳态运行时,与极对数 p 和频率 f 之间具有固定不变的关系:$n=60f/p$(3分);若电网的频率不变,则同步电机的转速为恒定值,且与负载的大小无关,这就是所谓的同步(2分)。

47. 答:电流表与电压表的测量机构是完全一样的,只是电表内阻和接线方式不一样(1分)。电压表基于测量毫安的仪表以定值毫安数为满刻度,实际上的电压表内都有一个串联定值电阻,在扩大量程(2分)。而电流表是基于测量毫伏的仪表以定值毫伏数为满刻度,实际上的电流表内都有一个并联的定值电阻,在扩大量程(2分)。

48. 答:试验应从不超过全值的一半开始(1分),然后均匀的或以每步不超过全值电压的5%逐渐升至全值(1分),电压从半压升至全值的时间不小于 10 s(3分)。

49. 答:目的是检查三相绕组是否平衡(2分),是否与设计值相符(1分),并可作为检查匝数、线径和接线是否正确,焊接是否良好等缺陷时的参考(2分)。

50. 答:技术标准是对技术活动中需要统一协调的事物制定的技术准则(5分)。

51. 答:(1)检查绕组接线,各相绕组的首尾是否接错(1分);(2)检查各个线圈或极相组的极性是否反接(2分);(3)检查每极每相槽数是否相等或按一定规律分组(1分);(4)检查线圈是否有漏接、断线(1分)。

52. 答:线圈的电气检查包括匝间耐压试验和对地击穿试验(5分)。

53. 答:(1)测量面与基面在两个方向上不垂直(1分);(2)主尺基面和游框基面平直性不好(1分);(3)主尺弯曲(1分);(4)测量面平面性和平行性不好(1分);(5)主尺和游标刻线不均匀,零件不准及游标安装不正确等,也会产生误差(1分)。

54. 答:电磁线的基本性能包括机械性能和电性能(1分)。机械性能包括:有适当的柔软性;耐拖磨、磨刮、耐弯曲性;有较强的拉伸强度(2分)。电性能包括:要求线芯有合格的导电率,绝缘层有足够的、稳定的耐电压能力(击穿电压)和绝缘电阻(2分)。

55. 答:丝包线是用无碱玻璃丝紧绕在裸导线或漆包线上,并经胶粘绝缘漆浸渍烘焙而成(3分)。丝包线的耐热性能、电气性能和力学性能均比漆包线好(1分)。耐热等级取决于胶粘绝缘漆和漆包线的耐热性能(1分)。

56. 答:对称三相正弦交流电通入对称三相定子绕组,便形成旋转磁场(1.5分)。旋转磁场切割转子导体,便产生感应电动势和感应电流(1.5分)。感应电流受到旋转磁场的作用,便形成电磁转矩,转子便沿着旋转磁场的转向转动起来(2分)。

57. 答:电气强度(2分)、绝缘电阻(1分)、介质常数(1分)、介质损耗等(1分)。

58. 答:用楞次定律判定线圈中感生电动势的方向(2分),方法和步骤是:(1)确定线圈中磁通的变化趋势(大小和方向)(1分);(2)根据楞次定律,确定感生电流的磁通方向(1分);(3)用安培定则确定感生电流或感生电动势的方向(1分)。

59. 答:(1)降低发电机和变压器的出力(1分);(2)增加发电厂的发电机和变压器的额外无功负荷(1分);(3)降低输配线路和变电所的供电能力(1分);(4)增加电能损耗(1分);(5)增加线路中的电压损耗(0.5分);(6)增大企业的生产费用和设备费用(0.5分)。

60. 答:优点:结构简单,嵌线比较方便,槽的利用率高(2.5分);缺点:产生的磁场和电势波形较差,铁损耗和噪声较大,启动性能较差(2.5分)。

61. 答:(1)可以选择最有利的节距(如 $y = 5\tau/6$),以使电动机的旋转磁场波形接近正弦波(2分);(2)所有线圈具有同样的形状和尺寸,便于制造(1分);(3)可以组成较多的并联支路(1

分);(4)端部形状排列整齐,有利于散热和增加机械强度(1分)。

62. 答:(1)$Y=Y_k=\pm 1$(2分);(2)并联支路数等于磁极数(或$2a=2P$)(1分);(3)电枢电流等于各支路电流之和(1分);(4)电枢电势等于支路电势(1分)。

63. 答:(1)$y=y_K=\dfrac{k\mp 1}{p}$(1分);(2)并联支路数恒等于2(1分);(3)电枢电势等于支路电势(1分);(4)电枢电流等于2倍的支路电流($I_a=2i_a$)(2分)。

64. 答:绕组浸渍方法有:常压浸渍(沉浸)(1分)、真空压力浸漆(2分)、滴浸(1分)、滚浸(1分)。

65. 答:常压浸渍的质量决定于浸渍时工件的温度(2分)、漆的粘度(1分)、浸渍次数(1分)和浸渍时间(1分)。

66. 答:将线圈的直线部分包与铁心等长的铝箔并接地(1分),线圈引线头接高压(1分),逐渐升高试验电压(1分),直到线圈绝缘表面出现蓝色的电晕放电微光(1分),此电压即为电晕起始电压(1分)。

67. 答:(1)电机空转。原因是电磁离合器摩擦片磨损严重或摩擦片间隙过大引起;更换或修理离合器(2.5分);(2)压轮导轴倒枕。原因是压轮磨损严重间隙过大,导轴与压轮中心不在一直线上;调整压轮间隙与导轴中心,更换压轮(2.5分)。

68. 答:(1)电磁阀阀芯与阀座未能紧密贴合。需将阀芯与阀座研磨一次,以保证密封(2.5分);(2)检查主缸密封圈是否打穿。将主缸下腔的进油管拆掉,使上腔加压,此时如上腔压力下降速度很快,并有大量液体从下腔的油管中流出,证明活塞密封圈被打穿,应立即更换(2.5分)。

69. 答:检查电热管是否损坏(2分);检查烘箱门密封情况(1分);检查仪表是否失灵(2分)。

70. 答:(1)电源开关未打开(2分);(2)调压器旋钮接触不灵敏(1分);(3)变压器匝短(1分);(4)测试棒损坏(1分)。

六、综 合 题

1. 答:如图1所示。(A点的每个投影线1.5分;B点的投影线每个2分)

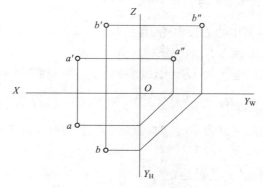

图   1

2. 答:如图 2 所示。(10 分)

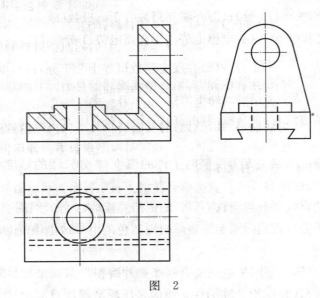

图　2

3. 解:设通过 R 上的电流参考方向从 $A \rightarrow B$(2 分),则

$U_{AB}=IR+E_1-E_2$(3 分)

即　$-10=10I+3-4.5$(2 分)

　　$10I=-8.5$

　　$I=-0.85$ A(1 分)

答:通过 R 上的电流大小为 0.85 A,方向由 $B \rightarrow A$(2 分)。

4. 答:(每个算式 2.5 分)

$Z=\sqrt{R^2+(X_L-X_c)^2}=\sqrt{20^2+(20-40)^2}=20\sqrt{2}(\Omega)$

$I=\dfrac{U}{Z}=\dfrac{20\sqrt{2}}{20\sqrt{2}}=1(\text{A})$

有功功率 $P=UI\cos\phi=I^2R=1^2 \times 20=20(\text{W})$

功率因数 $\cos\phi=\dfrac{R}{Z}=\dfrac{20}{20\sqrt{2}}=\dfrac{\sqrt{2}}{2}=0.707$

5. 答:(1)单相桥式整流电容滤波电路,当负载开路时,输出电压最高为:

$U_{LM}=1.4U_2=1.4 \times 20=28$ V。(5 分)

(2)当电路满载时,输出电压为:$U_L=1.2U_2=1.2 \times 20=24$ V。(5 分)

6. 答:分流电阻 $R=\dfrac{1}{n-1}R_0=\dfrac{1}{20-1} \times 0.015=0.000\ 789\ \Omega$(2.5 分)。标尺的标度应扩大 20 倍(2.5 分)。当电路中的电流为 75 A 时,流过电流表的电流是 75 A(2.5 分),仪表读数是 3.75 A(2.5 分)。

7. 答:分格常数 $C=\dfrac{U_N I_N}{\alpha_m}=\dfrac{150 \times 5}{150}=5$ W/格(5 分)。

被测功率 $P=5 \times 120=600$ W(5 分)。

8. 答:线圈退火的目的是软化组织,消除内应力(4分)。如果温度过高,超过临界度,晶体结构发生变化,使铜线变脆,机械强度大大降低(3分);如果温度过低,铜线还是硬的,则达不到退火目的,整形后的线圈弹性很大,达不到预期效果(3分)。

9. 答:绕组绝缘中的微孔和薄层间隙,容易吸潮,导致绝缘电阻下降(1分),也易受氧和腐蚀性气体的作用,导致绝缘氧化和腐蚀(1分),绝缘中的空气容易电离引起绝缘击穿(1分)。绝缘处理的目的,就是将绝缘中所含潮气驱除(1分),而用漆或胶填满绝缘中所有空隙和覆盖表面,以提高绕组的以下性能:

(1)绕组的电气性能。绝缘漆的电气击穿强度为空气的几十倍。绝缘处理后,绕组中的空气为绝缘漆所取代,提高了绕组的起始游离电压和其他电气性能(1分)。

(2)绕组的耐潮性能。绕组浸渍后,绝缘漆充满绝缘材料的毛细管和风隙,并在表面结成一层致密光滑的漆膜,使水分难浸入绕组,从而显著提高绕组的耐潮性能(1分)。

(3)绕组的导热和耐热性能。绝缘的热导率比空气优良的多。绕组浸渍后,可显著改善其导热性能。同时,绕组绝缘材料的老化速度变慢,耐热性能得到提高(1分)。

(4)绕组的力学性能。绕组经浸渍后,导线与绝缘材料粘结成坚实的整体,提高绕组的机械性能,可有效防止由于振动、电磁力和热胀冷缩引起的绝缘松动和摩擦(1分)。

(5)绕组的化学稳定性。绝缘处理后形成的漆膜能防止绝缘材料直接与有害的化学介质接触而损坏。经特殊绝缘处理,还可使绕组具有防霉、防电晕、防油污等能力,从而提高绕组的化学稳定性(2分)。

10. 答:做高压试验时,外壳应接地并应围好遮拦,挂上"高压危险,不得接近"警告牌,有专人看守(2分)。所有工作人员均应按电压高低要求的安全距离,离开导体(2分)。高压试验所用接地线、验电器、绝缘防护品、设备、仪器等应定期检验保持完好(2分)。试验中应提高警惕,细心观察,耳听、鼻闻检查有无异常情况(2分)。高压试验后应放电,验明无电后,方可用手触及导体(2分)。

11. 答:(1)试验前应先检查各设备是否良好(2.5分);(2)多人试验要分工明确,各负其责(2.5分);(3)技术人员应向操作者讲清安全注意事项(2.5分);(4)工作时,工作现场最少两人,其中一人操作,一人监护(2.5分)。

12. 答:(1)铜线软硬不一,绕制的线圈匝间不齐(2分);(2)铜线盘的不规则,使铜线不能按顺序从外至里,造成铜线弯曲不齐,影响绕线质量(2分);(3)平直轮,拉力不够或过大时,起不到平直作用或造成铜线引线头损伤,影响绕线质量(2分);(4)加线装置,要求成垂直的面,不垂直或工作面不平,间夹板后都对线圈绕制有影响(2分);(5)模子尺寸不适合,如焊接质量不高,对绕制质量也有影响(1分);(6)铜线焊头,如焊接质量不高,对绕线质量也有影响(1分)。

13. 答:一是提高质量,由于场所、物和环境的改善,为工艺纪律的贯彻创造了好的条件,在产品制造过程中有效地防止了零部件的磕碰伤和变形(2分);二是可促进管理(2分);三是可以降低消耗挖潜增产(2分);四是加强文明生产(2分);五是可以保障安全生产(2分)。

14. 答:(1)严格执行规章制度,认真贯彻工艺操作规程(1分);(2)环境整洁优美,人人讲究卫生(2分);(3)工作操作标准化,生产有秩序(2分);(4)工位器具整齐,物品堆放整齐(2分);(5)工作场地整洁,光线明亮,色彩调和(2分);(6)发扬风格,做好为下一班或下道工序的服务工作(1分)。

15. 答:(1)电枢线圈成型时,若引线头太短,焊头时不易焊牢,出现甩头,容易造成事故(2分);(2)敲形时,如果线圈不与模具伏贴,容易造成线圈匝间错位,使线圈尺寸增大,嵌线困难(2分);(3)线圈包扎要均匀,否则过稀造成耐压强度不够,过密造成线圈尺寸增大,不易嵌线(2分);(4)包扎时要注意紧贴,包得松会由于气隙存在而使介质损失增大,不但性能难以保证,还会增加压型困难(2分)。(5)电压在6 000 V以上的线圈,包扎不紧对质量的影响就更大。因为压型后,多余的漆会被挤出来,造成一、二层云母带内空,在耐压实验时就容易产生电晕现象,使绝缘遭到破坏。包得不好的线圈在浸漆和受潮作用后将发生外胀现象(2分)。

16. 答:直流电机的电枢绕组是由两条或几条支路组成,在理想的情况下,各支路内感应电势的大小应该相等,电枢电流也应该均匀地分配在各支路内(2分)。但在实际情况中,直流电机叠绕组和双波绕组的电枢,由于工艺或装配等制造工艺原因,不可避免地引起磁的或电的不平衡,导致支路中产生环流(2分),为此将直流电枢绕组中理论上电位相同的点用均压线连接起来(2分),可以消除各支路电流分配不均现象(2分)。叠绕组采用甲种均压线,双波绕组采用乙种均压线(2分)。

17. 答:潮气中含有大量的水分子,由于水分子的尺寸和粘度都很小,能溶解于绕组绝缘材料中,使绝缘材料的性能大为劣化(2.5分)。这是因为:(1)水分子有偶极矩,具有强的极性,能生成离子导电(2.5分);(2)水中含有导电的杂质(2.5分);(3)水分子的O—H是极活泼的官能团,在热、光、电能作用下,能同其他物质发生相应的变化,而形成导电体(2.5分)。

18. 答:交流定子线圈是在绕线模上绕制而成的。绕制的线圈是否合适,取决于绕线模的尺寸是否合适,若绕线模的尺寸太小,则使线圈端部长度不足,将造成嵌线困难,甚至嵌不进去,影响嵌线质量,缩短绕组正常使用寿命(5分);若绕线模尺寸太大,则绕组电阻和端部漏抗都增大,电机的铜损耗增加,影响运行性能,而且浪费电磁线,还可能造成线圈端部过长而碰端盖(5分)。所以,合理地设计绕线模是保证电机制造质量的关键因素之一。

19. 答:多匝成型线圈一般采用绝缘扁导线平绕而成。可绕成梭形、棱形或梯形,一般我们常选用梭形(2分)。绕制时,导线经线夹装置拉紧,按技术要求垫好或包好匝间绝缘(2分)。在绕制过程中,必须随时将导线敲平紧贴于模侧面,防止线匝之间存在空隙(2分)。绝缘破损时,需用同级绝缘修补好(2分)。绕到规定匝数后,须用布带绑好,防止卸模后松散(2分)。

20. 答:预烘是指浸漆前对绕组的烘焙,目的是驱除绕组内部的潮气和挥发物,并使其获得适当的温度,以利于绝缘漆的渗透与填充(2分)。预烘的工艺参数是温度和时间(2分)。温度过低,驱除潮气和挥发物的时间长(2分)。温度过高,影响绝缘材料的使用寿命(2分)。常压下的预洪温度取耐热极限温度上下10 ℃,但最高不得超过耐热极限温度20 ℃。在真空状态下,由于水的沸点变低,因而预洪温度可以降低,常取80~100 ℃。预烘过程中,预洪温度宜逐步增加,以防表面层温度高而使内部水分不易散出(2分)。

21. 答:(1)将线圈打扁模固定在160 t冲床上,使模具压力中心尽量与设备中心重合(3分);(2)根据打扁模的高度调整滑块和工作台面的距离,调整前先接通电锁,然后按下"滑块向上"或者"滑块向下"按钮,滑块相应地作上、下位移(3分);(3)按动"寸动调整"按钮,调节装模高度,使滑块处于下死点位置。测量滑块和工作台面的距离,应稍大于打扁模的高度(4分)。

22. 答:线圈按安装位置可分为转子线圈和定子线圈两类(2分);也可分为分布绕组和集中绕组(1分)。安装在转子上的是电枢线圈、均压线(1分);安装在定子上的是主极线圈、副极线圈、他激线圈、启动线圈、励磁线圈、补偿绕组(2分)。结构形式:电枢线圈有迭绕式、波绕式和蛙式绕组(1分);磁极线圈有扁绕式和平绕式(1分)。另外根据结构和制造方法的不同,可分为软绕组和硬绕组(成型绕组)两大类(2分)。

23. 答:基本要求:

(1)一定的导体数下产生较大的基波磁势和基波电势,并且尽量减少磁势和电势中的谐波分量(2.5分)。

(2)三相绕组应该对称,即各相绕组的结构相同,阻抗相等,空间上的位置彼此互差120°电角度(2.5分)。

(3)绝缘性能和机械强度可靠,散热条件好,用材少(2.5分)。

(4)制造工艺简单,检修方便(2.5分)。

24. 答:磁极扁绕线圈由于导线宽而薄,截面较大,绕制时拐弯的内沿 R 处增厚,使线圈高度增加,线圈不平,因此必须除去线圈的增厚部分(3分)。增厚去处方法有两种:一种是压增厚法。该方法是在磁极线圈各匝间垫上压增厚垫板,在油压机上施加一定压力,该压力大小必须合适,否则,压力太小达不到去增厚的目的,压力太大将线圈各匝间压变形,使线匝变薄,严重时线圈报废(3.5分)。另一种是铣削法,采用去除材料的方法将增厚部分削掉,这种方法很好,目前是属于较先进的一种工艺方法(3.5分)。

25. 答:空气的导热系数只有 0.025 W/(℃·cm),而绝缘漆的导热系数一般在 0.3 W/(℃·cm)。绝缘漆的导热性能是空气的十多倍(3分)。绕组未浸漆前,在绕组中存在着大量的空隙,充满着空气。空气的导热性能很差,影响绕组热量的散出,使电机温升升高(3.5分)。用绝缘漆处理后,绝缘漆挤跑了空气,填充了绕组的空隙,绝缘漆的导热系数比空气高的多,这就明显的改善了绕组绝缘的导热性能(3.5分)。

26. 答:(1)温度对线圈电阻的影响很大。当线圈没有烘潮前,电阻比较大(2.5分),当温度逐渐升高,线圈中水分逐渐挥发,线圈电阻下降,当水分完全散发到表面时,电阻最低,当温度再升高时,电阻又增加,一直趋于稳定(2.5分)。

(2)湿度对线圈电阻也有关系。如:水膜越厚,表面电阻下降越低,并且也取决于材料表面的清洁度和材料分子的极性(2.5分)。水分子不会使非极性物质湿润,只能在污秽时使非极性的介质表面电阻下降。绝缘中由于存在裂缝、气孔、层间不紧密等,就存在气隙,当绝缘防潮有缺陷时,气隙很快就充满潮气,潮气由这些气隙逐渐扩散到绝缘内部,使绝缘电阻大大下降,电气性能大大降低,当吸水性达到 2%时,材料的电气性能较干燥时下降 100 倍(2.5分)。

27. 答:(1)先将"消弧"键按下,接好地线(1分);(2)按要求将仪器四个端子的引线与被测电阻正确接好(1.5分);(3)将"核零/测量"键、"自稳"键均置于抬起位置(1.5分);(4)调整"量程"键,选择合适挡位(1.5分);(5)按下"电源"键后,抬起"消弧"键由红转绿后显示为"00000",即仪器处于核零状态(1.5分);(6)按下"核零/测量"键为测试状态,即可读数(1.5分);(7)测量完毕,关机或换相摘卡具时,先抬起"核零/测量"键,再按下"消弧"键,"指示灯"熄灭后,便可摘除卡具关机(1.5分)。

28. 答:(1)线圈在绕制过程中,很容易造成线圈匝间绝缘的损伤,应进行严格的检验,做到在嵌线前及时处理,以免在嵌线后发生匝间短路,拆换比较麻烦(5分);(2)如果在线圈嵌入铁心后再进行冲击电压试验,电压沿整个绕组分布不均匀,前几个线圈受到的试验电压比较高,其余大部分线圈试验电压都很低(5分)。

29. 答:薄膜绕包线具有更高的耐热性能、电气性能和力学性能(2分)。聚酰亚胺薄膜具有优良的电绝缘性能,但它不能自身熔融和粘接,因此在绝缘结构上的应用受到限制(2分)。在聚酰亚胺薄膜上涂覆一层F46树脂,就可以显著改善聚酰亚胺薄膜的抗撕强度、耐潮、耐电弧及化学稳定性等性能(2分),更重要的是使聚酰亚胺薄膜在F46参与下具有了粘接性能。聚酰亚胺-F46薄膜绕包线能耐高温、耐低温、耐辐射,且密封性、电热老化性以及耐磨性均好(2分);槽空间利用率比丝包线高(2分)。

30. 答:(1)"杂质"使铜的电阻率上升,磷(P)、铁(Fe)、硅(Si)等杂质的影响其尤明显(2.5分);(2)所谓"冷作硬化"指铜在冷加工(锻、压、碾)后提高其抗拉强度,但会产生内应力,电阻率稍有增加(2.5分);(3)温度的升高使铜的电阻率增加(2.5分);(4)环境影响:潮湿、盐雾、酸与碱蒸汽、被污染的大气都对导电材料有腐蚀作用。铜的耐蚀性好,特别恶劣环境中的导电材料应用铜合金材料(2.5分)。

31. 答:(1)切断各路电源,开启烘箱大门,将需干燥的线圈放在专用车上,送进烘箱内,注意线圈的放置应有一定的间隙,便于气体对流(3分);(2)在油化涂层的浸渍元件以及会产生废气的物品干燥时,必须预先全部开启排气阀门,先做不升温鼓风循环干燥半小时,以最快的速度排除蒸发气体减少废气留存(3分);(3)合上总闸,先开动鼓风机,然后开启电加热器,使温度逐步上升,烘件如无废气产生或工艺许可,排气阀门可适当调整或关闭,使工作室温度加快升温(4分)。

32. 答:数控即数字控制技术,通常是指用数字指令控制机械动作的技术(2分)。由于数控是与机床控制密切结合而发展起来的,因此现在人们通常所讲"数控"就是指"机床数控"(2分)。用这种控制技术控制机床称为"数控机床"(2分)。它是综合应用了计算技术、自动控制、精密测量和机床设计等的最新技术成就发展起来的一种新型机床(4分)。

33. 答:交流绕组是指交流电机的定子绕组(又称电枢绕组),它的构成原则是:在一定的导体数下,绕组的合成磁动势和电动势在空间分布上力求接近正弦波形,在数量上力求获得较大的基波磁动势和基波电动势(4分);对多相绕组来说,各相的磁动势和电动势要对称,电阻和电抗平衡(4分);绕组损耗尽量小,用铜尽量省(2分)。

34. 答:良好的耐热性(1.5分);高的机械强度(1.5分);良好的介电性(1.5分);良好的耐潮性(1.5分);良好的工艺性(1.5分);货源充足、价格合理、质量好,且绝缘的物理、化学、机械、介电性能稳定可靠(2.5分)。

35. 答:NOMEX纸即聚芳酰胺纤维纸(1分),它具有以下特点:(1)在220℃的温度下有良好的长期抗氧化的稳定性,所以可以在220℃长期工作(2分);(2)加热时不熔化、不流动(1分);(3)有很高的过载能力(1分);(4)有良好的韧性,抗切通性能好(1分);(5)柔软,工艺性好(1分);(6)耐火焰,有自熄性(1分);(7)同一般的绝缘漆、胶粘剂有良好的相容性(1分);(8)优异的耐化学性和耐辐射性(1分)。

线圈绕制工(高级工)习题

一、填空题

1. 桌式打纱机的精度大概在( )mm 左右。

2. 拆除热收缩带必须使用手工拆除,不得使用( )划开。

3. 同一种交流线圈可采用不同形状的模具绕制,要求匝数相同及( )相同。

4. 基本视图包括主视图、左视图、右视图、( )、仰视图、后视图六种。

5. 主视图和左视图在( )方向应平齐。

6. 一张完整的零件图样应包括视图、尺寸、( )及标题栏。

7. 在不引起误解时,允许将斜视图图形旋转,标注形式为( )。

8. 假想将机件的倾斜部分旋转到与某一选定的基本投影面平行后再向该投影面投影所得的视图称为( )。

9. 用假想的剖切面将零件的某处切断,仅画出( )的图形称为剖面图。

10. 将机件的部分结构,用大于原图形所采用的比例画出的图形,称为( )图。

11. 表达机器和部件的图样是( )图。

12. 装配图中,对于螺栓等紧固件及实心件,若按纵向剖切,且剖切平面通过其对称平面或轴线时,则这些零件均按( )绘制。

13. 实现互换性的基本条件是对同一规格的零件按( )制造。

14. 同样规格的零件或部件可以相互替换的性质,称为零件或部件的( )。

15. 公差带由基本尺寸和( )组成。

16. $\phi 30H8$ 中的 8 是指( )。

17. $\phi 50^{+0.030}_{0}$ 的孔与 $\phi 50^{+0.021}_{+0.002}$ 轴配合属( )配合。

18. 形位公差带的四要素,即形位公差的形状、数值、( )和位置。

19. 主极线圈经常采用刨倒角的形式,刨倒角的位置在线圈( )。

20. 散绕组线圈绕制时拉力过大有可能使导线截面变小与电阻变( )。

21. 绝缘材料按其加工过程特征可分为六大类,即漆、树脂和胶类;浸渍纤维制品类;层压制品类;塑料类;( )类;薄膜、粘带和复合制品类。

22. 绝缘产品型号为 1032,其表示( )类绝缘。

23. 为避免铜线绕制时出现断裂、裂纹现象,扁铜线应具有一定的( )、伸长率和弯曲性能。

24. 线圈是电机的重要部件之一,它由导电体和( )两大类材料所制成。

25. 电磁线按绝缘层的特点和用途,可分为漆包线、( )、特种电磁线等。

26. 漆包线的性能,主要取决于其表层( )的性能。

27. 电机的核心部件之一是铁心,它是由( )叠压而成。

28. 电机由电磁部分和机械部分所组成,电磁部分由导电的绕组和( )所组成。

29. 欧姆定律反映了电压、( )和电阻三个基本电量之间的内在关系。

30. 全电路欧姆定律公式为 $I=E/(R+r)$,其中 E 代表( )。

31. 对于任一电路中的任一节点,在任一时刻,流入(或流出)该节点的电流之和恒等于( )。

32. 对于任一电路中的任一回路,在任一时刻,沿着该回路的所有支路的电压降之和恒等于( )。

33. 负载的大小是以负载所消耗( )的多少来衡量。

34. 流过 20 Ω 电阻的电流为 $8\sin(314t+60°)$ A,则电阻消耗的平均功率是( )。

35. 温升是电机损耗与散热情况的量度,它成为评价( )的一个重要指标。

36. 理想状况下在正弦交流电路中电感元件所吸收的平均功率为( )。

37. 磁路中的磁阻与其长度成正比与其截面积及材料的磁导率成( )。

38. 围绕磁路的某一线圈的电流 I 与其匝数 N 的乘积 NI 是线圈电流产生的( )。

39. 正弦交流电路中纯电感元件电压与电流不同相,电流滞后电压的角度为( )。

40. 我国统一规定电网频率为( )。

41. $L\dfrac{\mathrm{d}i(t)}{\mathrm{d}t}$ 电感为 L 的线圈中通有电流 $i(t)$,则其两端的感应电势 $u(t)$ 与电流 $i(t)$ 的关系为( )。

42. 右手定则即右手拇指指向电流方向,其余四个手指握住载流导体,则四个手指的方向就是( )的方向。

43. 当电流为 I 长度为 L 的导体与磁感应强度 B 的方向垂直时,受到的磁场力 $F=$( )。

44. 判断载流导体在均匀磁场中受力方向用( )法则。

45. 交流电路中平均功率 $P=UI\cos\phi$,ϕ 是指( )。

46. 为提高电感性负载的功率因数,可并联大小适当的( )。

47. 变压器一般由两个(或两个以上)有磁耦合的( )组成。

48. 变压器的原边接电源,副边接( )。

49. 当不同频率的正弦信号电流输入 RC 并联电路时,输出电压中只含( )。

50. 当不同频率的正弦信号电流输入 RC 并联电路时,输出电压中( )被滤掉。

51. RLC 串联电路在某一特定频率正弦激励下发生谐振,电路呈( )性。

52. 对称三相三线制的电压为 380 V,连接 Y 形对称负载,每相阻抗为 $Z=8+\mathrm{j}6$ Ω,忽略输电线的阻抗,每相负载电流的有效值为( )。

53. Y 形连接对称三相电路中线电流有效值等于相电流有效值的( )倍。

54. 在单相桥式整流电路中,若有一只二极管损坏,将会出现两种现象即( )。

55. 单相桥式整流电路中二极管所承受的最大反向电压是输入电压的( )倍。

56. 大中型直流电机的定子主要由主磁极、( )、机座、电刷装置等组成。

57. 换向极主要由换向极铁心和换向极线圈组成,其作用是( ),使电机运行时不产生有害的火花。

58. 直流电机主磁极上的主极线圈组成励磁绕组,彼此以( )方式联结,这样可保证各主极线圈电流一样大。

59. 换向极线圈在使用中与电枢绕组（　　　）方式联结。

60. 直流电机转子部分包括电枢铁心、电枢绕组、（　　　）、转轴、轴承、风扇等。

61. 直流电机电枢绕组流过电流时，电流与磁场相互作用产生（　　　），实现机电能量转换。

62. 电枢线圈每一元件放在铁心槽中能切割磁通感生（　　　）的有效边称为元件边，槽外不切割磁通部分称为端部。

63. 对于直流电动机，换向器是将输入的直流电流转换为电枢绕组内的（　　　）以保证产生单方向的电磁转矩。

64. 脉流电动机定子装配中的线圈有主极线圈、换向极线圈和（　　　）。

65. 脉流电动机定子装配中的换向极线圈和补偿线圈（　　　）后，再与电枢绕组串联。

66. 直流电机的极距是指沿电枢铁心外圆相邻两主极中心线之间的圆周距离。极距可以用电枢实槽数表示，也可用弧长表示。一台 4 极 36 槽的铁心，其极距为（　　　）槽。

67. 同步发电机转子两种基本结构型式可分为（　　　）和凸极式。

68. 测量电枢线圈截面尺寸的游标卡尺精度为（　　　）mm。

69. 直流电动机主极线圈大都由扁铜线绕制而成，线圈绕制可分为扁绕和（　　　）两种。

70. 电动机主极线圈的主要作用是通以（　　　）而建立主磁场。

71. 根据联结方法，直流电机电枢绕组的两种最基本的型式为单叠绕组和（　　　）。

72. 电枢线圈在铁心槽中放置分为竖放和（　　　）两种，一般采用竖放结构。

73. 三相异步电动机定子绕组按线槽内嵌线层数分，可分为（　　　），双层绕组。

74. 异步电机的转速 n 总小于（　　　）的转速，因此称为异步电机。

75. 同步牵引发电机运行时，励磁绕组中流过较大的直流电流，为使励磁绕组散热良好，绕组一般采用扁铜线（　　　）绕制结构。

76. 同步发电机的转子转速 n 与电动势频率 f 之间保持着一个严格不变的关系，即（　　　）。（电机的极数用 p 表示）

77. 定子装配时，补偿线圈嵌放在（　　　）。

78. 补偿线圈主要作用是（　　　），减少电动机的环火故障。

79. 安培表的电阻远小于伏特表的电阻，因此切勿将安培表（　　　）电路中，以免造成短路等事故而损坏仪表。

80. 线圈退火时如发现线圈表面氧化严重，要进行（　　　）处理，以消除氧化层。

81. 电动工具是依靠开关对（　　　）进行控制，来实现动力操作。

82. 气动工具是依靠开关对（　　　）进行控制，来实现动力操作。

83. 磁极线圈为顺时针转向时，线圈扁绕机采用逆时针旋转方式绕线，磁极线圈为逆时针转向时，线圈扁绕机采用（　　　）旋转方式绕线。

84. 磁极线圈进行平绕前，先将铜线进行（　　　）处理，以消除铜线的内应力。

85. 磁极线圈平绕机的易损件是脚踏开关，引起平绕线圈尺寸超差的设备原因可能是拉力装置松动或者是（　　　）不稳定。

86. 上下层磁极线圈采用高频焊接设备进行焊接，焊接时，必须使焊接电流和导线截面积相匹配，如果电流过大，会造成焊接面熔化、残缺，如果电流较小，会造成不完全焊接，线圈的

（　　）值增大。

87. 采用油压机对换向极线圈整形时，完成一次整形按施压顺序先进行正压，再进行（　　）压，之后，再进行一次正压。

88. 采用烘箱对磁极线圈烘焙时，先设定（　　），再开机，如果温度长时间上不去，可能有电路故障或者仪表损坏，应及时修理和更换。

89. 工频耐压机在进行耐压测试前，先进行空载设定，设定（　　）值和耐压时间，耐压测试是通过波形比较来判断线圈有无电击穿故障的。

90. 磁极线圈中频耐压机试验操作的正确顺序是：打开开关；启动（　　）；切换电容挡位；将测试棒接在线圈的两端；缓慢升高电压。

91. 电枢线圈热压机是用来热压电枢线圈的（　　）部分的，它的结构特点为电加热，水冷却，加压方式用油压。

92. 线圈引线头的（　　）和冲孔是在冲床上完成的。

93. 线圈真空压力浸漆是在抽真空状态下，利用（　　）的作用将漆渗透进线圈的。

94. 为了保证绕组的制造质量，必须正确地掌握线圈制造、绕组嵌装和绝缘处理的（　　）、工艺参数和工艺诀窍。

95. 磁极线圈按其用途不同可分为：主极线圈、（　　）、补偿线圈、串励线圈、启动线圈、励磁线圈等。

96. 绝缘油主要由矿物油和（　　）两大类组成。

97. 采用双层连续绕制的磁极线圈的最大优点是，上、下层线圈之间无须（　　），提高了线圈质量可靠性。

98. 磁极线圈在进行线圈扁绕时，为了防止导线与模具损伤，线圈在绕制过程中必须采用规定的（　　）。

99. 平绕磁极线圈引线头弯头的结构形式主要有（　　）和扁弯。

100. 平绕磁极线圈引线头成型，一般是在（　　）状态下成型。

101. 扁绕磁极线圈整形的目的是提高线圈（　　）之间的整齐度和各线匝的平整度，使线圈的尺寸满足图纸要求。

102. 扁绕磁极线圈绕制达要求后，影响线圈整形质量的主要因素与线圈的整形压力、（　　）及模具设计和制造质量等因素有关。

103. 磁极线圈退火目的是消除线圈制作过程中所产生的（　　），减小弹性变形。

104. 目前磁极线圈进行退火时，一般采用的是（　　）和真空退火炉。

105. 导线焊接的工艺方法有很多种，如：（　　）、电阻焊、氩弧焊、高频焊等。

106. 铜导线焊接材料中，（　　）是普遍采用的一种银铜焊料。

107. 补偿线圈是由多联成型线圈组合而成，由于其结构特殊，因此，线圈制作时必须采用特殊的（　　）。

108. 补偿线圈按照其直线部分在铁心槽内摆放的形式，可以分为平放补偿线圈和（　　）补偿线圈。

109. 线圈引线头搪锡的目的是防止接头处铜线的氧化和提高接头（　　）质量。

110. 为了保证电机线圈引线头搪锡质量，一般采用的是（　　）。

111. 磁极线圈内框宽度尺寸偏大时，套极后与磁极铁心的间隙大，线圈散热困难，易造成电机( )高。

112. 当磁极线圈与磁极铁心之间出现间隙时,在机车运行过程所产生的振动,容易在线圈与铁心之间产生磨损,造成( )现象。

113. 按照线圈结构的不同,直、脉流牵引电动机的电枢线圈和均压线属于( )线圈。

114. 为了改善电机换向和节约导线材料,电枢线圈一般都采用( )。

115. 直流电机电枢线圈的成型(敲形)工艺方法有( )、手动成型,半自动成型和全自动成型。

116. 直流和脉流电机电枢线圈,按照导体在电枢铁心槽内的摆放形式,有平放电枢线圈、( )和交叉竖放电枢线圈等。

117. 脉流电机电枢线圈,在进行引线头成型前,一般需进行引线头冲弯和( )。

118. 电枢线圈引线头绝缘的清除,采用锡液加热炉将引线头加热,然后在( )上将绝缘清除干净。

119. 电枢线圈引线头绝缘清除的方法有多种,如:( )法、打纱法、刮削法等。

120. 交流电机定子线圈在张型前要进行绕线,常用的结构有梭形、( )和棱形等。

121. 交流电机定子线圈张型后,在张型尺寸未达到要求的情况下,一般需进行( )。

122. 匝间热压温度由匝间绝缘材料的耐热等级( )来确定。

123. 线圈热压后在模具中冷却的目的:( ),同时使包对地绝缘后线圈尺寸易满足公差要求。

124. 对地绝缘的作用是把电机中带电的部件和机壳、铁心等( )。

125. 线圈对地绝缘的包扎方式有( )。

126. 层间绝缘是指线圈( )的绝缘。

127. 层间绝缘的作用是防止上下层线圈间的( )。

128. 外包绝缘的主要作用是( ),使其在工艺过程及使用中不受损伤。

129. 外包绝缘是指( )的绝缘。

130. 线圈接地是指线圈对地绝缘( )。

131. 短路是指线圈( )绝缘击穿。

132. 绕组绝缘处理的主要类型可分为:( )。

133. 浸渍漆分为( )两大类。

134. 绝缘材料发生击穿时的电压称为( )。

135. 绝缘结构的耐热温度是指在预定的使用期限内保持其性能在允许范围内的( )。

136. 在电机中使用耐热性良好的绝缘材料可以提高电机功率、减小电机的体积和重量、延长使用寿命,从而提高了电机的( )。

137. 绝缘的化学稳定性是指材料在化学介质中,其表面颜色、重量、和原有的特性( )的性能。

138. 固体含量是表示绝缘树脂、绝缘漆、涂料中溶剂挥发后留下的固体物质的( )。

139. 槽满率是槽中铜导体的总截面与( )之比,通常用百分数表示。

140. 绝缘结构是( ),根据电气设备的特点和尺寸要求,将它与导体部件设计成为一个整体。用以隔绝有电位差的导体。

141. 电磁线按其截面形状可分为:( )。

142. 电磁线的主要性能包括：（　　）。

143. 磁极线圈的匝间绝缘是指同一个线圈（　　）之间的绝缘。

144. 匝间绝缘直接接触导体承受的温度比其他绝缘（　　）。

145. 电枢线圈的匝间绝缘多为（　　）。

146. 目前较多的电枢线圈使用熔敷导线主要是由于聚酰亚胺薄膜厚度较小且具有较高的电气性能，可以（　　）。

147. 磁极线圈匝间短路会造成磁极线圈（　　）。

148. 电机运行中若发生磁极线圈断路故障会造成（　　）。

149. 电枢线圈接地发生在（　　）部位较多。

150. 电枢线圈在弯 U 过程中鼻部绝缘受到较大的损伤，所以一般需要（　　）。

151. 鼻部匝间 U 形绝缘通常用（　　）加工。

152. 浸漆处理过程包括：（　　）三个过程。

153. 绕组绝缘电阻的测量通常用（　　）。

154. 电枢线圈敲形后引线头短，会导致电枢嵌线后与换向器片焊接时焊头（　　）出现甩头，造成事故。

155. 如敲形不与模具服贴，线圈成型后错位、不齐使线圈尺寸增大造成（　　）。

156. 高压电机由于端部及出槽口电场分布不均匀，当局部场强达到临界场强时，气体发生（　　），出现蓝色的荧光，是一种电晕现象。

157. 电晕产生热效应和臭氧、氮的氧化物将（　　）。

158. 电气绝缘材料按形态结构、组成或生产工艺特征可分为（　　）大类。

159. 绝缘材料是用在电器上绝缘的材料，电阻率为（　　）。

160. 高压电机是指额定电压在（　　）以上电动机。

161. 聚酰亚胺薄膜的颜色是（　　）。

162. 交流电机的定子线圈制造流程是（　　）。

163. 裸铜线的退火温度大概在（　　）以上。

164. 在交流电场作用下，电介质内产生的介质交变极化损耗、局部放电损耗与泄露电流电导损耗的总和，称为（　　）。

165. 绝缘漆中（　　）对人体的伤害最大。

166. 在磁极线圈大电流匝间绝缘处理时应该佩戴（　　）。

167. 交流电机线圈张型时使用润滑油的目的是（　　）。

168. 线圈在制造过程中的转序应进行（　　）。

169. 线圈制造过程属（　　）。

170. 测量时应查看量具的（　　），确认量具在有效期内。

171. PC 表及质检卡填写无涂改，允许按照规定划横线并加盖（　　）。

172. 线圈的整形是保证线圈（　　）的关键工序。

173. 线圈在制作和转运过程中，应注意防止（　　）。

174. 线圈绝缘包扎要求每层绝缘带（　　）。

175. 规范填写过程质量检测和记录，确保记录填写（　　）。

176. 线圈绝缘包扎采用最多的叠包方式是（　　）。

177. 如图 1 所示电路，求 I＝(　　　)。

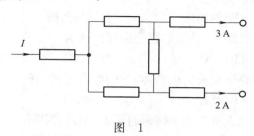

图　1

178. 双根并绕的线圈梭形长度为 650 mm，采用(　　　)作为保护带效果最好。

179. 交流线圈引线头长度太短，将影响连线(　　　)。

180. 根据交流电机定子绕组连接方式，一般为(　　　)连接。

181. 机械制造工艺是将(　　　)或半成品制造成合格产品的方法和过程。

182. 散绕线圈嵌线后最容易出现的问题是(　　　)。

183. 很多绝缘材料需低温保存，低温贮存的温度大概为(　　　)。

184. 主极线圈对地烘焙前要装热压模具，采用(　　　)压紧。

185. 换向极线圈整形时，需要对线圈的上下面及(　　　)加压整形。

186. 为减小扁绕线圈在绕制时的摩擦，经常加(　　　)。

187. 表面结构是指加工平面上具有的较小(　　　)和峰谷所形成的表面微观几何形状特征。

188. 线圈制造过程中使用的模具很多，要求模具的贮存环境应该整洁、干燥，以防止锈蚀，必要时可涂抹(　　　)。

189. 线圈绝缘包扎的工作场地应该恒温、恒湿，温度在(　　　)最为适宜。

190. 多联漆包线散绕线圈模具通常采用(　　　)材料。

二、单项选择题

1. 浸漆玻璃丝带的最大缺点是(　　　)。
(A)降低线圈的电气强度　　　　　　(B)阻碍浸渍漆的渗透
(C)影响线圈外观质量　　　　　　　(D)操作时粘手，工艺性差

2. 电磁线的线规测量最好使用(　　　)。
(A)0～150 mm 游标卡尺　　　　　　(B)钢板尺
(C)0～25 mm 外径千分尺　　　　　(D)钢卷尺

3. 操作者发现材料不合格时应向(　　　)人员反馈。
(A)设备员　　　　(B)工装员　　　　(C)调度员　　　　(D)工艺员

4. 圆柱是(　　　)立体。
(A)平面　　　　(B)曲面　　　　(C)平面与曲面混合　　(D)球面

5. 球面上求点的投影用(　　　)法。
(A)积聚性　　　　(B)辅助素线法　　　(C)辅助平面法　　　(D)相贯线法

6. 如果仍然在平行投影的条件下，适当改变物体与投影面的相对位置或者另外选择倾斜的投影方向，就能在一个投影面中同时反映物体的长、宽、高三个方向的尺寸和形状，从而得到

有立体感的图形,这种图形称为(　　　)。

(A)轴测图　　　　　　(B)斜测图　　　　　　(C)剖面图　　　　　　(D)局部放大图

7. 很多绝缘材料需低温保存,低温贮存的温度大概为(　　　)。

(A)10 ℃　　　　　　(B)0 ℃　　　　　　(C)5 ℃　　　　　　(D)15 ℃

8. 由几个基本几何体叠加而成的组合体,它的组合形式为(　　　)形。

(A)切割　　　　　　(B)叠加　　　　　　(C)综合　　　　　　(D)不能确定

9. 数控绕线机开机后<人机界面>屏幕打不开,故障原因有(　　　)。

(A)<人机界面>连接电缆通信不畅　　　　(B)平移气缸未退回

(C)电源未通　　　　　　　　　　　　　　(D)接触器的接线有问题

10. 用剖切面局部地剖开零件所得的剖视图称为(　　　)剖视图。

(A)全　　　　　　(B)半　　　　　　(C)局部　　　　　　(D)左

11. 移出剖面图的轮廓线用(　　　)线绘制。

(A)粗实　　　　　　(B)细实　　　　　　(C)局部　　　　　　(D)双点划

12. 草图上的竖线(　　　)连续画出。

(A)自下而上　　　　　　(B)自上而下　　　　　　(C)随便方向　　　　　　(D)不能确定

13. 测量零件表面上的一般尺寸时,测量后数值(　　　)。

(A)应圆整成标准数列　　　　　　　　　　(B)不得圆整

(C)随便处理　　　　　　　　　　　　　　(D)不能确定

14. 装配图中假想画法指的是当需要表示某些零件运动范围和极限位置时,可用(　　　)画线画出该零件的极限位置图。

(A)粗实　　　　　　(B)细实　　　　　　(C)虚　　　　　　(D)双点划

15. 相邻两零件的接触面和配合面间只画(　　　)条直线。

(A)一　　　　　　(B)二　　　　　　(C)三　　　　　　(D)四

16. 焊缝符号"△"表示(　　　)焊接。

(A)工形　　　　　　(B)封底　　　　　　(C)角　　　　　　(D)满

17. 焊缝表面凹陷用辅助符号(　　　)表示。

(A)—　　　　　　(B)△　　　　　　(C)⌣　　　　　　(D)＝

18. 具有互换性的零件应是(　　　)。

(A)相同规格的零件　　　　　　　　　　　(B)不同规格的零件

(C)相互配合的零件　　　　　　　　　　　(D)形状和尺寸完全相同的零件

19. 某种零件在装配时允许有附加的挑选、调整和修配,则此种零件(　　　)。

(A)具有完全互换性　　　　　　　　　　　(B)具有不完全互换性

(C)不具有互换性　　　　　　　　　　　　(D)无法确定其是否具有互换性

20. 公差的大小等于(　　　)。

(A)实际尺寸减基本尺寸　　　　　　　　　(B)上偏差减下偏差

(C)最大极限尺寸减实际尺寸　　　　　　　(D)最小极限尺寸减实际尺寸

21. 尺寸的合格条件是(　　　)。

(A)实际尺寸等于基本尺寸　　　　　　　　(B)实际偏差在公差范围内

(C)实际偏差在上、下偏差之间　　　　　　(D)实际尺寸在公差范围内

22. 最大极限尺寸减去其基本尺寸所得的代数差为(　　)。

(A)上偏差　　　　(B)下偏差　　　　　(C)基本偏差　　　　(D)实际偏差

23. 当轴的下偏差大于相配合的孔的上偏差时,此配合的性质是(　　)。

(A)间隙配合　　　(B)过渡配合　　　　(C)过盈配合　　　　(D)无法确定

24. $\frac{3.2}{\sqrt{}}$ 表示的是(　　)μm。

(A)Ra 不大于 3.2　(B)Rz 不大于 3.2　(C)Ry 不大于 3.2　(D)Ra 大于 3.2

25. 表面结构的评定参数有 Ra、Ry、Rz,优先选用(　　)。

(A)Ra　　　　　(B)Ry　　　　　　(C)Rz　　　　　　(D)Ra 和 Ry

26. 形状公差符号"○"表示(　　)。

(A)圆度　　　　　(B)同轴度　　　　　(C)圆柱度　　　　　(D)圆跳动

27. 位置公差符号"∥"表示(　　)。

(A)倾斜度　　　　(B)平行度　　　　　(C)直线度　　　　　(D)平面度

28. H 级绝缘材料,最高允许温度为(　　)。

(A)90 ℃　　　　　(B)130 ℃　　　　　(C)120 ℃　　　　　(D)180 ℃

29. 能使绝缘材料发生热老化的是(　　)。

(A)温度高出允许的极限工作温度　　　(B)高压电

(C)紫外线　　　　　　　　　　　　　(D)酸碱

30. F 绝级材料最高允许温度是(　　)。

(A)90 ℃　　　　　(B)130 ℃　　　　　(C)155 ℃　　　　　(D)180 ℃

31. B 级绝缘材料最高允许温度为(　　)。

(A)130 ℃　　　　　(B)105 ℃　　　　　(C)180 ℃　　　　　(D)155 ℃

32. 常用的无溶剂漆主要有(　　)。

(A)环氧型、聚酯型　　　　　　　　　(B)聚酯型、氧聚酯

(C)环氧型、氧聚酯　　　　　　　　　(D)环氧型、聚酯型、氧聚酯

33. 某种漆能将电机电器的线圈的间隔填充,且固化后能在被浸漆物的表面形成连续平整的漆膜,并使之粘化成一个坚硬的整体,请选用以下(　　)漆。

(A)浸渍漆　　　　(B)漆包线漆　　　　(C)覆盖漆　　　　　(D)硅钢片漆

34. (　　)元件遵循欧姆定律。

(A)非线性电阻　　(B)线性电阻　　　　(C)二极管　　　　　(D)三极管

35. 电阻 R 与电导 G 的关系是(　　)。

(A)倒数　　　　　(B)相等　　　　　　(C)相乘　　　　　　(D)平方

36. 图2中电路:已知 $I_1 = 2$ A,$I_2 = 3$ A,$I_3 = -0.5$ A,$I_4 = 1$ A,求支路 AB 的电流 $I = $ (　　)。

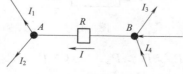

图　2

(A)2 A　　　　　　　(B)3 A　　　　　　　(C)4 A　　　　　　　(D)5 A

37.对于电路中的某节点 O 共连接五条支路,其中三条支路流出其电流和为 6 A,则流入的两条支路电流和为(　　)。

(A)3 A　　　　　　　(B)6 A　　　　　　　(C)8 A　　　　　　　(D)9 A

38.基尔霍夫电压定律是用来确定一个回路内各部分(　　)之间关系的定律。

(A)电流　　　　　　　(B)电压　　　　　　　(C)能量　　　　　　　(D)效率

39.如图 3 中闭合电路 U＝(　　)。

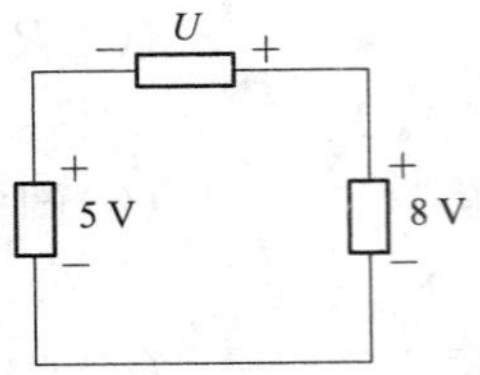

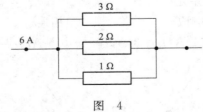

图　3

(A)4 V　　　　　　　(B)2 V　　　　　　　(C)3 V　　　　　　　(D)1 V

40.用叠加定理求解电路的步骤是(　　)。

(A)求各分量　　　　　　　　　　　　(B)求各支路分量

(C)求总量　　　　　　　　　　　　　(D)先求分量再求总量

41.戴维南定理适用于(　　)电路。

(A)非线性电路　　　(B)线性电路　　　　(C)受控电路　　　　(D)可控电路

42.为了获得较大的起动转矩,通常规定,直流电动机的启动电流不得大于其额定电流的(　　)倍。

(A)1~2 倍　　　　　(B)1.5~2.5 倍　　　(C)2~3 倍　　　　　(D)3~5 倍

43.电阻元件所吸收电功率的计算公式正确的是(　　)。

(A)$\dfrac{U}{R}$　　　　　　(B)$\dfrac{U}{I}$　　　　　　(C)$\dfrac{U^2}{R}$　　　　　　(D)$\dfrac{I}{R}$

44.当 3 Ω 的电阻在 1 h 内通过 10A 的直流电所消耗的能量为(　　)。

(A)0.3 kWh　　　　　(B)3 kWh　　　　　(C)30 J　　　　　　(D)1 800 J

45.如图 4 中三个电阻所消耗的功率分别为 3 Ω 为 P_3、2 Ω 为 P_2、1 Ω 为 P_1,则下列关系正确的是(　　)。

图　4

(A)$P_3>P_2>P_1$　　(B)$P_2>P_1>P_3$　　(C)$P_1>P_2>P_3$　　(D)相等

46.硅钢属于(　　)物质。

(A)顺磁物质　　　　(B)反磁物质　　　　(C)铁磁物质　　　　(D)以上几种都不是

47. 铁磁材料分为软磁材料和硬磁材料,硬磁材料的主要特点是(   )很大。

(A)饱和磁感应强度   (B)矫顽力

(C)磁场强度   (D)以上几种都不是

48. 单相正弦交流电路最大值是有效值的(   )关系。

(A)相等   (B)两倍   (C)$1/\sqrt{2}$倍   (D)$\sqrt{2}$倍

49. 两正弦波在(   )情况下,讨论它们的相位差才是有意义的。

(A)频率相同   (B)振幅相同   (C)初相位相同   (D)有效值相同

50. 磁感应强度的单位在国际单位制中是(   )。

(A)N/m^2 (B)G (C)A/m (D)T

51. 直线导体产生感应电动势的大小与(   )无关。

(A)磁场的磁感应强度   (B)导体与磁场相对运动速度

(C)导体的截面积   (D)导体长度

52. 电磁力在国际单位制中的单位是(   )。

(A)千克(kg)   (B)牛顿(N)   (C)公斤   (D)斤

53. 当载有 3 A 电流长度为 80 cm 的导体与磁场强度的方向垂直,磁场强度为1×10^{-3} T,则导体受到的磁场力为(   )。

(A)2.4×10^{-2} N   (B)2.4×10^{-4} N   (C)2.4×10^{-1} N   (D)2.4×10^{-3} N

54. 正弦交流电路计算电阻消耗功率的公式为 $P_R=U^2/R=I^2R$,其中 U、I 指的是(   )。

(A)最大值   (B)平均值   (C)有效值   (D)最大值

55. 视在功率 S、有功功率 P、无功功率 Q 三者在数值上的关系为 $S=\sqrt{P^2+Q^2}$,也可以用功率三角形(图 5)来表示,其中的 ϕ 角为(   )。

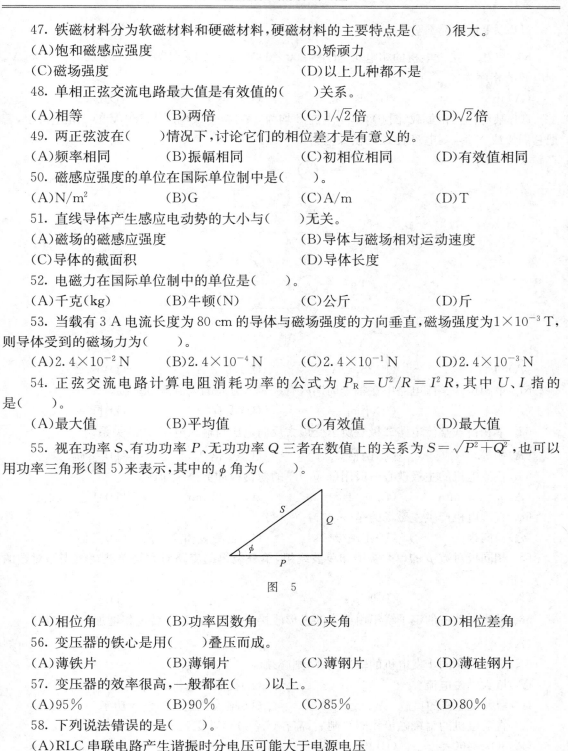

图 5

(A)相位角   (B)功率因数角   (C)夹角   (D)相位差角

56. 变压器的铁心是用(   )叠压而成。

(A)薄铁片   (B)薄铜片   (C)薄钢片   (D)薄硅钢片

57. 变压器的效率很高,一般都在(   )以上。

(A)95%   (B)90%   (C)85%   (D)80%

58. 下列说法错误的是(   )。

(A)RLC 串联电路产生谐振时分电压可能大于电源电压

(B)RLC 串联电路产生谐振时电容和电感之间进行电磁能量的交换,形成周期性的电磁振荡

(C)RLC 串联电路产生谐振时,外加电压全部降落在电阻上

(D)以上说法都不对

59. 三相 Y 接发电机的相电压为 $\dot{U}_a=200\angle0°$ V，$\dot{U}_b=200\angle120°$ V，$\dot{U}_c=200\angle-120°$ V，则电源的相序为（　　）。

(A)abc 　　　　　　(B)bca 　　　　　　(C)cab 　　　　　　(D)bac

60. 某对称三相负载(图 6)，单相阻抗 Z 均为 5 Ω，接在线电压为 380 V 的三相电源上，若把它们接成 Y 形，则电流表 A 的读数应为（　　）。

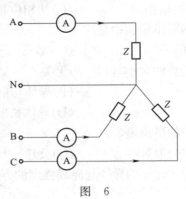

图　6

(A)44 A 　　　　　(B)25.4 A 　　　　　(C)76.2 A 　　　　　(D)62.2 A

61. 单相桥式整流电路中在整个周期内有（　　）方向的电流流过负载。

(A)两个 　　　　　(B)不同 　　　　　(C)没有 　　　　　(D)同一

62. 单相桥式整流电路二极管所承受最大反向电压与输入电压 U_2 的关系（　　）。

(A)相等 　　　　　(B)两倍 　　　　　(C)$\sqrt{2}$ 倍 　　　　　(D)$\sqrt{3}$ 倍

63. 直流电机的主极铁心一般用（　　）厚的薄钢板冲剪叠压而成。

(A)0.5～1 mm 　　(B)1～1.5 mm 　　(C)1～2 mm 　　(D)任意

64. 直流电机产生主磁场的是（　　）。

(A)换向极 　　　　(B)主磁极 　　　　(C)主磁极和换向极 　　(D)其他

65. 相同极对数 p 的单叠绕组和单波绕组，单叠绕组的支路对数是单波绕组支路对数的（　　）倍。

(A)p 　　　　　　(B)$1/p$ 　　　　　(C)2 　　　　　　(D)1

66. 异步电动机的定子绕组由原来的△形改接成 Y 形连接，其转速将增加（　　）倍。

(A)1 　　　　　　(B)$\sqrt{3}$ 　　　　　(C)$1/\sqrt{3}$ 　　　　(D)3

67. 为了提高同步发电机的输出功率，则必须（　　）。

(A)增大励磁电流 　　　　　　　　　(B)提高发电机的端电压

(C)增大发电机的负载 　　　　　　　(D)增大原动机的输入功率

68. 直流电机的扁绕磁极线圈绕制后，需在（　　）℃温度下进行退火处理。

(A)300～400 　　(B)400～500 　　(C)500～550 　　(D)600～680

69. 导线的熔敷时高频加热器温度大概在（　　）。

(A)230 ℃ 　　　(B)360 ℃ 　　　(C)400 ℃ 　　　(D)450 ℃

70. 牵引电机磁极线圈一般用（　　）制作而成。

(A)扁电磁线   (B)方电磁线   (C)铜母线   (D)圆电磁线

71. 双层分层平绕磁极线圈,上层线圈与下层线圈线圈之间需进行焊接,目前比较好的一种焊接工艺方法是( )。

(A)电焊   (B)气焊   (C)高频焊   (D)氩弧焊

72. 双层平绕磁极线圈在绕制过程中,R 角处将产生变形,因此该处铜线的宽度尺寸,根据线规大小的不同,将程度不同的出现( )。

(A)变小   (B)变大   (C)变窄   (D)变薄

73. 扁绕磁极线圈在绕制过程中,当导线不够时允许对线圈进行焊接,每个线圈的接头一般不超过( )个,且接头应在线圈的直线部位。

(A)1   (B)2   (C)3   (D)4

74. 扁绕磁极线圈在绕制过程中,有时在线圈的( )部位易产生导线开裂现象。

(A)直线   (B)端部   (C)内圆弧   (D)外圆弧

75. 由于平绕磁极线圈结构的特殊性,线圈引线头的成型工艺方法,普遍采用的是( )成型。

(A)手工   (B)设备   (C)模具   (D)自动

76. 平绕线圈引线头成型时,主要采用的是在( )状态下成型。

(A)高温   (B)常温   (C)超高温   (D)低温

77. 扁绕磁极线圈,在它原来结构的基础上,导线加宽后其整形压力( )。

(A)不变   (B)变大   (C)变小   (D)变少

78. 扁绕磁极线圈整形后,线圈端部存在波形且内圆弧处毛刺增大(模具挤压造成),其主要原因是( )。

(A)导线问题   (B)退火问题   (C)绕制问题   (D)整形压力不够

79. 采用无氧退火炉,退火的温度一般控制在( )℃左右。

(A)450   (B)550   (C)650   (D)750

80. 采用无氧退火炉,退火的时间一般控制在( )h 左右。

(A)1   (B)2   (C)3   (D)4

81. 铜是电机线圈制造中广泛采用的一种导电材料,铜的密度为( )。

(A)7.8 g/cm³   (B)8.7 g/cm³   (C)8.9 g/cm³   (D)9.83 g/cm³

82. 下面的导电材料中,哪一种材料导电性能最好( )。

(A)铝   (B)黄铜   (C)紫铜   (D)银

83. 脉流电机补偿线圈所用的导线材料普遍采用的是( )。

(A)圆电磁线   (B)扁电磁线   (C)铜扁线   (D)铜母线

84. 绕制补偿线圈所用的设备是( )。

(A)扁绕机   (B)平绕机   (C)专用绕线机   (D)普通设备

85. 线圈引线头搪锡时,锡炉的温度一般要求在( )℃左右。

(A)230   (B)290   (C)330   (D)430

86. 锡的熔点是( )℃。

(A)202   (B)212   (C)222   (D)232

87. 线圈匝间不齐,在进行绝缘包匝后,容易形成空气层,这种空气层对电机散热( )。

(A)有利　　　　　　(B)没影响　　　　　　(C)不利　　　　　　(D)没关系

88. 平绕磁极线圈进行压弧时,一般在线圈宽度方向的内侧和外侧产生(　　　)。

(A)对顶角　　　　　(B)斜角　　　　　　　(C)压力角　　　　　(D)螺旋角

89. 在直流牵引电机电枢绕组中,普遍采用的绕组结构形式是(　　　)。

(A)单波绕组　　　　(B)蛙式绕组　　　　　(C)复迭绕组　　　　(D)单迭绕组

90. 直流电机单迭绕组电枢线圈一般是由(　　　)线圈组合而成。

(A)多匝　　　　　　(B)多股　　　　　　　(C)单匝　　　　　　(D)多根

91. 直流电机电枢线圈在敲形时,敲形所用的榔头与线圈导线接触的方式,应该是(　　　)接触。

(A)斜面　　　　　　(B)点　　　　　　　　(C)线　　　　　　　(D)平面

92. 直流电机电枢线圈为平放结构时,其线圈的成型,不适合采用(　　　)工艺。

(A)自动成型　　　　(B)半自动成型　　　　(C)绕制成型　　　　(D)手工敲形

93. 直流电枢线圈引线头成型时,引线头一般在(　　　)状态下进行成型。

(A)气焊加热　　　　(B)烘箱加热　　　　　(C)常温　　　　　　(D)低温

94. 单边热压机是(　　　)结构提供压力。

(A)气压　　　　　　(B)油压　　　　　　　(C)水压　　　　　　(D)滚压

95. 电枢线圈引线头打纱前需在锡炉内加热,当加热时间过长时,导线易产生(　　　)现象。

(A)弯曲　　　　　　(B)过热　　　　　　　(C)裂纹　　　　　　(D)脱碳

96. 电枢线圈引线头在进行火焰剥头时,其绝缘的清除是用(　　　)进行的。

(A)高压风　　　　　(B)风砂轮　　　　　　(C)钢丝轮　　　　　(D)砂布

97. 交流牵引电机定子线圈,一般是用(　　　)绕制而成。

(A)扁电磁线　　　　(B)扁铜线　　　　　　(C)铜带　　　　　　(D)圆电磁线

98. 交流牵引电机定子绕组,在铁心槽内摆放的形式一般为(　　　)绕组。

(A)单层　　　　　　(B)双层　　　　　　　(C)3 层　　　　　　(D)4 层

99. 下列设备中(　　　)不是用于匝间处理的设备。

(A)大电流热压设备　(B)烘箱　　　　　　　(C)弯形机　　　　　(D)浸漆罐

100. 主极线圈匝间绝缘方式不是(　　　)。

(A)电磁线本身绝缘　　　　　　　　　　　(B)绕线时匝间垫放绝缘材料

(C)绕线后匝间垫放绝缘材料　　　　　　　(D)整体绝缘浸漆

101. 定子线圈对地绝缘采用(　　　)绕包方法。

(A)疏绕　　　　　　(B)平绕　　　　　　　(C)叠包　　　　　　(D)局部垫放垫片

102. 下列绝缘材料未达到 H 级的有(　　　)。

(A)XP218 多胶粉云母带　　　　　　　　　(B)6050 聚酰亚胺薄膜

(C)DY7329 少胶粉云母带　　　　　　　　　(D)544-1 粉云母带

103. 磁极常用的层间绝缘有(　　　)。

(A)薄膜带　　　　　(B)电热云母板　　　　(C)玻璃丝带　　　　(D)云母带

104. 电枢线圈的层间短路不是由于(　　　)。

(A)层间绝缘尺寸较小　　　　　　　　　　(B)绝缘没有垫放到位

(C)导线毛刺造成绝缘缺陷　　　　　　　　(D)匝间绝缘厚度小

105. 常用的外包绝缘材料有( )。
(A)无碱玻璃丝带　　(B)聚酰亚胺薄膜　　(C)漆布　　(D)复合材料 NHN

106. 目前使用聚酯纤维热缩带作为外包绝缘主要是利用其( )。
(A)受热后具有一定的热缩性　　　　(B)极高的机械强度
(C)工艺性较好　　　　　　　　　　(D)价格便宜

107. 判定线圈产生断路采用的方法是( )。
(A)测量线圈绝缘电阻　　　　　　(B)测量线圈耐电压
(C)测量线圈导线电阻　　　　　　(D)进行匝间耐压击穿

108. 造成线圈匝间短路的原因有:( )。
(A)电机环火　　　　　　　　　　(B)经过长期运行绝缘老化
(C)线圈表面存在潮气及污物　　　(D)对地绝缘强度低

109. 下列绝缘漆属于无溶剂漆的有( )。
(A)1032 漆　　(B)1053 漆　　(C)T1151 漆　　(D)183 漆

110. 常用浸漆设备有( )。
(A)烘房或烘箱　　(B)浸漆罐　　(C)旋转烘箱　　(D)真空干燥炉

111. 击穿强度的单位为( )。
(A)kV/mm　　(B)kg/cm^2　　(C)kN　　(D)V

112. 电阻率的单位是( )。
(A)Ω　　(B)$\Omega \cdot$ mm^2/m　　(C)MV/m　　(D)A

113. 淬火的目的是提高( )增加耐磨性。
(A)质量　　(B)硬度　　(C)重量　　(D)弹性

114. 下述绝缘材料属于 H 级绝缘材料的有( )。
(A)1159 漆　　(B)1032 漆　　(C)1141 胶　　(D)5231 云母带

115. 绝缘材料的密度是指单位体积中的( )。
(A)质量　　(B)重量　　(C)容量　　(D)浓度

116. 绝缘材料的收缩率是表示冷却状态下的压制零部件与( )相应尺寸的差值。
(A)原材料　　(B)热压模　　(C)设计尺寸　　(D)加工误差

117. 电机温升是指冷却温度为( )时电机各部分的允许温升值。
(A)40 ℃　　(B)25 ℃　　(C)10 ℃　　(D)0 ℃

118. 电晕是指发生在不均匀的、场强很高的电场中的( )现象。
(A)介质击穿　　(B)辉光放电　　(C)匝间短路　　(D)介质极化

119. 常用的绕包线有( )。
(A)纸包线　　(B)漆包线　　(C)薄膜绕包线　　(D)铜母线

120. 电磁线的绝缘性能主要指( )。
(A)漆膜的耐刮性　　　　　　(B)弹性漆包线回弹性
(C)伸长率　　　　　　　　　(D)击穿电压

121. 适用于垫放匝间绝缘的材料有:( )。
(A)填充泥　　(B)无碱带　　(C)粉云母带　　(D)薄膜复合制品

122. 大型电机的线圈拐角及鼻部匝间垫放的 U 形衬垫绝缘主要作用是( )。

(A)加强匝间绝缘强度　　　　　　　　　(B)保证线圈尺寸

(C)增强散热效果　　　　　　　　　　　(D)加强对地绝缘

123.ZD109 牵引电机电枢线圈鼻部匝间绝缘加强方式为（　　　）。

(A)成型前预先加套管　　　　　　　　　(B)包绕包绝缘带

(C)成型后垫放 U 形绝缘　　　　　　　　(D)增加对地绝缘厚度

124.造成磁极线圈断路故障的主要原因有：（　　　）。

(A)焊接工艺不良造成虚焊　　　　　　　(B)线圈污染

(C)匝间绝缘厚度过小　　　　　　　　　(D)导线有毛刺

125.在磁极装配前,利用（　　　）可判断磁极线圈的短路与断路状态。

(A)对地耐压试验　　(B)阻抗检测　　(C)对地绝缘电阻　　(D)匝间耐压试验

126.电机嵌线时（　　　）不是引起电枢线圈匝间短路的主要原因。

(A)敲击过重　　　　　　　　　　　　　(B)线圈在铁心槽内位置不符

(C)铁心毛刺大　　　　　　　　　　　　(D)槽口绝缘破损

127.直流压降法查找电枢短路线圈适用于（　　　）的电枢绕组。

(A)任何电机绕组　　　　　　　　　　　(B)直流电机和交流串励电机

(C)仅适用于直流电机　　　　　　　　　(D)不适用于任何电机

128.电枢线圈修引线头前需要（　　　）。

(A)进行对地耐压试验

(B)将打纱翘起的绝缘及搪锡的锡瘤清理干净

(C)包对地绝缘

(D)匝间热压

129.为了加强端部匝间绝缘通常需在线圈端部匝间（　　　）。

(A)垫放匝间垫条　　　　　　　　　　　(B)匝间刷合适的胶粘剂

(C)增加整体绝缘厚度　　　　　　　　　(D)嵌线时将端部间隙填满

130.苯乙烯在无溶剂漆中的作用是（　　　）。

(A)溶剂　　　　(B)活性稀释剂　　　　(C)漆基　　　　　(D)固化剂

131.真空压力浸漆设备的储漆罐中的绝缘漆温度应保持在（　　　）。

(A)0 ℃以下　　　(B)5 ℃以下　　　　(C)10 以上　　　　(D)20 ℃左右

132.搪锡的目的是（　　　）。

(A)包绝缘方便　　(B)便于连接　　　(C)便于散热　　　(D)提高导电性能

133.槽部电晕的防止可在线圈直线部分半迭包一层（　　　）。

(A)低电阻半导体玻璃丝带　　　　　　　(B)刷绝缘漆

(C)加强槽绝缘　　　　　　　　　　　　(D)提高槽部绝缘电阻

134.高压电机绕组的电晕与周围气体相对密度的关系是（　　　）。

(A)气压下降,起晕电晕下降

(B)气压下降,起晕电晕增高

(C)电晕电压只受周围媒质的影响与气压无关

(D)不受周围媒质的影响

135.根据标准编号方法下述材料哪种为云母制品（　　　）。

(A)1151　　　　　(B)2341　　　　　(C)2840　　　　　(D)5231

136. 用于硅钢片涂覆硅钢片漆的作用是(　　)。
(A)防止硅钢片之间短路　　　　　(B)提高硅钢片对地电阻
(C)提高散热效果　　　　　(D)降低铁心的涡流损耗

137. 高压电机是指额定电压在(　　)以上电动机。
(A)10 000 V　　　(B)1 000 V　　　(C)600 V　　　(D)500 V

138. 工频交流耐压试验在试验品上施加的频率为(　　)。
(A)80 Hz　　　(B)70 Hz　　　(C)60 Hz　　　(D)50 Hz

139. 定子线圈放在槽内的直线部分是线圈的有效部分,称为(　　),主要进行电磁能量转换。
(A)鼻部　　　(B)无效边　　　(C)有效边　　　(D)端部

140. A级绝缘绕组最热点工作温度每超过最高允许工作温度8K,热老化寿命缩短(　　)。
(A)一半　　　(B)1/3　　　(C)1/4　　　(D)1/5

141. 绕组绝缘只有在低于(　　)下使用,才能保障其经济使用寿命和运行可靠性。
(A)工作温度　　　　　(B)最高允许工作温度
(C)最低允许工作温度　　　　　(D)环境温度

142. 图纸中线圈绕制包扎成型后的线性尺寸未注公差时,尺寸分段在3~6 mm区间,极限公差是(　　)。
(A)±0.5 mm　　　(B)±1 mm　　　(C)±1.5 mm　　　(D)±5 mm

143. 下列检测属于无损检测的是(　　)。
(A)工频电压　　　(B)直流电压　　　(C)脉冲电压　　　(D)峰值电压

144. 线圈绝缘包扎用聚酰亚胺薄膜的颜色为(　　)。
(A)黄色　　　(B)金黄色　　　(C)无色　　　(D)白色

145. 下列交流电机的定子线圈制造流程,最为准确的是(　　)。
(A)绕线—张型—包扎绝缘
(B)绕线—包保护带—张型—包扎绝缘
(C)绕线—包保护带—打纱—张型—包扎绝缘—试验
(D)绕线—包保护带—张型—包扎绝缘—试验

146. 磁极线圈的退火温度是(　　)以上。
(A)300 ℃　　　(B)400 ℃　　　(C)500 ℃　　　(D)600 ℃

147. 磁极线圈退火方式采用的是(　　)。
(A)有氧退火　　　(B)真空无氧退火　　　(C)氮气退火　　　(D)氨气退火

148. 数控绕线机在绕制梭形线圈时的拉力是(　　)。
(A)导线盘径越大拉力越大　　　　　(B)导线盘径越小拉力越大
(C)导线盘径越大拉力越小　　　　　(D)导线盘径与拉力无关

149. 热击穿电压随绝缘工作温度上升而(　　)。
(A)上升　　　(B)下降　　　(C)不变　　　(D)无规律变化

150. 在强电场作用下,电介质内部带电质点剧烈运动发生碰撞电离,分子结构破裂或分解,电导增加以致击穿,称(　　)。

(A)电解　　　　　(B)分离　　　　　(C)电击穿　　　　　(D)分裂

151. 绝缘材料中哪种物质对人体伤害最大(　　)。

(A)酒精　　　　　(B)水　　　　　(C)云母粉尘　　　　　(D)胶粘剂

152. 包扎前应穿戴好劳动防护用品,对于上岗证(　　)。

(A)可以不佩戴　　　　　　　　　　(B)一定要正确佩戴

(C)随便塞口袋里　　　　　　　　　(D)拿在手里

153. 直流电枢线圈扒角工序,靠近扒角模具的那根导线(　　)。

(A)最长　　　　　(B)一样长　　　　　(C)最短　　　　　(D)随意组合

154. 直流电枢线圈引线头打扁的厚度与换向器升高片的薄厚有关,下列说法正确的是(　　)。

(A)换向片越薄打扁越厚　　　　　　(B)换向片越薄打扁越薄

(C)换向片越厚打扁越薄　　　　　　(D)换向片越厚打扁越厚

155. 为保证线圈的形状,数控张型机在开始工作要进行(　　)准备工作。

(A)加油　　　　　(B)程序清零　　　　　(C)复位校正　　　　　(D)环境清扫

156. 直流电枢线圈匝间耐压试验采用(　　)。

(A)工频电源　　　　　(B)脉冲电源　　　　　(C)中频电源　　　　　(D)变频电源

157. 考虑到导线的回弹,直流电枢敲形模具的跨距弧度比图纸设计要求的(　　)。

(A)要大　　　　　(B)要小　　　　　(C)可大可小　　　　　(D)与图纸要求一样

158. 磁极线圈匝间绝缘采用玻璃坯布,垫放搭接长度为(　　)。

(A)20 mm　　　　　(B)10 mm　　　　　(C)15 mm　　　　　(D)5 mm

159. 扁绕线圈产生增厚的部位是(　　)。

(A)直线边　　　　　(B)端部　　　　　(C)转角外侧　　　　　(D)转角内测

160. 如果没有特殊要求,手工包扎绝缘叠包度偏差允许范围为(　　)。

(A)3~4 mm　　　　　(B)2~3 mm　　　　　(C)1~2 mm　　　　　(D)4~5 mm

161. 交流电枢线圈引线头间距不一致将影响(　　)。

(A)嵌线　　　　　(B)并头连线　　　　　(C)外观　　　　　(D)试验

162. 交流电枢线圈图纸上给的跨距角度,是(　　)尺寸。

(A)嵌线后槽底　　　　　(B)嵌线时入槽　　　　　(C)嵌线过程　　　　　(D)与嵌线无关

163. 多胶结构的线圈经过对地烘焙后,棱边有飞边毛刺的主要成分是(　　)。

(A)云母　　　　　(B)玻璃丝　　　　　(C)胶粘剂　　　　　(D)四氟漆布

164. 电枢线圈在绝缘包扎完成后,直线段均存在变形现象,需对直线段进行整形,采取的最佳方法是(　　)。

(A)手工敲打　　　　　(B)手工整形　　　　　(C)油压机整形　　　　　(D)气动虎钳整形

165. 磁极线圈在定装过程中,操作不当容易引起(　　)。

(A)匝间短路　　　　　(B)对地短路　　　　　(C)定装后不对称　　　　　(D)励磁电流不稳定

166. 磁极线圈退火后整形,采用的设备是(　　)。

(A)烘箱　　　　　(B)大电流加热机　　　　　(C)气动虎钳　　　　　(D)四柱油压机

167. 采用白布带作为保护带,电枢线圈直线段包扎方式一般为(　　)。

(A)半叠包　　　　　(B)花包　　　　　(C)平包　　　　　(D)随意包扎

168. 同一种交流电枢线圈绕制时允许有不同的形状,为保证最终张型后尺寸一致,要求(　　)。

(A)线圈的长度一样　　　　　　　　　(B)线圈的宽度一样

(C)线圈的周长一样　　　　　　　　　(D)不作要求

169. 高压电机线圈的绝缘包扎最好采用(　　)包扎。

(A)数控包带机　　　(B)手工　　　　　(C)半自动包带机　　　(D)都可以

170. 扁绕线圈在绕制时经常加(　　)以减小摩擦。

(A)水　　　　　　　(B)机油　　　　　(C)汽油　　　　　　(D)润滑液

171. 主极线圈刨倒角是为了(　　)。

(A)美观　　　　　　　　　　　　　　(B)加大电阻

(C)减少定装时尺寸干涉　　　　　　　(D)方便绝缘包扎

172. 主极线圈刨倒角的位置在(　　)。

(A)线圈上平面　　　　　　　　　　　(B)线圈上平面外侧

(C)线圈上平面直线边内测　　　　　　(D)线圈上平面端部

173. 绝缘材料的烘焙温度可以高出耐温等级规定温度(　　)左右。

(A)10 ℃　　　　　(B)20 ℃　　　　　(C)30 ℃　　　　　(D)40 ℃

174. 主极线圈绝缘包扎,经常对绝缘材料进行修剪,具体的位置是(　　)。

(A)线圈的直线边　　(B)线圈内腔 R　　(C)线圈外腔 R　　(D)线圈的端部

175. 气动弯头机适用于(　　)线圈引线的弯头。

(A)主极线圈　　　　(B)换向极线圈　　(C)交流电枢线圈　　(D)直流电枢线圈

176. 直流电枢线圈引线头采用滚扁的方式,公差控制在(　　)范围较好。

(A)0.1～0.2 mm　　(B)0.5～0.8 mm　　(C)1～1.2 mm　　　(D)1.2～1.5 mm

177. 主附极线圈对地热压模中对线圈内长内宽尺寸影响的是(　　)。

(A)底板　　　　　　(B)压圈　　　　　(C)边块　　　　　　(D)模芯

178. 附极线圈对地热压模中对线圈高度尺寸影响的是(　　)。

(A)底板　　　　　　(B)压圈　　　　　(C)边块　　　　　　(D)模芯

179. 线圈的匝间电压大小与(　　)有关。

(A)匝间绝缘的厚度　(B)铜线的厚度　　(C)线圈的匝数　　　(D)线圈的大小

180. 绝缘带在包扎过程中,同种材料的搭接不能少于(　　)。

(A)1 个带宽　　　　(B)1/2 个带宽　　(C)1/3 个带宽　　　(D)1/4 个带宽

181. 相同厚度的绝缘材料,耐压值最高的材料是(　　)。

(A)多胶云母带　　　(B)聚酰亚胺薄膜　(C)浸漆玻璃丝带　　(D)少胶云母带

182. 用二苯醚材料作为匝间绝缘的线圈出现严重的匝短现象,需要拆除匝间绝缘重新处理,采取的最佳措施为(　　)。

(A)直接撬开　　　　　　　　　　　　(B)烘箱加热后拆开

(C)碱水煮沸　　　　　　　　　　　　(D)用中频感应机烧开

183. 下列材料是复合材料的是(　　)。

(A)玻璃丝带　　　　(B)白布带　　　　(C)聚酯热缩带　　　(D)NHN

184. 对地绝缘采用硅橡胶结构的线圈需要（　　）处理。
(A)对地热压　　　　(B)匝间热压　　　　(C)硫化　　　　(D)钠化

185. 平绕主极线圈匝间绝缘通常比导线宽（　　）。
(A)0.5 mm　　　　(B)1 mm　　　　(C)1.5 mm　　　　(D)2 mm

186. 交流定子线圈匝间绝缘通常比导线（　　）。
(A)窄 0.5 mm　　　　(B)窄 1 mm　　　　(C)宽 0.5 mm　　　　(D)宽 1 mm

187. 换向极线圈引线连接孔采用（　　）加工。
(A)手工　　　　(B)冲床　　　　(C)油压机　　　　(D)车床

188. 磁极线圈绕制过程中焊接采用（　　）。
(A)电阻焊　　　　(B)高频焊　　　　(C)氩弧焊　　　　(D)氧气焊

189. 电枢线圈截面尺寸测量最好使用（　　）。
(A)0～150 mm 游标卡尺　　　　(B)钢板尺
(C)0～25 mm 外径千分尺　　　　(D)钢卷尺

190. 0～25 mm 外径千分尺的分度值是（　　）。
(A)0.04 mm　　　　(B)0.03 mm　　　　(C)0.02 mm　　　　(D)0.01 mm

191. 0～150 mm 游标卡尺的分度值是（　　）。
(A)0.04 mm　　　　(B)0.03 mm　　　　(C)0.02 mm　　　　(D)0.01 mm

三、多项选择题

1. 绕组绝缘性能试验项目（　　）可考核产品的安全可靠性。
(A)绕组对地及相间绝缘电阻测定　　　　(B)匝间绝缘试验
(C)绕组对地及相间耐压试验　　　　(D)机械检查

2. 电机工业试验包括（　　）。
(A)机械检查　　　　(B)检查试验　　　　(C)半成品试验　　　　(D)型式试验

3. 电机是电路、磁路、机械转动系统的组合,零部件之间存在（　　）的相互作用。
(A)电　　　　(B)磁　　　　(C)机　　　　(D)热

4. 异步电机主要由（　　）组成。
(A)定子　　　　(B)转子
(C)线圈　　　　(D)定转子之间的气隙

5. 聚酰亚胺具有（　　）性能。
(A)耐磨　　　　(B)耐辐射　　　　(C)耐腐蚀　　　　(D)耐燃烧

6. 耐压试验中绝缘可能发生（　　）,而且三种击穿相互恶性转化加剧。
(A)电击穿　　　　(B)热击穿　　　　(C)放发电击穿　　　　(D)电压

7. NOMEX 纸的特性:（　　）。
(A)机械韧性强度高　　(B)热稳定性高　　　　(C)耐腐蚀　　　　(D)耐燃烧

8. 少胶云母带在包扎时出现的情况,下列说法（　　）是错误的。
(A)云母粉可以大量脱落　　　　(B)云母粉出现断裂
(C)云母粉出现少量的粉状脱落　　　　(D)云母粉整片脱落

9. 磁极线圈绕制通常是以下哪种方式绕制（　　）。

(A)扁绕　　　　　　(B)平绕　　　　　　(C)散绕　　　　　　(D)斜绕

10. 多胶云母热压成型所采用的脱模材料有(　　)。

(A)平纹白布带　　　　　　　　　　(B)聚四氟乙烯玻璃漆布

(C)聚四氟乙烯薄膜　　　　　　　　(D)聚酯薄膜

11. 电枢线圈成型用的保护带(　　)。

(A)平纹白布带　　　　　　　　　　(B)斜纹白布带

(C)聚四氟乙烯薄膜　　　　　　　　(D)聚酯薄膜

12. 现场操作中采用(　　)作为记号笔。

(A)红色　　　　　　(B)蓝色　　　　　　(C)黑色　　　　　　(D)褐色

13. 环氧树脂具有(　　)优良的性能。

(A)收缩率小　　　　(B)粘合性强　　　　(C)化学稳定性好　　　　(D)耐燃烧

14. 线圈制造过程中经常使用的检测工具是(　　)。

(A)外径千分尺　　　(B)游标卡尺　　　　(C)钢卷尺　　　　　(D)钢板尺

15. 线圈外包绝缘通常采用下列(　　)材料。

(A)白布带　　　　　(B)无碱玻璃丝带　　(C)聚酯热缩带　　　(D)无纬带

16. 绕组对地耐压检查通常使用(　　)。

(A)工频电压　　　　(B)直流电压　　　　(C)脉冲电压　　　　(D)变频电压

17. 电工常用的薄膜有(　　)。

(A)少胶云母带　　　(B)聚丙烯薄膜　　　(C)聚酰亚胺薄膜　　(D)聚酯薄膜

18. 大电流加热的作用是(　　)。

(A)使磁极线圈的匝间绝缘材料与导线粘接成整体

(B)使磁极线圈的尺寸更规范

(C)使磁极线圈更加整齐

(D)使磁极线圈的电阻变小

19. 下列说法错误的是(　　)。

(A)相同长度的导线,导线截面越小电阻就越小

(B)相同截面,漆包线的硬度一般大于裸铜线的硬度

(C)相同截面玻璃丝包线的硬度小于薄膜熔敷线的硬度

(D)相同截面薄膜熔敷线的硬度小于裸铜线的硬度

20. 线圈的绝缘采用少胶云母带、聚酰亚胺薄膜带、玻璃丝带,下列说法正确的是(　　)。

(A)少胶云母带包扎时非云母面朝向导线

(B)少胶云母带包扎时云母面朝向导线

(C)聚酰亚胺薄膜应包扎在云母带的外层

(D)玻璃丝带包扎在聚酰亚胺薄膜的外层

21. 磁极线圈匝间刷漆起的作用是(　　)。

(A)填充匝间绝缘的间隙　　　　　　(B)补充对地绝缘

(C)粘接对地云母带　　　　　　　　(D)增加对地绝缘的厚度

22. 铁路牵引电机与风力发电机比较,线圈制造上的区别有(　　)。

(A)牵引电机线圈电阻大于风力发电机线圈

(B)牵引电机线圈绝缘等级高于风力发电机线圈

(C)牵引电机线圈绝缘厚度大于风力发电机线圈

(D)牵引电机线圈几何尺寸小于风力发电机线圈

23. 云母制品按其结构形态和工艺特性分为（　　）。

(A)云母带　　　　　(B)云母板　　　　　(C)云母箔　　　　　(D)NOMEX 纸

24. 裸线检测仪使用的环境要求,下列说法正确的是（　　）。

(A)温度范围 5～40 ℃

(B)当温度上升到 31 ℃时,最大相对湿度为 80%

(C)当温度为 40 ℃时,相对湿度为 50%

(D)只能检测到线圈的表面绝缘,不能检测到线圈的匝间绝缘

25. NHN 复合材料是由（　　）复合而成。

(A)云母　　　　　(B)聚酰亚胺薄膜　　　　　(C)聚酯薄膜　　　　　(D)NOMEX 纸

26. NMN 复合材料是由（　　）复合而成。

(A)云母　　　　　(B)聚酰亚胺薄膜　　　　　(C)聚酯薄膜　　　　　(D)NOMEX 纸

27. 多胶云母带容易出现情况（　　）,禁止使用。

(A)胶多粘手　　　　　(B)分层　　　　　(C)拉丝　　　　　(D)云母断裂

28. 数控绕线机在绕制梭形线圈时的拉力说法错误的是（　　）。

(A)导线盘径越大拉力越大　　　　　(B)导线盘径越小拉力越大

(C)导线盘径越大拉力越小　　　　　(D)导线盘径与拉力无关

29. 绝缘材料中下列那种物质对人体有伤害（　　）。

(A)玻璃丝　　　　　(B)亚胺薄膜　　　　　(C)云母粉尘　　　　　(D)胶粘剂

30. 交流电机定子线圈绕线操作前须检查绕线模具（　　）。

(A)表面状态　　　　　(B)安装　　　　　(C)尺寸　　　　　(D)重量

31. 包扎时,应严格遵守工艺纪律,坚持三按原则（　　）,确保产品质量。

(A)按现场要求　　　　　(B)按工艺文件　　　　　(C)按标准或规程　　　　　(D)按图样

32. 凡上岗员工,必须持有等级证并具有设备（　　）。

(A)培训记录　　　　　(B)操作证　　　　　(C)上岗证　　　　　(D)合格证

33. 线圈绝缘包扎采用的叠包方式有（　　）。

(A)半叠包　　　　　(B)三分之一叠包　　　　　(C)平包　　　　　(D)花包

34. 直流电枢线圈引线头打扁的厚度与换向器升高片的薄厚有关,下例说法错误的是（　　）。

(A)换向片越薄打扁越厚　　　　　(B)换向片越薄打扁越薄

(C)换向片越厚打扁越薄　　　　　(D)换向片越厚打扁越厚

35. 为保证线圈的形状,数控张型机在开始工作要进行（　　）准备工作。

(A)加油　　　　　(B)程序清零　　　　　(C)复位校正　　　　　(D)空载试张

36. 直流电枢线圈制造包含哪些工序（　　）。

(A)平直下料　　　　　(B)弯 U(扒角)　　　　　(C)成型　　　　　(D)绝缘处理

37. 线圈匝间耐压检测使用（　　）电源。

(A)工频　　　　　(B)中频　　　　　(C)脉冲　　　　　(D)变频

38. 双根并绕的线圈,成型后容易出现(　　)。
(A)批量线圈长度不一致　　　　　　　(B)线圈鼻部错位
(C)线圈直线段错位　　　　　　　　　(D)线圈跨距不一致

39. 数控张型机开始工作时应对(　　)进行防护,防止损伤导线绝缘。
(A)鼻销　　　　　(B)夹钳　　　　(C)压力泵　　　　(D)顶弧板

40. 交流线圈鼻部高度不一致将影响到(　　)。
(A)嵌线　　　　　(B)电机的外观　　(C)连线　　　　　(D)机座的热套

41. 交流电枢线圈图纸给出的跨距角度不是(　　)。
(A)嵌线后槽底角度　　　　　　　　　(B)嵌线时的入槽角度
(C)嵌线过程角度　　　　　　　　　　(D)与嵌线无关的角度

42. 多胶结构的磁极线圈对地热压模具经烘焙后,需对模具进行整理(　　)。
(A)模具上的毛刺　　(B)模具上的漆瘤　　(C)紧固螺栓　　　(D)脱模材料

43. 现场区分线圈的标识有以下几种方式(　　)。
(A)随意部位标识
(B)直流流电枢线圈在线圈鼻部用记号笔标识
(C)磁极线圈在直线用记号笔标识
(D)交流电枢线圈在线圈鼻部用记号笔标识

44. 包扎聚酰亚胺薄膜时应注意(　　)。
(A)用力均匀　　　　　　　　　　　　(B)直线段不允许出现皱纸
(C)过叠包　　　　　　　　　　　　　(D)欠叠包

45. 同一种交流电枢线圈绕制时允许有不同的形状,为保证最终张型后尺寸一致,要求(　　)。
(A)线圈的长度一样　　　　　　　　　(B)线圈的宽度一样
(C)线圈在周长一样　　　　　　　　　(D)匝数一样

46. 同一种交流电枢线圈绕制时允许有不同的形状,主要有(　　)。
(A)跑道形　　　　(B)对称棱形　　　(C)O形　　　　(D)不对称T形

47. 搪锡打纱与桌式打纱的区别是(　　)。
(A)搪锡打纱比桌式打纱的效率高　　　(B)搪锡打纱比桌式打纱的精度高
(C)桌式打纱比搪锡打纱的效率高　　　(D)桌式打纱比搪锡打纱的精度高

48. 通常磁极线圈内腔棱边处绝缘最薄弱,需要补强,常用的材料有(　　)。
(A)聚酰亚胺薄膜　　(B)NOMEX纸　　(C)玻璃漆布　　　(D)玻璃布

49. 磁极线圈匝间绝缘处理采用大电流加热,下列说法错误的是(　　)。
(A)铜线截面越大,电流越小　　　　　(B)铜线截面越大,电流越大
(C)铜线截面越小,电流越小　　　　　(D)铜线截面越小,电流越大

50. 首件检验(FAI)的条件有(　　)。
(A)新产品首次批量生产前
(B)产品的技术条件发生变更时
(C)产品的工艺流程发生变更时
(D)产品的工艺方法、材料、生产场地等发生变更时

51. 首检是指在(　　　)等情况下生产的第一件产品及每班次生产的第一件产品。

(A)更换人员　　　　(B)调整工艺　　　　(C)更换产品品种　　　　(D)更换模具

52. 现场状态标识的区域包括(　　　)。

(A)废品区　　　　(B)流转区　　　　(C)合格区　　　　(D)待处理区

53. 现场用计量器具必须有状态标识,标识包括(　　　)。

(A)不合格　　　　(B)合格　　　　(C)限用　　　　(D)禁用

54. 在梭形绕制过程中容易出现的质量问题有(　　　)。

(A)梭形内长尺寸超差　　　　　　　　(B)模具、夹具等毛刺导致梭形绝缘破损

(C)导线匝间错位、松散　　　　　　　(D)未测量线规

55. 使用数控张型机生产定子线圈时,在设备中输入的梭形参数有(　　　)。

(A)梭形的内长　　　　(B)直线长度　　　　(C)上层边的半径　　　　(D)下层边的半径

56. 使用数控张型机制作交流定子线圈时,夹钳的位置与尺寸由(　　　)确定。

(A)直线长度　　　　(B)直线的宽度　　　　(C)直线高度　　　　(D)线圈的长度

57. 使用数控张型机张型时容易出现的问题有(　　　)。

(A)夹钳的宽度和高度调整不合适

(B)弧板调整不合适

(C)梭形内长和线圈成型后长度尺寸输入不合适

(D)直线部分长度尺寸设置不合适

58. 打纱工序易出现的质量问题有(　　　)。

(A)引线头打沙不干净　　　　　　　　(B)引线头打沙不到位

(C)引线头氧化发蓝、发黑　　　　　　(D)因操作不当损伤导线绝缘

59. 定子线圈张型工序需要测量和控制的尺寸包括(　　　)。

(A)直线边的宽度和高度　　　　　　　(B)线圈的直线长度

(C)线圈的总长　　　　　　　　　　　(D)线圈直线边的跨距和角度

60. 在定子线圈绕线工序易出现的质量问题有(　　　)。

(A)梭形不平直　　　　(B)梭形尺寸超差　　　　(C)导线绝缘破损　　　　(D)梭形匝数超差

61. 在定子线圈的绕制过程中造成梭形松散、匝间不齐的原因有(　　　)。

(A)原材料质量问题　　　　　　　　　(B)设备张力值调整不合适

(C)钢卷尺操作者未认真自检　　　　　(D)操作不规范

62. 定子线圈引线头打纱工序对下工序产生的影响(　　　)。

(A)打纱不干净导致引线头焊接不牢

(B)打纱过长,引线头修补过长使线圈端部尺寸大,嵌线排列困难

(C)引线头薄厚不均匀导致焊接不牢

(D)钢丝夹入导线匝间,导致线圈匝短

63. 定子线圈打纱工序易出现的质量问题有(　　　)。

(A)打纱不干净　　　　　　　　　　　(B)打纱长度尺寸超差

(C)未进行防护　　　　　　　　　　　(D)导线绝缘破损

64. 定子线圈弯头工序易出现的质量问题有(　　　)。

(A)引线头间距尺寸超差　　　　　　　(B)导线磕碰伤

(C)引线头"八字形"　　　　　　　　　　　　(D)引线头不平整

65.定子线圈张型工序易出现的质量问题及对下工序的影响有（　　　）。

(A)线圈一致性差下工序嵌线困难,嵌线后端部间隙不均匀,影响外观质量

(B)直线角度、跨距不好下工序嵌线后线圈绝缘破损,电机接地

(C)线圈直线长度短下工序嵌线时易损伤线圈槽口部位绝缘,电机存在接地隐患

(D)导线绝缘破损降低电机的可靠性

66.定子线圈在张型过程中造成导线绝缘破损的原因有（　　　）。

(A)梭形保护带包扎不符合工艺要求　　　(B)张型机鼻部张型工装防护不到位

(C)张型机夹钳尺寸调整不合适　　　　　(D)顶弧板调整过高

67.定子线圈端部绝缘包扎时易出现的质量问题有（　　　）。

(A)绝缘材料来回绕包　　　　　　　　　(B)绝缘材料堆积、尺寸超差

(C)叠包过密或稀包　　　　　　　　　　(D)各层绝缘未按照要求搭接

68.目前用于电枢线圈鼻部成型的设备有（　　　）。

(A)鼻部成型机　　　(B)气动弯U机　　　(C)气动扒角机　　　(D)自动成型机

69.判定直流电枢线圈下料工序产品质量合格的标准有（　　　）。

(A)导线绝缘完好,无漏铜、缺肉　　　　　(B)下料尺寸符合产品的工艺要求

(C)工具摆放整齐有序　　　　　　　　　(D)模具清洁干净

70.电枢线圈导线冲弯时的注意事项有（　　　）。

(A)禁止二次冲弯　　　　　　　　　　　(B)大小U形的冲弯方向不同

(C)安装冲弯模时切记切断电源　　　　　(D)靠山尺寸测量要正确

71.电枢线圈引线头滚扁后的标准和要求有（　　　）。

(A)引线头厚度为1.85～2.03 mm

(B)引线头光滑、无毛刺

(C)同一线号导线的刀口颈根部不齐度不大于1 mm

(D)刀口平直,不倾斜,无鼓包

72.电枢线圈制作中对引线头采取打扁和滚扁正确的说法是（　　　）。

(A)平放结构的线圈采用打扁工艺　　　　(B)平放结构的线圈采用滚扁工艺

(C)竖放结构的线圈采用打扁工艺　　　　(D)竖放结构的线圈采用滚扁工艺

73.吊运产品或货物时,以下（　　　）情况禁止使用。

(A)放线架吊耳有裂纹或变形　　　　　　(B)钢丝绳吊钩没有挂好

(C)钢丝绳磨损断丝　　　　　　　　　　(D)挂钩磨损严重

74.使用桥式起重机调运产品或货物时应注意（　　　）。

(A)操作中要始终做到稳起、稳行、稳落

(B)在靠近邻车或接近人时必须及时打铃告警

(C)桥式起重机在行走和起落时,必须发出信号,警告地面人员离开

(D)调运物件要走运行道,不准从人员和设备上方调运和停留

75.设备事故的三级包括（　　　）。

(A)一般事故　　　　(B)较大事故　　　　(C)重大事故　　　　(D)特大事故

76.工装的颜色一般为（　　　）。

(A)A 类,红色　　　(B)B 类,蓝色　　　(C)C 类,黄色　　　(D)D 类,白色

77. 环境清洁度对绝缘结构的影响有(　　　)。

(A)杂质会使线圈绝缘强度降低

(B)灰尘会使线圈运行可靠性降低

(C)灰尘和导电微粒对线圈没有影响

(D)导电微粒可导致线圈绝缘强度降低甚至破坏

78. 绝缘绕包方式有(　　　)。

(A)手工绕包　　　(B)整形　　　(C)对地包扎　　　(D)机械绕包

79. 线圈复型的目的是(　　　)。

(A)纠正错位和变形　　　　　　　　(B)为下工序电机嵌线提供便利

(C)使线圈引线头端部和鼻部形状规范统一　　(D)容易造成线圈破损

80. 不合格产品的评审处理意见有(　　　)。

(A)返工　　　(B)返修　　　(C)降级使用　　　(D)让步接收

81. 考核质量工资内容重点是(　　　)。

(A)提升产品实物质量　　　　　　　(B)提高产品质量指标

(C)改善员工的质量意识　　　　　　(D)提高产品一次交检合格率

82. 电气设备发生火警,扑救时应注意(　　　)。

(A)迅速切断电源　　　　　　　　(B)使用干粉灭火器灭火

(C)用水灭火　　　　　　　　　　(D)未切电源开始灭火

83. 扁绕线圈在绕制时经常加润滑液的作用是(　　　)。

(A)防止铜线氧化　　(B)减小摩擦　　　(C)增加润滑　　　(D)清洗铜线

84. 电枢线圈引线头的加工方式有(　　　)。

(A)冲弯　　　(B)打扁　　　(C)切边　　　(D)滚扁

85. 发电机的励磁线圈匝间绝缘材料与直流电机励磁线圈匝间绝缘材料相比较有(　　　)区别。

(A)耐压强度更好　　　　　　　　(B)机械强度更好

(C)耐温等级更好　　　　　　　　(D)粘接强度更好

86. 主极线圈绝缘包扎,经常对线圈内腔 R 绝缘材料进行修剪,目的是(　　　)。

(A)美观　　　　　　　　　　　　(B)方便后续操作

(C)减少积压材料堆积　　　　　　(D)保证线圈的尺寸

87. 线圈绝缘包扎采用浸漆玻璃丝带的优势为(　　　)。

(A)增加玻璃丝带的机械强度　　　(B)提高操作的工艺性

(C)提升线圈的外观质量　　　　　(D)增强线圈的电气强度

88. 判断设备状态时可根据(　　　)进行。

(A)声音　　　(B)运行轨迹　　　(C)异常动作　　　(D)异常气味

89. 绕线过程所用润滑液作用是(　　　)。

(A)润滑设备　　(B)降低模具发热　　(C)降低设备发热　　(D)润滑导线

90. 影响线圈电阻值的有(　　　)因素。

(A)导线截面积　　(B)导线电阻率　　(C)线匝毛刺　　　(D)匝间绝缘强度

91. 一支主极线圈的电阻值不正常,阻值偏小可能是出现(　　)。

(A)少绕匝数　　　　　　　　　　　　(B)铜线的电阻率偏大

(C)匝间短路　　　　　　　　　　　　(D)对地击穿

92. 一支交流定子线圈的电阻值偏大可能是(　　)。

(A)铜线的电阻率偏大　　　　　　　　(B)梭形尺寸长

(C)匝间短路　　　　　　　　　　　　(D)对地击穿

93. 下列绝缘材料需要低温储存的有(　　)。

(A)NOMEX 纸　　　(B)聚酰亚胺薄膜　　(C)二苯醚坯布　　(D)云母带

94. 下列绝缘材料需要常温储存的有(　　)。

(A)NOMEX 纸　　　(B)玻璃丝带　　　　(C)少胶云母带　　(D)聚酰亚胺薄膜

95. 属于复合材料的有(　　)。

(A)玻璃丝带　　　　(B)云母带　　　　　(C)玻璃布板　　　(D)HN

96. 整台电机的梭形线圈绕长了,可能引起(　　)。

(A)嵌线后三相电阻不平衡　　　　　　(B)单项电阻值超差

(C)线圈端部、鼻部超长影响装配　　　(D)没有引起任何问题

97. 电机的绝缘电阻低,与操作过程的哪些环节有关(　　)。

(A)浸漆的真空度　　　　　　　　　　(B)云母带包扎松弛

(C)云母带包扎过密　　　　　　　　　(D)云母带包扎过稀

98. 工装模具的使用者要做到"三好","三好"的内容有(　　)。

(A)管理好　　　　　(B)使用好　　　　　(C)保养好　　　　(D)维护好

99. 操作者对数控绕线机进行润滑,操作方法正确的有(　　)。

(A)润滑前各润滑部位应彻底清理擦拭

(B)各外漏导轨必须保持清洁并保持润滑油膜干净

(C)各滑动轨道嘴处加注钙基油脂,每周加注一次

(D)转臂上左右滚珠丝杆油嘴处加注钙基油脂,每周加注一次

100. 使用风砂轮机,操作者个人安全防护要求有(　　)。

(A)必须戴好防护眼镜　　　　　　　　(B)不用戴防护眼镜

(C)要有坚固的防护罩　　　　　　　　(D)可以戴眼镜也可以不戴

101. 电气试验人员个人安全防护要求有(　　)。

(A)必须穿戴绝缘鞋　　(B)穿拖鞋　　　　(C)穿工作服　　　(D)必须戴绝缘手套

102. 安全生产方针是(　　)。

(A)安全第一　　　　(B)预防为主　　　　(C)综合治理　　　(D)质量第一

103. 多胶云母对地热压使用的脱模材料有(　　)。

(A)玻璃丝布　　　　　　　　　　　　(B)四氟漆布

(C)聚四氟乙烯酯薄膜　　　　　　　　(D)白布带

104. 使用聚酯纤维热缩带作为外包绝缘主要是利用其(　　)。

(A)受热的热缩性　　　　　　　　　　(B)极高的机械强度

(C)工艺性较好　　　　　　　　　　　(D)价格便宜

105. 浸漆过程中使用的设备有(　　)。

(A)烘箱　　　　　　(B)浸漆灌　　　　　　(C)桥式起重机　　　(D)干燥炉

106. 电磁线入厂检测指标有(　　　)。

(A)电性能　　　　　(B)延伸率　　　　　　(C)电阻率　　　　　(D)线规

107. 数控绕线机的绕线模的 R 角通常尺寸有(　　　)。

(A)$R5$　　　　　　(B)$R7.5$　　　　　(C)$R12.5$　　　　(D)$R15$

108. 数控绕线机的张力设定的种类有(　　　)。

(A)送线阻尼　　　　(B)放线盘阻尼　　　　(C)启动阻尼　　　　(D)输出阻尼

109. 数控绕线机的转臂突然停止转动,故障原因有(　　　)。

(A)安全开关触发　　　　　　　　　　　(B)压缩空气压力低

(C)电源未通　　　　　　　　　　　　　(D)控制线路有问题

110. 绕线时,梭形线圈首件检验的项目有(　　　)。

(A)导线线规　　　　(B)梭形长度　　　　　(C)匝数　　　　　　(D)外观是否有破损

111. 大电流热压的作用是(　　　)。

(A)线圈匝间排列整齐　　　　　　　　　(B)线圈匝间粘接牢固

(C)线圈匝间充满绝缘漆　　　　　　　　(D)线圈成为一个整体

112. 换向器升高片中可嵌入的线圈为(　　　)。

(A)主极线圈　　　　(B)电枢线圈　　　　　(C)换向极线圈　　　(D)均压线

113. 定子线圈的外包绝缘通常使用(　　　)。

(A)无碱玻璃丝带　　(B)白布带　　　　　　(C)聚酯热缩带　　　(D)无碱玻璃丝粘带

114. 单边热压机可作用于(　　　)线圈。

(A)主极线圈　　　　(B)换向极线圈　　　　(C)电枢线圈　　　　(D)补偿线圈

115. 换向极线圈在制作的过程中可能使用(　　　)模具。

(A)敲形模　　　　　(B)对地热压模　　　　(C)整形模　　　　　(D)绕线模

116. 定子线圈弯头工序易出现的质量问题有(　　　)。

(A)引线头间距尺寸超差　　　　　　　　(B)导线磕碰伤

(C)引线头"八字形"　　　　　　　　　　(D)引线头不平整

117. 线圈正确的标识包括(　　　)。

(A)产品代号　　　　(B)操作者工号　　　　(C)PC 表编号　　　　(D)产品名称

118. 大电流热压工艺使用的工艺辅料有(　　　)。

(A)聚酯薄膜　　　　　　　　　　　　　(B)聚四氟乙烯玻璃布

(C)平纹白布带　　　　　　　　　　　　(D)聚酯热缩带

119. 交流定子线圈复型的目的是(　　　)。

(A)保证直线段长度一致　　　　　　　　(B)保证引线的一致性

(C)纠正错位　　　　　　　　　　　　　(D)保证端部、鼻部形状一致性

120. 以下(　　　)可能影响电机温升的因素。

(A)选择绝缘材料的耐热等级不够　　　　(B)电机的通风不好

(C)电机运行的环境温度高　　　　　　　(D)绕组导线的截面走下差

121. 均压线制造过程中使用的工装设备有(　　　)。

(A)下料机　　　　　(B)成型模　　　　　　(C)包带机　　　　　(D)单边热压机

122. 高压电机定子线圈外包绝缘处理方式有(　　)。

(A)直线段外包低阻带　　　　　　　(B)直线段外包高阻带

(C)端部外包低阻带　　　　　　　　(D)端部外包高阻带

123. 电枢线圈(　　)尺寸影响嵌线。

(A)线圈总长　　　　　　　　　　　(B)直线段长度

(C)直线段截面尺寸　　　　　　　　(D)跨距

124. 数控绕线机的转臂不能转动的故障,故障原因有(　　)。

(A)电源未通　　　　　　　　　　　(B)控制线路连线情况不良

(C)平移气缸未退回　　　　　　　　(D)安全开关触发

125. 操作包带机前需调节(　　)。

(A)叠包度　　　　(B)转速　　　　(C)链轮的松紧　　　　(D)绝缘带的张紧力

126. 对交流定子线圈绕线对模具有(　　)方面的要求。

(A)光滑　　　　(B)清洁　　　　(C)重量　　　　(D)形状

127. 下面对云母带的说法正确的有(　　)。

(A)少胶云母带浸透性不好　　　　　(B)多胶云母带浸透性不好

(C)少胶云母带浸透性好　　　　　　(D)多胶云母带浸透性好

128. 多匝绕制的定子线圈电磁线线规走上偏差对电机有(　　)影响。

(A)电机温升增大　　　　　　　　　(B)电机的温升降低

(C)线圈嵌线困难　　　　　　　　　(D)线圈尺寸超差

129. 大电流热压机可作用于(　　)线圈。

(A)主极线圈　　　　(B)换向极线圈　　　　(C)电枢线圈　　　　(D)补偿线圈

130. 多胶云母结构的主极线圈在套极时出现接地现象,返修方案包括(　　)。

(A)烘箱加热后拆除对地绝缘　　　　(B)烘箱加热后拆除匝间绝缘

(C)重新进行对地绝缘处理　　　　　(D)重新进行匝间绝缘处理

131. 下面属于直流电机出厂试验项目的是(　　)。

(A)长时温升　　　　(B)效率　　　　(C)超速　　　　(D)换向

132. 直流电机的换向器升高片与引线头焊接不良时,将会(　　)。

(A)换向回路的电阻增大　　　　　　(B)使接触电阻增大

(C)支路电流不平衡,不利换向　　　(D)支路电势不平衡

133. 交流电机定子线圈制造所使用的设备有(　　)。

(A)数控绕线机　　　(B)数控张型机　　　(C)浪涌检测仪　　　(D)烘箱

134. 并励直流发电机的铜损耗主要包括(　　)的损耗。

(A)连线　　　　(B)换向绕组　　　　(C)励磁绕组　　　　(D)电枢绕组

135. 扁绕磁极线圈的特点包括(　　)。

(A)散热好　　　　(B)不易变形　　　　(C)生产周期长　　　　(D)工艺复杂

136. 平绕磁极线圈的特点包括(　　)。

(A)散热好　　　　(B)工艺复杂　　　　(C)不易变形　　　　(D)散热差

137. 数控绕线机回零操作有(　　)。

(A)转绕回零　　　　(B)转臂回零　　　　(C)送线回零　　　　(D)空转回零

138. 铁心压装的工艺参数是(　　　)。

(A)直径　　　　　　　(B)压力　　　　　　　(C)铁心长度　　　　　　(D)铁心重量

139. 电机制造所用的原材料除一般的金属材料外,还有(　　　)材料。

(A)导电　　　　　　　(B)导磁　　　　　　　(C)绝缘　　　　　　　　(D)导热

140. 轴的实际尺寸小于相配合孔的实际尺寸时,此配合可能是下面哪些配合(　　　)。

(A)间隙配合　　　　　(B)过渡配合　　　　　(C)过盈配合　　　　　　(D)无法确定

141. 通过(　　　)可以提高直流电机转速。

(A)提高电枢电压　　　(B)增大励磁电流　　　(C)减小电枢电压　　　　(D)减小励磁电流

142. 属于电机槽满率高的优点的是(　　　)。

(A)绕组排列好　　　　　　　　　　　　　　　(B)容易散热

(C)电机空间相对利用率高　　　　　　　　　　(D)容易嵌线

143. 包带机对绝缘材料的(　　　)有要求限制。

(A)带盘的大小　　　　(B)绝缘带的宽度　　　(C)带盘的重量　　　　　(D)带盘的卷芯

144. 下面说法属于单层绕组的特点的是(　　　)。

(A)槽利用率高　　　　　　　　　　　　　　　(B)整个绕组的线圈数等于总槽数

(C)同一槽内导体均属同一项　　　　　　　　　(D)整个绕组的线圈数等于总槽数的一半

145. 交流电枢线圈在制作的过程中可能使用(　　　)模具。

(A)敲形模　　　　　　(B)对地热压模　　　　(C)整形模　　　　　　　(D)绕线模

146. 下列参数与绝缘电阻有关的有(　　　)。

(A)涡流损耗　　　　　(B)吸收比　　　　　　(C)谐波因数　　　　　　(D)极化指数

147. 淬火的目的是(　　　)。

(A)提高重量　　　　　(B)提高硬度　　　　　(C)提高耐磨性　　　　　(D)提高弹性

148. 机床电气线路图可以用(　　　)表示。

(A)原理图　　　　　　(B)接线图　　　　　　(C)机械图　　　　　　　(D)示意图

149. 下面说法正确的是(　　　)。

(A)电枢绕组是直流电机的电路部分

(B)电枢绕组是直流电机实现能量转换的枢纽

(C)电枢绕组在磁场旋转时,其内变感应电动势

(D)电弧绕组通过电流时,在磁场中受到电磁转矩的作用

150. 铁心中涡流损耗与硅钢片厚度有关,(　　　)说法正确。

(A)硅钢片越薄,涡流损耗越大　　　　　　　　(B)硅钢片越薄,涡流损耗越小

(C)硅钢片越厚,涡流损耗越大　　　　　　　　(D)硅钢片越厚,涡流损耗越小

151. 线圈成型影响嵌线的因素有(　　　)。

(A)线圈端部短　　　　(B)线圈顶弧部位　　　(C)线圈直线端　　　　　(D)直线截面成菱形

152. 属于不合格产品的评审处理意见有(　　　)。

(A)返修　　　　　　　(B)报废　　　　　　　(C)降级使用　　　　　　(D)让步接收

153. 线圈张型时鼻部导线破损的原因(　　　)。

(A)鼻部工装有毛刺　　　　　　　　　　　　　(B)成型时鼻销穿破导线

(C)未按工艺喷润滑剂　　　　　　　　　　　　(D)夹钳不到位

154. 数控绕线机的转臂突然停止转动,故障排除的方法(　　)。
(A)移去触发源　　　　　　　　　　　(B)提高压缩空气压力 5～6 MPa
(C)关电源,重新启动　　　　　　　　(D)校正接线

155. 真空压力浸漆过程中真空的作用是排除绝缘层中的(　　)。
(A)水分　　　　　(B)胶粘剂　　　　　(C)杂质　　　　　(D)空气

156. 影响产品质量的主要因素有(　　)环。
(A)人　　　　　(B)机　　　　　(C)料　　　　　(D)法

157. 铁心扇张现象在运行中振动力作用下,会发生(　　)情况。
(A)漏磁　　　　　(B)损坏线圈　　　　　(C)发热　　　　　(D)噪声

158. 铁心在整形过程使用的工装一般有(　　)。
(A)整形棒　　　　　(B)定位棒　　　　　(C)通槽棒　　　　　(D)测量工装

159. 变压器油通常作用是(　　)。
(A)作为变压器的相与相之间的绝缘用　　(B)作为变压器相与地之间的绝缘用
(C)通过油在受热后的对流作用　　　　　(D)强迫油循环的方法散热

160. 判断一种定子线圈是否在某种张型机上生产需要考虑的参数有(　　)。
(A)端部长度　　　　　　　　　　　　(B)鼻部角度
(C)直线夹钳尺寸　　　　　　　　　　(D)线圈直线长和总长

161. 电枢线圈的摆放层数应考虑(　　)因素。
(A)线圈的重量　　(B)线圈的跨距　　(C)线圈的长短　　(D)鼻部高度

162. 数控张型机的开工时的准备(　　)。
(A)领取合格的梭形线圈　　　　　　　(B)设备擦拭干净
(C)准备好模具　　　　　　　　　　　(D)不用准备

163. 发电机的电枢绕组是(　　)。
(A)产生旋转磁场　　　　　　　　　　(B)电机能量转换的枢纽
(C)产生电磁转矩　　　　　　　　　　(D)产生感应电势

164. 双根并排绕线圈成型时端部错位,原因有(　　)。
(A)绕线时拉力不均　　(B)端部包扎不紧　　(C)设计原因　　(D)其他

165. 机械配合可分为(　　)。
(A)过渡配合　　　　(B)过盈配合　　　　(C)装配配合　　　　(D)间隙配合

166. 直流电枢线圈在制作的过程中可能使用(　　)模具。
(A)敲形模　　　　(B)对地热压模　　　　(C)整形模　　　　(D)绕线模

167. 线圈引线头成型用到(　　)设备。
(A)打纱机　　　　(B)冲床　　　　(C)气动弯头机　　　　(D)油压机

168. 无纬玻璃丝带绑扎相对于钢丝绑扎优点有(　　)。
(A)减少端部漏磁　　　　　　　　　　(B)增加绕组的爬电距离
(C)工艺简单、工艺性好　　　　　　　(D)延伸率比钢丝低

169. 多匝绕制的定子线圈电磁线线规走下偏差对电机有(　　)影响。
(A)电机温升增大　　　　　　　　　　(B)电机的温升降低
(C)线圈嵌线困难　　　　　　　　　　(D)线圈尺寸超差

170. 电机的铁心冲片形状一般有（　　）。

(A)圆形　　　　　　(B)矩形　　　　　　(C)扇形　　　　　　(D)三角形

171. 双根并排绕线圈成型时鼻部错位，原因有（　　）。

(A)绕线时拉力不均　　　　　　　　(B)设计原因

(C)端部包扎不紧　　　　　　　　　(D)端部顶弧不到位

172. 线圈制造过程中用到的焊接方式有（　　）。

(A)氩弧焊　　　　　　(B)高频焊　　　　　　(C)电阻焊　　　　　　(D)气焊

173. 线圈成型时直线夹钳调整过松会导致线圈（　　）。

(A)直线与端部的拐角 R 大　　　　　(B)导线截面有压痕

(C)线圈直线尺寸短　　　　　　　　(D)线圈直线截面呈菱形

174. 冲床在线圈制造过程中主要作用是（　　）。

(A)引线头打纱　　(B)引线头折弯　　(C)引线头冲孔　　(D)引线头打扁

175. 绕线工序决定磁极线圈（　　）尺寸。

(A)长度　　　　　　(B)高度　　　　　　(C)宽度　　　　　　(D)引线长度

176. F级绝缘结构允许的工作温度为（　　）。

(A)180 ℃　　　　　(B)150 ℃　　　　　(C)130 ℃　　　　　(D)105 ℃

177. 线圈成型时直线夹钳调整过紧会导致线圈（　　）。

(A)直线与端部的拐角破损　　　　　(B)导线截面有压痕

(C)线圈直线不直　　　　　　　　　(D)线圈角度不好尺

178. 铁心冲片绝缘处理有（　　）方法。

(A)喷涂云母粉　　(B)涂绝缘漆　　　(C)表层氧化　　　(D)无需绝缘处理

179. 数控绕线机开工前的准备工作有（　　）。

(A)安装模具　　　　　　　　　　　(B)回零操作

(C)挡位确认　　　　　　　　　　　(D)设置模具的中心距离

180. 铁心在整形过程使用的工装一般有（　　）。

(A)整形棒　　　　　　(B)定位棒　　　　　(C)通槽棒　　　　　(D)测量工装

181. 直流电机的换向过程会受到（　　）等各种因素的影响。

(A)机械　　　　　　(B)电化学　　　　　(C)电热　　　　　　(D)电磁

182. 下列说法正确的是（　　）。

(A)主极线圈比换向极线圈工艺简化

(B)磁极线圈比交流电枢线圈匝短率高

(C)交流电枢线圈比直流电枢线圈工艺复杂

(D)交流电枢线圈比直流电枢线圈工艺简化

183. 生产工人在工作中应该做到（　　）生产。

(A)按标准　　　　　(B)按图纸　　　　　(C)按工艺　　　　　(D)按计划

184. 支架绝缘的作用（　　）。

(A)增加绕组对地电气绝缘强度　　　(B)增加绕组匝间绝缘强度

(C)保护绕组绝缘不受损伤　　　　　(D)增加绕组相间绝缘强度

185. 电机工作时线圈要受到（　　）的综合作用。

(A)磁通　　　　　(B)温度　　　　　(C)机械振动　　　　(D)电场

186. 线圈转序时应轻拿轻放,层间注意摆放防护材料,目的是(　　)。

(A)防止导线磕碰　　(B)防止绝缘损伤　　(C)方便转运　　　(D)防止线圈变形

187. 铁心的通风系统有(　　)。

(A)轴向　　　　　(B)径向　　　　　(C)轴向径向混合通风(D)没有通风道

188. 数控张型机进行设备调试时,需要更换的工装有(　　)。

(A)鼻部工装　　　(B)顶弧工装　　　(C)直线夹钳工装　　(D)鼻部角度

四、判 断 题

1. 大电流热压主要应用于磁极线圈的对地绝缘处理。(　　)

2. 绕组绝缘在制造中难免受到损伤,半成品的试验电压须比成品适当提高。(　　)

3. 无纬带绑扎相对于非磁性钢丝绑扎优点是减少涡流现象产生。(　　)

4. 图纸中线圈绕制包扎成型后的线性尺寸未注公差时,尺寸分段在 400～1 000 mm 区间,极限公差是±0.25 mm。(　　)

5. 主极线圈对地热压模具的模芯影响线圈的内腔尺寸。(　　)

6. 线圈的绝缘厚度与承受的电压成反比。(　　)

7. 直流电枢线圈引线头打扁厚度尺寸,是与换向器片数多少有关。(　　)

8. 交流定子线圈梭形绕制有方向要求。(　　)

9. 开拓创新不仅要有创新意识和科学思维,而且还要有坚定的信心和意志。(　　)

10. 少胶云母带包扎的线圈需要装模具热压成型后完成绝缘处理。(　　)

11. 精轧处理的铜线比冷拉处理的铜线硬度大。(　　)

12. 用剖切平面局部地剖开机件所得的剖视图称为半剖视。(　　)

13. 电机的轴、端盖等具有互换性,电机整机不具有互换性。(　　)

14. 公差等于最大极限尺寸与最小极限尺寸的代数差。(　　)

15. 制造零件的公差越小越好。(　　)

16. 一般在电机中,转子铁心与轴的配合为静配合。(　　)

17. 聚酰亚胺薄膜容易产生静电,吸附杂质。(　　)

18. 零件加工表面结构要求越低,生产成本就越高。(　　)

19. 绝缘材料的导电率随环境温度的增大而增大。(　　)

20. 银的导电性比铜的导电性差,所以铜在电机制造上得到了广泛应用。(　　)

21. 聚酰亚胺薄膜绕包线具有良好的耐热性、耐低温性、耐化学性、耐油性、耐水性、耐辐射性和耐电性等优点。(　　)

22. 降低线圈的鼻部高度可以增大定子嵌线后线圈形成的喇叭口。(　　)

23. 非线性电阻的伏安关系特性曲线是一条直线。(　　)

24. 线性电阻的伏安关系特性曲线是一条直线。(　　)

25. 直流电枢线圈下料长度不够时可以焊接。(　　)

26. 散绕制线圈绕线完成后不需要作匝间耐压试验。(　　)

27. 电路中任意两点间的电压降等于从其假定的高电位端沿任一路径到其低电位端时,途中各元件的电压降之和。(　　)

28. 平绕线圈在绕线完成后再进行退火处理。（　　）

29. 在线性电路中,叠加原理能够适用于电压、电流和电功率的计算。（　　）

30. 交流电机线圈图纸给出跨距角度就是嵌线时的跨距角度。（　　）

31. 通常说的 1 kWh 可以这样理解:额定功率为 1 kW 的电器在额定状态下工作 1 h,所消耗的电能。（　　）

32. 双根并绕的交流电枢线圈容易出现错位现象。（　　）

33. 在铁心中存在交变磁通时会产生涡流,使铁心发热。（　　）

34. 为了减少线路损耗,应把输电线做得更细一些。（　　）

35. 磁感应强度（磁力）线是无头无尾、连续的闭合曲线,每根磁感应强度（磁力）线都不与任何其他磁感应强度线相交。（　　）

36. 铁磁物质的被磁化能力与温度有关,温度增加被磁化能力加强。（　　）

37. 成品线圈匝间耐压试验一律采用脉冲电压检测。（　　）

38. 电容和电感元件都是储能元件,电容储存的是电磁能,电感储存的是电场能。（　　）

39. 当穿过线圈的磁通发生变化时,在线圈中就会产生感应电动势,磁场变化的趋势不同,感应电动势的方向不随之改变。（　　）

40. 线圈中的感应电动势方向与穿过线圈的磁通方向符合右手螺旋定则。（　　）

41. 直流电枢线圈引线头打扁的厚度与换向器升高片的薄厚有关。（　　）

42. 如果载流导体与磁场方向平行,导体受电磁力为零。（　　）

43. 电气设备的视在功率越大,其功率因数也一定越高。（　　）

44. 变压器是一种将交流电转换为同频率、不同电压等级的静止电器。（　　）

45. 变压器工作中能量通过磁场的耦合由电源传递给负载。（　　）

46. 某 RC 串联电路为电容性,与其等效的并联电路也一定是电容性。（　　）

47. 某电路的阻抗 $Z=3+\mathrm{j}4\ \Omega$,则导纳为 $Y=\dfrac{1}{3}+\mathrm{j}\dfrac{1}{4}$ S。（　　）

48. RLC 串联电路产生谐振与元件参数 R、L、C 有关,与电源的频率无关。（　　）

49. RLC 串联电路产生谐振时,电路阻抗最小,电流最大。（　　）

50. 星形联接的对称三相电路中,线电压等于相电压,线电流等于相电流。（　　）

51. 三相四线制中,开关和熔丝是接在中线上的。（　　）

52. 单向整流电路只有桥式整流一种电路。（　　）

53. 单相桥式整流电路中二极管具有双向导电性。（　　）

54. 直流电机的主极磁场绕组的匝数少,导线截面较大。（　　）

55. 直流电机电刷组的数目一般等于主极的数目。（　　）

56. 环火是指直流电机正、负电刷间被很长的强烈电弧所短路。（　　）

57. 异步电动机的笼形转子的极数恒等于定子绕组的极数,与转子导条的数目无关。（　　）

58. 同步电机的励磁系统是由交、直流双边励磁的,转子主极磁场是由直流励磁产生的,电枢反应磁场是由交流电产生的。（　　）

59. 脉流电机的补偿线圈一般与换向极线圈并联。（　　）

60. 平绕线圈匝间绝缘宽度大于导线宽度。（　　）

61. 无论是叠绕组或波绕组,每一换向片上都接有相邻两个线圈或元件的前者尾端和后者首端。(　　)

62. 交流低电压电机散嵌绕组匝间不必进行匝间绝缘试验。(　　)

63. 同步发电机励磁线圈一般装配在机座上。(　　)

64. 单波绕组电机不需要均压线。(　　)

65. 脉流电动机的补偿线圈与电枢线圈串联,其主要作用是防止环火。(　　)

66. 由于铝的导电性能比较好,因此牵引电机磁极线圈广泛的采用铝导线。(　　)

67. 用裸铜线绕制作的平绕磁极线圈,其匝间绝缘是在线圈绕制成型后再进行匝间绝缘处理。(　　)

68. 平绕线圈在制作过程中,匝与匝之间的密实性和导线的平整性与压力滚轮的压力相关,根据导线厚度不同,其滚轮压力的大小也将不同。(　　)

69. 多胶云母结构匝间处理时刷漆是为了补强对地绝缘。(　　)

70. 扁绕磁极线圈在绕制时,一般要求绕线模的绕线柱两端头长度尺寸等于或小于线圈图纸要求的内框长度尺寸。(　　)

71. 扁绕磁极线圈的成型结构中,在线圈 R 角处的扁弯绕角度,主要有 $90°$(线圈为四中心)和 $180°$(线圈为两中心)。(　　)

72. 平绕线圈引线头成型工艺方法,主要采用的是自动成型。(　　)

73. 在对平绕线圈进行绕制时,线圈绕制与垫匝间绝缘是同时进行的。(　　)

74. 扁绕磁极线圈导线的硬度不同,对整形质量没有影响。(　　)

75. 扁绕磁极线圈绕制质量的好坏,对整形质量有着直接的影响。(　　)

76. 铜线退火温度过高或过低时,对线圈质量不会有影响。(　　)

77. 当铜线退火后,铜材组织结构中出现晶粒粗大,是退火温度偏低造成的。(　　)

78. 牵引电机线圈制造中,一般要求导线铜的含量在 99.9% 以上。(　　)

79. TBR 扁铜线的电阻系数在温度为 20 ℃时,不大于 0.017 48 $\Omega \cdot mm^2/m$。(　　)

80. 脉流电机补偿线圈,在绕制过程中出现弧度和匝间回弹过大时,一般是导线较硬和绕制方法或模具使用不当造成的。(　　)

81. 补偿线圈绕制过程中,必须保证导线与模体、导线与导线间服帖。(　　)

82. 线圈引线头搪锡,主要是为了提高引线头的外观质量及焊接质量。(　　)

83. 线圈引线头搪锡前要进行除氧处理和涂松香酒精溶液,其目的是便于搪锡和提高搪锡质量。(　　)

84. 磁极线圈内框尺寸大,线圈套极后对线圈散热有好处。(　　)

85. 线圈与磁极铁心配合间隙比较小时,一般采取的是先对线圈加热然后进行套极,这种套极的方法应用的是热胀冷缩的原理。(　　)

86. 直流发电机在运行时,其电枢线圈所感应的电势为直流电。(　　)

87. 直流电机电枢绕组普遍采用的绕组结构形式为长距绕组。(　　)

88. 直流电枢线圈的鼻部成型,只有一种成型方式即弯 U 成型。(　　)

89. 单迭绕组和单波绕组在结构和工艺制作上是相同的。(　　)

90. 数控张型机的夹钳是造成导线绝缘破损的唯一原因。(　　)

91. 耐电晕聚酰亚胺薄膜比普通的聚酰亚胺薄膜机械强度高。(　　)

92. 采用锡炉加热,然后在打纱机上去除引线头绝缘的方法,该方法生产效率高,但打纱精度低。（　　）

93. 用于张型的交流电机定子线圈,其梭形线圈一般用扁电磁线绕制的,但也有的用圆电磁线等导线绕制而成。（　　）

94. 当交流定子线圈的导线薄而宽时,在张型过程中,线圈的转角处易产生"鼓包"现象。（　　）

95. 如果线圈匝间错位、尺寸超差,就会给下工序嵌线带来困难。（　　）

96. 一般在线圈制造时首末匝应加强绝缘。（　　）

97. 对地绝缘是指绕组对机壳和其他不带电部件之间的绝缘。（　　）

98. 层间绝缘承受的电压很高,所以层间绝缘厚度较大。（　　）

99. 采用二苯醚坯布匝间绝缘的线圈,在匝间烘焙完成后需进行绝缘后处理。（　　）

100. 外包绝缘对主绝缘起到一定的补强作用。（　　）

101. 外包绝缘要求有极高的电气强度。（　　）

102. 利用兆欧表可以检测电机的绝缘电阻。（　　）

103. 对于三相电机如果其中一项发生短路就会造成三相不平衡。（　　）

104. 交流电枢线圈一定是闭合线圈。（　　）

105. 沉浸是将工件沉入漆液中,利用漆液压力和绕组毛细管作用,达到漆的渗透和填充。（　　）

106. 在电机中使用绝缘材料的电阻越小越好。（　　）

107. 电介质损耗是由于在交变电压作用下电介质中有漏导及介质极化而产生的损耗。（　　）

108. 电机的耐热性是电机绝缘的一项主要性能指标。（　　）

109. 绝缘材料是按击穿强度大小进行分级的。（　　）

110. 相对密度是指所测量的液体与同一温度下水的密度的比值。（　　）

111. 酸值大的绝缘材料对导体无任何影响。（　　）

112. H级绝缘结构的含意是指绝缘结构中所有绝缘材料的耐热等级为均不小于H级。（　　）

113. 绕组的绝缘厚度对电机的导电材料及铁磁材料的利用率没有影响。（　　）

114. 电磁线按其外部绝缘的不同可分为漆包线、绕包线、无机绝缘线、特种电磁线。（　　）

115. 有的电磁线采用复合绝缘层的目的是提高绝缘层的综合性能。（　　）

116. 磁极线圈的匝间绝缘一般比较薄弱。（　　）

117. 扁铜线绕成的线圈匝间垫2~3层漆布或坯布。（　　）

118. 直流电机电枢线圈的匝间绝缘在电机运行时承受换向片间的最大电压。（　　）

119. 磁极线圈接地部位大多发生在磁极线圈内侧棱角部位。（　　）

120. 检查磁极接地常用的方法是对地耐压试验。（　　）

121. 裸线检测仪只能检测到线圈表面导线的绝缘状态。（　　）

122. 直流电枢线圈平直下料,要求每一根导线的长度是一样的。（　　）

123. 直流电机的支架绝缘应考虑有足够的爬电距离。（　　）

124. 上下层结构的线圈,嵌线时在导线之间垫放一层绝缘材料,主要是为了增加匝间绝缘强度,降低对地击穿故障。（　　　）

125. 采用 4 号福特杯测量粘度时,相同温度下漆液流完的时间愈长漆的粘度愈大。（　　　）

126. 浸漆质量只与浸漆设备性能有关,与绝缘漆的粘度没有任何关系。（　　　）

127. 对于浸过漆的线圈,要求线圈表面漆膜光滑,没有皱纹、发泡、隆起的漆块。（　　　）

128. 线圈各部分的尺寸如超过图纸要求,就要重新处理。（　　　）

129. 电枢线圈外层与槽壁的接触点愈多,产生电晕的可能性愈小。（　　　）

130. 端部绝缘表面采用碳化硅防晕层后,电阻率能随外施场强自动调整,消除端部绝缘表面的电晕。（　　　）

131. 层压制品的性能取决于底材和胶粘剂的性能及其成型工艺。（　　　）

132. 热塑性塑料在热压成型后树脂的分子结构仍为线性,仍具有可熔性,可反复成型。（　　　）

133. 同一产品,不同批次梭形线圈绕线的形状允许不同。（　　　）

134. 扁绕线圈使用的润滑液,在线圈绕制完成后允许保留在铜线上。（　　　）

135. 基尔霍夫电流定律的理论基础是电流连续性原理。（　　　）

136. 一般的情况交流线圈匝间耐压值都大于对地电压值。（　　　）

137. 多胶云母带包扎的主极线圈都要使用对地热压模具,以规范线圈尺寸。（　　　）

138. 平绕线圈及扁绕线圈都能根据设计需要做压弧处理。（　　　）

139. 为了提高效率,采用聚酯热缩带作为保护带的线圈可以批量放入烘箱里处理。（　　　）

140. 叠加原理能够适用于非线性电路。（　　　）

141. 根据嵌线后连线要求,同一台线圈的引线头长度可以不同。（　　　）

142. 电路中所有元件所吸收的电功率均为正值。（　　　）

143. 压敏带的主要起固定及粘接作用。（　　　）

144. 为了提高工作效率,允许拉开梭形线圈包扎保护带。（　　　）

145. 玻璃丝带没有电气强度。（　　　）

146. 压敏带没有电气强度。（　　　）

147. 若 $i_1(t)=10\sin(100\pi t+30°)$A, $i_2(t)=10\cos(100\pi t-15°)$A,则 i_1 和 i_2 的相位差 $\phi=30°-(-15°)=45°$。（　　　）

148. 同一种电机使用 H 级的绝缘材料比使用 F 级的绝缘材料能够大量降低成本。（　　　）

149. 扁绕线圈绕制时的增厚部位在铜线的外 R。（　　　）

150. 主极线圈的制作过程中,应该先对地耐压,后匝间耐压。（　　　）

151. 左手定则是这样描述的:伸开左手手掌,让磁力线垂直穿过手心,使拇指与其他四指垂直,四指伸直指向电流方向,则拇指的指向是导体的受力方向。（　　　）

152. 少胶云母带可以常温保存。（　　　）

153. 高压电机的线圈最好不要做对地耐压试验。（　　　）

154. 国产 NOMEX 纸不如进口的 NOMEX 纸质量好。（　　　）

155. 扁绕线圈去增厚有两种方法,厚铜线用铣增厚,薄铜线压增厚。(   )

156. 线圈烧损,可能是制造缺陷,也可能使用不当。(   )

157. 交流电枢线圈端部弧度是关键尺寸。(   )

158. 双根并绕的线圈用保护带,采用聚酯薄膜比采用白布带效果更好。(   )

159. 绕组工作温度过高,还会使电机铜损耗增大,效率降低。(   )

160. 绕线过程中,导线的拉力随着盘径的变小而减小。(   )

161. 绝缘材料的耐温等级与绝缘材料的耐压成正比。(   )

162. 游标卡尺使用前先要对零。(   )

163. 换向极线圈在大电流匝间处理前需上压装机压紧固定。(   )

164. 少胶云母带在绝缘包扎时出现大片云母粉层脱落是不正常的。(   )

165. 少胶云母带在绝缘包扎时出现小片云母粉脱落是允许的。(   )

166. 对地耐压试验使用的耐压试验夹具是模仿铁心的意思。(   )

167. 绕组绝缘只有在低于最高允许工作温度下使用,才能保障其经济使用寿命和运行可靠性(   )

168. 绝缘材料是绝对不导电。(   )

169. 发电机的转子线圈可以只做匝间绝缘处理,不做对地绝缘处理。(   )

170. 聚酯薄膜具有光泽,透明或不透明,无毒和无味。(   )

171. 电机绝缘的作用是隔离不同电位的带电导体,让电流按规定方向和路径流通。(   )

172. 同步发电机的基本原理不是电磁感应原理。(   )

173. 大电流热压主要应用于磁极线圈的匝间绝缘处理。(   )

174. 击穿电压与周围温度和电压作用时间有关,与绝缘内部电场均匀度无关。(   )

175. 薄膜导线的薄膜叠包率,影响导线的电性能。(   )

176. 绘图时,图纸的比例为 2∶1,是指图形大小为实物大小的 2 倍。(   )

177. 多胶云母带包扎的线圈需要装模具热压成型后完成绝缘处理。(   )

178. 直流电枢线圈成型一般使用模具手工成型。(   )

179. 一般的情况下,匝间绝缘的耐压值低于对地绝缘。(   )

180. 检测、清理、修补绕组绝缘是电机维修的主要项目。(   )

181. 铜线的截面积愈大,电阻就大。(   )

182. 换向极线圈采用扁绕方式需要退火后再整形。(   )

183. 磁极线圈在绕制前不需要退火。(   )

184. 多胶云母带比少胶云母带的渗透效果更好。(   )

185. 交流电机定子线圈匝间耐压检测通常采用脉冲检测。(   )

186. 线圈对地耐压检测通常使用工频电压检测。(   )

187. 裸线检测仪只能检测到线圈的匝间绝缘是否破损。(   )

188. 不同电枢线圈的摆放层数是有不同要求的,以防止线圈变形。(   )

189. 高压电机线圈对地耐压试验,采用工频电压,不需要试验夹具。(   )

190. 高压电机线圈对地耐压试验,采用工频电压,需要试验夹具。(   )

191. 线圈制造操作现场使用的记号笔均为黑色。(   )

192. 含有环氧基的化合物称为环氧化物。（　　　）
193. 磁极线圈绕制铜线需要接头时,铜线在宽度方向采用 45°角对焊接接头。（　　　）

五、简 答 题

1. 绝缘电阻测量有什么目的?
2. 工程上常采用哪些方法防止绝缘材料的老化?
3. 绝缘材料的耐热性可分为几级? 它们最高允许温度为多少?
4. 请简述欧姆定律的内容。
5. 磁阻的大小与哪些因素有关?
6. 请说明正弦量的三要素。
7. 电动机是什么性质的负载?
8. 简述直流电机换向极的作用。
9. 直流电动机中,主极线圈和电枢线圈的主要作用分别是什么?
10. 简述同步发电机转子的作用。
11. 请说出引线头不平整产生的原因?
12. 异步电动机定子铁心的槽形结构有哪几种?
13. 磁极线圈绕制尺寸较小会产生什么质量问题?
14. 简述直流电机补偿绕组的作用。
15. 使用万用表欧姆挡时,若正负表棒短接指针调不到零位,可能有哪几种原因?
16. 用电桥测量电机或变压器绕组的电阻时应怎样操作?
17. 磁极线圈整形前进行退火处理有什么作用?
18. 磁极线圈生产过程中在什么情况下会用到电动或者气动工具?
19. 一般电气控制线路包括哪些电气元件?
20. 简述用扁绕机绕制磁极线圈的过程。
21. 烘箱温度长时间达不到设定温度,如何简单检查故障点?
22. 简述磁极线圈工频耐压试验是怎样连线操作?
23. 绕组绝缘处理的目的是什么?
24. 磁极线圈进行扁绕时在圆弧角处有什么现象产生?
25. 简述平绕磁极线圈的一般工艺过程。
26. 简述数控扁绕磁极线圈基本工艺过程。
27. 线圈常采用无氧退火炉和真空退火炉,各优缺点如何?
28. 简述线圈制造过程中对铜导线焊接的质量有哪些基本要求。
29. 简述补偿线圈绕制的要求。
30. 如何保证线圈引线头搪锡质量?
31. 直流电机电枢线圈手工敲形和机动成型的优、缺点?
32. 简述电枢线圈引线头成型质量的要求。
33. 简述电枢线圈引线头打纱质量一般要求。
34. 线圈匝间粘结方式有哪几种?
35. 云母制品具有哪些优点?

36. 直流电动机磁极线圈断路对电机运行的主要影响是什么？

37. 为什么绝缘材料使用不能超过规定的温度？

38. 玻璃丝包绕包线外层玻璃丝的主要作用是什么？

39. 直流电枢线圈引线头常用的线头绝缘有哪些？

40. 真空压力浸漆时,抽真空的目的是什么？

41. 交流电枢线圈一定要保证哪些尺寸不能超差,对下一工序有何影响？（不能少于三种尺寸）

42. 简述电晕对材料的影响。

43. 简述直流电机竖放电枢线圈敲形一般工艺过程。

44. 简述大电流匝间热压处理的作用。

45. 常用的搪锡打纱与桌式机打纱的优缺点是什么？

46. 简述大电流热压机的处理匝间绝缘的工作过程。（不需要工艺参数）

47. 简述多胶云母结构是磁极线圈对地热压处理的作用。

48. 单边热压机的主要作用是什么？

49. 简述浸漆前对工件预烘的作用。

50. 简述磁极线圈中频耐压试验的工作原理。

51. 按照交流电机定子线圈制造工艺过程列出所使用的设备。

52. 油压机使用应注意的事项有哪些？

53. 覆盖漆的主要作用是什么？

54. 直流电机主磁极线圈采用扁绕和平绕各有什么优缺点？

55. 一台串励直流电动机的额定功率 $P_N = 2$ kW,输入功率 $P_1 = 2.4$ kW,电枢路总电阻 $R_a = 0.1$ Ω,电枢电流 $I_a = 11$ A,求:(1)效率 η_N;(2)电磁功率 P_M。

56. 简述直流电机定子主磁极气隙大小对电机的影响。

57. 试分析三相异步电动机气隙大小对电机的影响。

58. 简述机车牵引电动机有什么特点。

59. 绝缘漆的粘度对浸漆质量有何影响？

60. 白布带与聚酯薄膜热缩带作为线圈成型时的保护带,各有何优缺点？

61. 直流电机换向器烘压的目的是什么？

62. 简述直流电动机的工作原理。

63. 在电动机控制电路中,使用熔断器和热继电器的作用是什么？ 能否相互代替？

64. 简述交流电枢线圈的成型工艺过程。

65. 直流电机换向器片装配的质量检查项目有哪些？

66. 对散绕组线圈的绕线模设计有什么要求？

67. 烘焙温度对电机的绝缘电阻有何影响？

68. 简述电枢线圈敲形过程中的注意事项。

69. 直流电动机有哪几种调速方法？

70. 怎样用兆欧表测量绕组对地绝缘电阻？

六、综 合 题

1. 如图 7 所示,补画左视图。

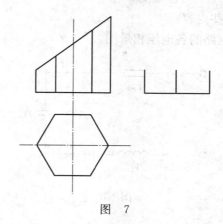

图　7

2. 如图 8 所示,画斜二轴测图。

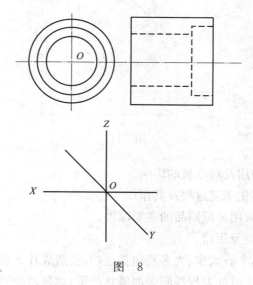

图　8

3. 补画下列组合体(图 9)表面的交线。

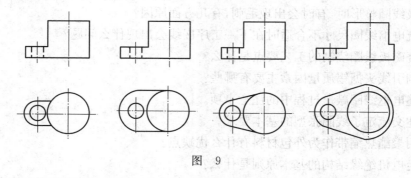

图　9

4. 一个额定电压为 220 V,1 000 W 的电炉,每天使用 8 h,每千瓦时电收费 0.50 元,问每月(30 天)应付多少电费?

5. 工艺验证主要包括哪些内容?

6. 定性画出图 10 所示电路的各电压相量图。

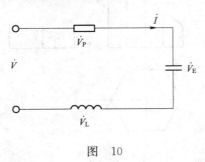

图 10

7. 请画出图 11 单向桥式整流电流中的整流二极管 D1、D2、D3、D4。

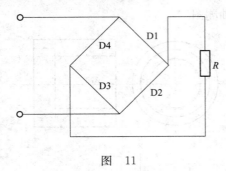

图 11

8. 叙述绝缘材料的作用及对电机的影响。

9. 简述磁极套极一体化工艺过程及其作用。

10. 简述绕组绝缘多采用云母制品的主要原因。

11. 简述云母带的分类及用途。

12. 电枢线圈包扎时,半叠太少、太多及包扎过松,会造成什么质量问题?

13. 磁极线圈无氧退火时如发现线圈表面氧化严重,如何消除氧化层?

14. 磁极线圈在绕制时导线的拐弯 R 处有增厚现象,一般有什么消除方法?

15. 磁极线圈整形时,有时会出现毛刺,有几方面原因?

16. 直流电枢线圈尺寸不合适时在下一工序嵌线会出现什么问题?

17. 平绕磁极线圈绕制的工艺要点是什么?

18. 影响引线头搪锡质量因素主要有哪些?

19. 简述电枢线圈敲形过程中的注意事项。

20. 简述交流定子线圈张型的基本要求。

21. 使用聚酯热缩带作为外包材料有什么优缺点?

22. 确定电机绝缘结构的基本原则是什么?

23. 简述电机各种线圈的匝间绝缘有何不同。在制造过程中如何保护好匝间绝缘?

24. 求图 12 电路中电流 $\dot{I}_1$ 和 $\dot{I}_2$。

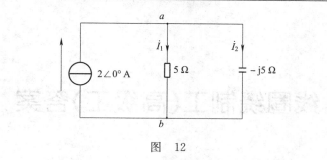

图　12

25. 进行对地耐压试验时,应注意哪些问题?

26. 如何保证扁绕磁极线圈的整形质量。

27. 叙述直流电机换向极线圈的成型制作工艺过程(不需要说明具体参数)。

28. 叙述直流电机换向极线圈(多胶云母结构)的对地绝缘处理工艺过程。(不需要说明具体参数)

29. 叙述交流电机定子线圈的绕制工艺过程。(不需要说明具体参数)

30. 试述电机浸漆绝缘处理的意义。

31. 简要说明电机的温升。

32. 一台他励直流发电机,负载端电压 $U=220$ V,负载电阻 $R_L=5$ Ω,电枢回路总电阻 $R_a=0.1$ Ω,求:(1)电枢电势 E_a;(2)电磁功率 P_M;(3)输出功率 P_2。

33. 有一孔的基本尺寸 $D=40$ mm,最大极限尺寸 $D_{max}=40.025$ mm,最小极限尺寸 $D_{min}=40.010$ mm,试求其上、下偏差和公差。

34. 直流电机电枢绕组接地原因有哪些?

线圈绕制工(高级工)答案

一、填 空 题

1. 2	2. 刀片、剪刀	3. 周长
4. 俯视图	5. 高度	6. 技术要求
7. X 向旋转	8. 旋转视图	9. 断面
10. 局部放大图	11. 装配	12. 未剖
13. 统一的精度标准	14. 互换性	15. 标准公差
16. 孔公差代号	17. 过渡	18. 基准
19. 上直线边外侧	20. 大	21. 云母制品
22. 漆、树脂和胶	23. 抗拉强度	24. 绝缘
25. 绕包线	26. 漆膜	27. 硅钢片
28. 导磁的铁心	29. 电流	30. 电源电动势
31. 零	32. 零	33. 电功率
34. 640 W	35. 电机性能	36. 零
37. 反比	38. 磁通势(磁势)	39. 90°
40. 50 Hz	41. $u(t)=L\dfrac{\mathrm{d}i(t)}{\mathrm{d}t}$	42. 磁感应强度线
43. $F=BLI$	44. 左手法则	45. 电压 U 与电流 I 的相位差角
46. 电容器	47. 线圈	48. 负载
49. 低频成分	50. 高频成分	51. 电阻
52. 22 A	53. $\sqrt{3}$	54. 开路和断路
55. $\sqrt{2}$	56. 换向极	57. 改善电机的换向
58. 串联	59. 串联	60. 换向器
61. 电磁转矩	62. 电动势	63. 交变电流
64. 补偿绕组	65. 串联	66. 9
67. 隐极式	68. 0.02	69. 平绕
70. 直流电	71. 单波绕组	72. 平放
73. 单层绕组	74. 定子旋转磁场	75. 扁绕
76. $f=pn/60$	77. 相邻两主极铁心极靴的槽内	
78. 抵消电枢反应的影响	79. 并联	80. 酸洗
81. 电流	82. 气流	83. 顺时针
84. 退火	85. 风压	86. 电阻

87. 侧

88. 温度

89. 电压

90. 发电机机组

91. 直线

92. 切头

93. 外加压力

94. 工艺要领

95. 换向极线圈

96. 合成油

97. 焊接

98. 润滑液

99. 平弯

100. 常温

101. 匝与匝

102. 线圈的退火质量

103. 内应力

104. 无氧退火炉

105. 气焊

106. HL204

107. 模具和绕线机

108. 竖放

109. 连接

110. 一号纯锡

111. 温升

112. 接地

113. 单匝

114. 短距绕组

115. 手工敲形

116. 竖放电枢线圈

117. 滚扁

118. 打纱机

119. 火焰剥头

120. 梯形

121. 复型

122. 及胶粘剂或漆的固化温度

123. 使线圈定型,线匝之间不易错位

124. 不带电的部件隔开

125. 连续式绝缘和复合式绝缘两种

126. 上下层之间

127. 层间短路

128. 保护对地绝缘

129. 包在对地绝缘外面

130. 发生击穿,失去绝缘性能

131. 匝间或层间

132. 浸漆处理、浇注绝缘等

133. 有溶剂漆、无溶剂漆

134. 击穿电压

135. 最高允许工作温度

136. 技术经济指标

137. 不发生和只有微小变化

138. 百分含量

139. 该槽截面面积

140. 一种或几种绝缘材料的组合

141. 圆线、扁线、带状导线

142. 力学性能、电气性能、热性能、化学稳定性

143. 各个线匝

144. 高

145. 利用电磁线本身的绝缘层

146. 提高槽满率

147. 局部过热甚至烧损绝缘

148. 飞车事故即电机超速

149. 槽口

150. 用薄膜粘带修复鼻部绝缘

151. 柔软云母板

152. 预烘、浸渍、干燥

153. 兆欧表

154. 不易焊牢

155. 嵌线困难

156. 局部放电

157. 损坏绝缘

158. 八

159. $10^6 \sim 10^{19}$ Ω·m

160. 1 000 V

161. 金黄色

162. 绕线—包保护带—打纱—张型—包扎绝缘—试验

163. 600 ℃

164. 介质损耗

165. 苯系物

166. 防毒面具

167. 减少电磁线绝缘损伤

168. 防护

169. 关键过程

170. 合格证

171. 私章

172. 几何尺寸

173. 磕碰

174. 均匀,平整,紧贴,无起皱

175. 及时、完整、真实、清楚

176. 半叠包

177. 1 A

178. 聚酯薄膜热收缩带

179. 焊接

180. 星形和三角形

181. 原材料

182. 匝间短路

183. 5 ℃

184. 压装机

185. 侧面

186. 润滑液

187. 间距

188. 防锈油

189. 22~25 ℃

190. 铸铝

二、单项选择题

1. B	2. C	3. D	4. B	5. C	6. A	7. C	8. B	9. A
10. C	11. A	12. B	13. A	14. D	15. A	16. B	17. C	18. A
19. C	20. B	21. C	22. A	23. C	24. A	25. A	26. A	27. B
28. D	29. A	30. C	31. A	32. D	33. A	34. B	35. A	36. D
37. B	38. B	39. C	40. D	41. B	42. B	43. C	44. A	45. C
46. C	47. B	48. D	49. A	50. D	51. C	52. B	53. D	54. C
55. B	56. D	57. A	58. D	59. D	60. A	61. D	62. C	63. A
64. B	65. A	66. A	67. D	68. D	69. B	70. C	71. C	72. B
73. B	74. D	75. C	76. B	77. B	78. C	79. C	80. B	81. C
82. D	83. B	84. C	85. C	86. D	87. C	88. B	89. D	90. C
91. D	92. D	93. C	94. B	95. B	96. C	97. A	98. B	99. C
100. A	101. C	102. D	103. B	104. D	105. A	106. A	107. C	108. A
109. C	110. B	111. A	112. B	113. B	114. A	115. A	116. B	117. B
118. B	119. C	120. D	121. D	122. A	123. C	124. A	125. B	126. D
127. B	128. B	129. A	130. B	131. B	132. B	133. A	134. A	135. D
136. D	137. B	138. D	139. C	140. A	141. B	142. A	143. C	144. B
145. C	146. D	147. B	148. A	149. B	150. C	151. D	152. B	153. C
154. B	155. C	156. A	157. B	158. D	159. D	160. C	161. B	162. A
163. C	164. D	165. B	166. D	167. C	168. C	169. A	170. D	171. C
172. B	173. A	174. B	175. C	176. A	177. D	178. C	179. C	180. B
181. B	182. C	183. D	184. C	185. B	186. A	187. B	188. D	189. A
190. D	191. C							

三、多项选择题

1. ABC	2. BCD	3. ABCD	4. ABD	5. ABCD	6. ABC	7. ABCD
8. ABD	9. ABC	10. BCD	11. ABD	12. AB	13. ABC	14. ABCD
15. BC	16. AB	17. BCD	18. AB	19. ACD	20. BCD	21. ABC
22. ABD	23. ABC	24. ABCD	25. BD	26. CD	27. ABCD	28. BCD
29. ACD	30. ACD	31. BCD	32. BC	33. ABCD	34. ACD	35. CD
36. ABCD	37. ABC	38. BC	39. AB	40. AD	41. BCD	42. ABC
43. BCD	44. ABC	45. CD	46. ABD	47. AD	48. ABC	49. AD
50. ABCD	51. ABCD	52. ABCD	53. BCD	54. ABC	55. AC	56. ABC
57. ABCD	58. ABCD	59. BCD	60. BCD	61. BC	62. ABCD	63. ABD
64. ABC	65. ABCD	66. ABCD	67. ABCD	68. AC	69. AB	70. ABCD
71. ABCD	72. AD	73. ABCD	74. ABCD	75. ACD	76. ABC	77. ABD
78. AD	79. ABC	80. ABCD	81. ACD	82. AB	83. BC	84. ABCD
85. BD	86. CD	87. AB	88. ABCD	89. BD	90. ABCD	91. AC

92. AB　　93. CD　　94. ABD　　95. BCD　　96. BC　　97. ABD　　98. ABC

99. ABCD　100. AB　101. ACD　102. ABC　103. BC　104. AD　105. ABC

106. ABCD　107. ABC　108. AB　109. AB　110. ABCD　111. ABD　112. BD

113. ACD　114. CD　115. BCD　116. ABC　117. AB　118. BC　119. AD

120. BD　121. AB　122. AD　123. BCD　124. ABC　125. CD　126. ABD

127. BC　128. BCD　129. AB　130. AC　131. CD　132. BC　133. ABC

134. CD　135. ACD　136. CD　137. ABC　138. BCD　139. ABC　140. AB

141. AD　142. BC　143. ABD　144. ACD　145. BCD　146. BD　147. BC

148. AB　149. ABCD　150. BC　151. ABCD　152. ABCD　153. ABC　154. AD

155. AD　156. ABCD　157. BD　158. ABCD　159. ABCD　160. ABCD　161. AB

162. ABC　163. ABD　164. ABC　165. ABD　166. AB　167. BC　168. ABC

169. AD　170. AC　171. ABC　172. BCD　173. ACD　174. CD　175. ACD

176. BCD　177. AB　178. BC　179. ABCD　180. AC　181. BCD　182. ABD

183. BCD　184. AC　185. BCD　186. ABD　187. ABCD　188. ABC

四、判　断　题

1. ×　2. √　3. √　4. ×　5. √　6. ×　7. √　8. √　9. √

10. ×　11. ×　12. ×　13. ×　14. √　15. ×　16. √　17. √　18. ×

19. √　20. ×　21. √　22. ×　23. ×　24. √　25. ×　26. √　27. √

28. ×　29. ×　30. ×　31. √　32. √　33. √　34. √　35. √　36. ×

37. ×　38. ×　39. ×　40. √　41. √　42. √　43. ×　44. √　45. √

46. √　47. ×　48. ×　49. √　50. ×　51. ×　52. √　53. ×　54. √

55. √　56. √　57. √　58. ×　59. √　60. √　61. ×　62. ×　63. ×

64. √　65. ×　66. ×　67. ×　68. √　69. √　70. ×　71. √　72. √

73. √　74. √　75. ×　76. ×　77. √　78. √　79. √　80. √　81. √

82. √　83. √　84. ×　85. √　86. ×　87. ×　88. ×　89. √　90. ×

91. ×　92. √　93. √　94. √　95. √　96. √　97. √　98. √　99. √

100. ×　101. ×　102. √　103. √　104. ×　105. √　106. ×　107. √　108. √

109. ×　110. √　111. ×　112. √　113. √　114. √　115. √　116. √　117. √

118. √　119. √　120. √　121. √　122. ×　123. √　124. √　125. ×　126. ×

127. √　128. √　129. √　130. √　131. √　132. √　133. √　134. √　135. √

136. ×　137. √　138. √　139. ×　140. ×　141. √　142. ×　143. √　144. ×

145. √　146. ×　147. ×　148. ×　149. ×　150. ×　151. √　152. √　153. √

154. ×　155. √　156. √　157. ×　158. √　159. √　160. √　161. √　162. √

163. ×　164. √　165. ×　166. √　167. √　168. ×　169. √　170. √　171. √

172. ×　173. √　174. ×　175. √　176. √　177. √　178. √　179. √　180. √

181. ×　182. √　183. ×　184. ×　185. √　186. √　187. ×　188. √　189. ×

190. √　191. ×　192. √　193. √

五、简 答 题

1. 答:(1)验证生产的电气设备的质量和性能(2分);(2)确保电气设备满足技术规范,符合安全性要求(1分);(3)确定电气设备性能随时间的变化(1分);(4)确定电气设备出现故障原因(1分)。

2. 答:(1)在绝缘材料制造中加入防老剂,常用酚类防老化剂(1分);(2)户外绝缘材料,可添加紫外光吸收剂,以吸收紫外光,或隔层隔离,以避免强阳光直接照射(1分);(3)湿热使用的绝缘材料,可加入防霉剂(1分);(4)加强高压电气设备的防电晕、防局部放电措施。绝缘材料的老化是一个多因素的问题,关系十分复杂,实际工作中必须分清主次,有的放矢,抓住主要矛盾选用绝缘材料(2分)。

3. 答:可分为 10 个级别绝缘等级(2分),最高允许温度:70 ℃、90 ℃、105 ℃、120 ℃、130 ℃、155 ℃、180 ℃、200 ℃、220 ℃、250 ℃(3分)

4. 答:通过线性电阻 R 的电流 I 与作用在其两端的电压 U 成正比:$I = \dfrac{U}{R}$(5分)。

5. 答:磁路的长度(2分)、磁路的截面积(1.5分)、磁路材料的磁导率(1.5分)。

6. 答:振幅(1.5分)、频率(角频率、周期)(2分)、初相角(1.5分)。

7. 答:电感性负载(5分)。

8. 答:电机运行时,换向极产生与电枢电流成正比的磁场(2分),并抵消交轴电枢反应磁场(2分),达到改善直流电动机换向的目的(1分)。

9. 答:(1)主极线圈的作用:主极线圈通上直流电,产生主磁场(2.5分)。(2)电枢线圈的作用:电枢线圈通上直流电,在主磁场的作用下,产生电磁力矩,是直流电机进行能量转换的主要部件(2.5分)。

10. 答:同步发电机转子是发电机的重要部分,它的作用就是在励磁绕组中通入励磁电流,产生一个主磁场(1分),通过转子的旋转(1分),产生旋转磁场(1分),切割定子绕组(1分),使定子绕组中产生感应电势(1分)。

11. 答:(1)引线头切头或冲孔后,产生的飞边毛刺未清除,造成引线头不平整(3分);(2)线圈在成型过程及吊运过程中,引线头变形(1分);(3)引线头锡瘤大(1分)。

12. 答:异步电动机定子铁心的槽形结构有下列三种(2分):(1)开口槽(1分);(2)半闭口槽(1分);(3)半开口槽(1分)。

13. 答:(1)线圈绕制尺寸小,整形时线圈端部出现瓢形,使线圈上下面不平整(2分);(2)线圈套极困难(1分);(3)套极后,线圈与极靴接触面积小,不易散热,使磁极温升升高(2分)。

14. 答:补偿绕组的作用主要是尽可能地消除因电枢反应引起的气隙磁场畸变(2分),从而降低换向器的最大片间电压的数值(2分),并改善电机的电位特性(1分)。

15. 答:电池容量不足(2分),串联电阻变大(2分),转换开关接触电阻增大(1分)。

16. 答:用电桥测量电机或变压器绕组的电阻时应先按下电源开关按钮,再按下检流计的按钮(2分);测量完毕后先断开检流计的按钮,再断开电源按钮(2分),以防被测线圈的自感电动势造成检流计的损坏(1分)。

17. 答:消除铜线内应力(2分),使线圈尺寸随着整形模而变化(2分),外观规整(1分)。

18. 答:在绕线(1分)、整形(1分)、切头(1分)、冲孔时需要打毛刺或者模具变形需要修理时用到电动或气动工具(2分)。

19. 答:开关(2分),指示灯(1分),熔断器(1分),继电器(1分)。

20. 答:绕线前先将模芯调到所需尺寸(1分),用引线夹固定好首端(1分),启动绕线,绕完半匝后,松开第一次夹具(1分),紧第二次夹具,敲打首匝(1分),使圆角部位与模芯服帖,松开引线夹,然后按图纸要求绕制规定的匝数(1分)。

21. 答:(1)检查电热管是否损坏(2分);(2)检查烘箱门密封情况(1.5分);(3)检查仪表是否失灵(1.5分)。

22. 答:工频耐压试验是检测线圈绝缘层对地的耐压击穿强度(1.5分)。试验时,耐压机的高压线接线圈的一个引线头(1.5分),地线和线圈的服帖层相接(1.5分),如有击穿点,则电压将不能上升(0.5分)。

23. 答:将绝缘中所含的潮气驱除(1分),用绝缘漆或胶填满绝缘中所有的空隙和覆盖表面(1分),以提高绕组的电气性能(0.5分)、耐潮性能(0.5分)、导热性能(0.5分)、耐热性能(0.5分)、机械性能(0.5分)、化学稳定性(0.5分)。

24. 答:在线圈的内圆弧处有增厚现象(2.5分),在线圈的外圆弧处有拉薄现象(2.5分)。

25. 答:导线穿过拉力装置(1分)—首匝固定在绕线模上(1分)—放下压力滚轮(1分—绕制线圈—第二匝开始垫匝间绝缘(1分)—绕够匝数剪断导线及匝间绝缘(1分)。

26. 答:导线穿过平直滚轮(1分)—放入夹线板(1分)—放入弯模内(1分)—进行线圈扁绕—R角铣增厚(1分)—绕够匝数切断导线(1分)。

27. 答:(1)无氧退火炉优点:退火周期短,效率高,适合大批量生产(1.5分)。缺点:炉内温度不均匀,退火质量不稳定(1分)。(2)真空退火炉优点:炉内温度均匀,退火质量稳定(1.5分)。缺点:退火周期长,效率低(1分)。

28. 答:导线焊接应牢固可靠(1分),接头处光滑、平整、无焊瘤,(3分)接头无虚焊、砂眼等(1分)。

29. 答:(1)必须严格控制铜材导线的延伸率及硬度(1分);(2)绕制过程导线拉力应合适(1分);(3)绕制时绕线模应翻转到位(1分);(4)绕制中应边绕制,边整形等(1分);(5)保证模具的完整性,出现问题时应及时的修复或更换(1分)。

30. 答:(1)引线头搪锡前及时清除氧化层和涂松香酒精溶液(1.5分);(2)根据引线头的大小确定在锡炉内的时间以及搪锡所需温度(1.5分);(3)引线头出锡炉后应立即用软棉布将引线头多余的锡瘤擦试干净,同时应保证锡的厚度光滑、均匀(1分);(4)定期对锡炉内的锡进行更换以保证锡的纯度(当锡的杂质超过3%时)(1分)。

31. 答:(1)手工敲形优点:敲形效率高,模具设计制造周期短,在短时间内能形成大批量生产(1.5分);缺点:敲形质量靠工人的技能保证(1分)。(2)机动成型优点:成型质量好(1.5分);缺点:模具设计制造周期长,生产效率低(1分)。

32. 答:(1)引线头成型后其R角尺寸应符合要求(1分);(2)引线头端头应整齐,长度符合尺寸要求(1分);(3)引线头高度尺寸应基本平齐(1分);(4)需进行切边后的引线头应将毛刺清除干净(1分);(5)引线头之间距离相等,无扭斜现象(1分)。

33. 答:(1)引线头打纱长度应符合工艺要求(1分);(2)引线头打纱部分应光滑、平整,无残余绝缘存在(3分);(3)引线头表面无过热现象(1分)。

34. 答:有三种:(1)靠匝间料热压排胶粘结(1.5分);(2)采用自粘性导线经热压排胶粘结

(1.5 分);(3)浸漆、刷漆组合后热压形成一个整体(2 分)。

35. 答:具有良好的电气性能和机械性能(1 分)、耐热性好(1 分)、不燃烧(1 分)、化学稳定性高(1 分)、耐电晕性好(1 分)。

36. 答:如果电机在运行过程中磁极线圈突然断路,根据电动机外加电压与转速及磁通的关系 $U=C_en\phi$(1 分),ϕ 突然消失(1 分),只有剩磁存在,此值很小(1 分),转速就会急剧升高,造成飞车事故(2 分)。

37. 答:绝缘材料在热因子的作用下,其性能逐渐劣化而导致热老化现象,热老化的程度决定了材料的寿命(2 分)。绝缘材料的寿命与工作温度的高低有极大的关系(1 分),因此规定了绝缘材料允许的工作温度(1 分),如果绝缘材料长期在超过耐热等级的条件下使用,就会加速绝缘老化,降低绝缘材料的使用寿命(1 分)。

38. 答:保护性绝缘层使内层的绝缘不受机械损伤(5 分)。

39. 答:由于直流电枢线圈引线头间距较小(1 分),嵌线进入换向器升高片排列尺寸精度要求高(1 分),经常采用工艺性比较好的 0.05 mm 聚酰亚胺薄膜粘带进行对地绝缘处理(1.5 分);外包为 0.06 mm 浸漆玻璃丝粘带(1.5 分)。

40. 答:除去电机绕组中的潮气及其他低分子物(2.5 分),保证浸漆处理后电机绕组绝缘电阻符合产品质量要求(2.5 分)。

41. 答:(1)直线段截面尺寸,偏大不能正常嵌入铁心槽内,或者引起对线圈地绝缘破损(1 分);(2)直线段长度,太长将造成影响线圈端部排列,太短影响槽口对线圈 R 的放电距离(1 分);(3)线圈的跨距,造成嵌线困难、绝缘破损而引发对地击穿质量事故(1 分);(4)鼻部高度超差影响电机的装配(1 分);(5)引线间距、长度超差影响连线焊接(1 分)。

42. 答:产生热效应(2 分)、臭氧(2 分)、氮的氧化物损伤绝缘(1 分)。

43. 答:鼻部固定(1 分)—线圈后端弧面成型(1 分)—后端转角成型(0.5 分)—前端转角成型(0.5 分)—前端弧面成型(1 分)—引线头分线(1 分)。

44. 答:匝间热压,目的是使线匝排列整齐,并粘结成一个牢固的整体(1 分)。经过热压,多余的漆充满导线之间的空隙(1 分),从而提高线圈的防潮性好导热性(1 分),线圈之间紧密粘结,不易错位(1 分),同时使包扎对地绝缘后尺寸易满足公差要求(1 分)。

45. 答:采用搪锡打纱的优点是打纱的效率高(1 分),缺点是打纱尺寸精度低(1 分),引线容易粘上锡瘤(1 分)。采用桌式打纱机优点是打纱尺寸精度高(1 分),缺点为效率低(1 分)。

46. 答:(1)在大电流热压机的工作台上,将垫好匝间绝缘的线圈放在匝间热压模具的底板上(1 分)。(2)放入模芯及端块,在模具与线圈接触面上垫聚四氟乙烯玻璃漆布,不齐处可用木榔头敲整(1 分)。(3)放上上压板及压圈,在线圈的引线加入大电流。观察匝间绝缘料的排胶情况达到要求后,加压并在压力拧紧紧固螺栓。切断电流,对线圈进行侧压(1 分)。(4)线圈连同模具一同被搬下热压机冷却,直至室温以下拆开模具。用电工刀及铲刀清理线圈周围的匝间绝缘,注意不要伤及铜线。检查线圈的内腔尺寸及高度应符合工艺要求(2 分)。

47. 答:多胶云母结构是磁极线圈经过包扎之后,云母层之间存在间隙,尺寸很不规则(2 分)。采用装模具进行热压,能够使绝缘层紧密,各层粘结合成为一个坚固的整体,以获得优良的电气性能、机械性能和所需的外形尺寸(2 分)。热压时的温度与所用材料有关,保温时间与绝缘层的厚度有关(1 分)。

48. 答:单边热压机是通过上下、左右四个方向对线圈直线段施加的热压设备,主要作用有两个方面(1分):第一,自粘性电磁线电枢线圈的直线段匝间热压,是线圈的直线段成为一个整体,有利于后续的绝缘包扎及尺寸规范(2分);第二,多胶云母结构电枢线圈的对地热压成型,效率高,可控性好(2分)。

49. 答:主要作用是驱除绕组内部的潮气和挥发物(2分),并使其获得适当的温度(1分),以利于绝缘漆的渗透与填充(1分),预烘的工艺参数是温度和时间(1分)。

50. 答:将中频发电机组发出的中频电压加在磁极线圈的两端,磁极线圈和中频发电机内并联电容构成并联谐振回路(2分),线圈正常,主电路只提供很小的电阻性电流(1分),如线圈匝间短路,主电路电流迅速上升(1分)。通过电流来判断磁极线圈的匝间绝缘状态(1分)。

51. 答:数控绕线机(1分),桌式打纱机(1分)、数控张型机(1分)、包带机(1分)、浪涌检测仪及对地耐压试验仪(1分)。

52. 答:(1)油箱的油面不能低于油标的指示线(1分);(2)发现设备有严重漏油或动作不可靠、噪声大、有振动等应立即停车,分析原因,排除故障方能使用(2分);(3)不允许超载使用(1分);(4)各油缸严禁超程使用(1分)。

53. 答:覆盖漆用于涂覆经浸渍处理过的绕组端部和绝缘零部件(1分),在其表面形成连续而均匀的漆膜(1分),作为绝缘保护层(1分),以防止机械损伤和受大气、润滑油、化学药品等的侵蚀(1分),提高表面放电电压(1分)。

54. 答:扁绕的优点:散热性好(1分);缺点:变形大,尺寸不规范,工艺复杂,制造周期长(2分)。平绕的优点:线圈不易变形,空间利用好(1分);缺点:散热差(1分)。

55. 答:(1)$\eta_N = \dfrac{P_N}{P_1} = \dfrac{2}{2.4} = 83.3\%$。(2分)

(2)电枢回路铜损耗 $\Delta P_a = I_a^2 R_a = 11^2 \times 0.1 = 12.1 \text{ W}$。(2分)

电磁功率 $P_M = P_1 - \Delta P_a = 2\,400 - 12 = 2\,388 \text{ W}$。(1分)

56. 答:直流电机主磁极气隙大,则电机的速率偏高(1分);气隙小,则电机的速率偏低(1分)。而且主气隙的过大或过小均引起电枢反映的变化,使换向极补偿性能变差,换向火花增大(3分)。

57. 答:电机气隙过大时,空载电流将增大,功率因数降低,铜损耗增大,效率降低(3分)。若气隙过小时,不仅给电机装配带来困难,极易形成"扫膛",还会增加机械加工的难度(2分)。

58. 答:(1)具有良好的启动性能,调速性能,较强的过载能力,在速度变化的范围内,充分发挥机车的功率(1分);(2)牵引电动机的各个部件,应具有足够的机械强度(1分);(3)牵引电动机的绝缘必须具有很高的电气强度和良好的耐潮性、耐热性以及耐腐蚀的能力(1分);(4)应保证可靠换向(1分);(5)尽量减小牵引电动机单位容量的重量(1分)。

59. 答:如果使用低粘度的漆,虽然漆的渗透能力强,能很好地渗到绕组的空隙中去(2分),但因漆基含量少,当溶剂挥发以后,留下的空隙较多,使绝缘的防潮能力、耐热性能、电气和机械强度都受到影响(1分)。如果使用的漆的粘度过高,则漆难以渗入到绕组绝缘内部,即发生浸不透的现象(1分)。同样会降低绝缘的防潮能力、耐热性能、电气和机械强度(1分)。

60. 答:白布带优点:厚度大,成型时不易出现破损,效率高,材料可以重复使用(2分);缺点:包扎紧密度不好,成型后线圈形状不好,容易出现错位现象(0.5分)。聚酯薄膜热缩带优点:包扎的紧密度好,成型后线圈的一致性好,不容易出现错位现象(2分);缺点:厚度小,成型时容易出现破损,包扎复杂效率低,材料不能重复利用(0.5分)。

61. 答:烘压的目的是为了使云母板、云母环的排胶及收缩紧固成型(2分),使换向片、云母环、套筒成为一个整体(2分),使之在电机运行中不变形,保证电机的正常运行(1分)。

62. 答:电刷将直流电引入电枢绕组后,电枢电流在主磁极的磁场中将产生电磁力(2分),并形成电磁转矩,从而使电机旋转(1分)。当电枢线圈从一个磁极下转到相邻异性极下时,尽管通过线圈的电流方向改变了(1分),但电磁转矩的方向不变,使电动机沿着一个方向旋转(1分)。

63. 答:在电动机控制电路中,使用熔断器是为实现短路保护(1分);使用热继电器是为实现过载保护(1分)。其作用是不能互相代替的(1分)。如果用熔断器取代热继电器会造成电路在高于额定电流不太多的过载电流时,长时间不熔断,这样达不到过载保护的要求(1分),如果用热继电器代替熔断器会由于热元件的热惯性造成不能及时切断短路电流(1分)。

64. 答:梭形线圈绕制(1分);引线头打纱(0.5分);引线弯头(0.5分);梭形线圈包保护带(1分);数控张型(1分);线圈尺寸检查(1分)。

65. 答:换向片数、云母板片数(1分)、内孔直径、内孔圆度、内孔圆柱度(1分)、换向片垂直度(0.5分)、同直径两片偏移度、个别片凸凹度(0.5分)、等分度(1分)、压圈平面对平台的平行度(1分)。

66. 答:散绕组线圈的绕线模应严格按照图纸要求设计(1分)。尺寸太小时,端部长度不够,嵌线困难(2分);尺寸过长时,浪费电磁线,且使绕组电阻和端部漏抗增大,影响电磁性能,还可能造成电机装配困难(2分)。

67. 答:电机在烘焙过程中,随着温度的逐渐升高,绕组绝缘内部的水分趋向表面,绝缘电阻逐渐下降,直至最低点(2分);随着温度升高,水分逐渐挥发,绝缘电阻从最低点开始回升(2分);最后随着时间的增加绝缘电阻达到稳定,此时绕组绝缘内部已经干燥(1分)。

68. 答:(1)敲形过程避免伤及绝缘和导体(2分);(2)当敲形模的工作面出现毛刺时应及时清除(1分);(3)引线分线装置属于易损件,应经常维修或更换等(1分);(4)敲形后的线圈导线与模体、导线和导线之间应服帖(1分)。

69. 答:(1)在电枢回路中串电阻(1.5分);(2)改变励磁电流(1.5分);(3)改变电枢电压(2分)。

70. 答:首先选择合适的电压等级的兆欧表,然后将兆欧表的"L"端连接在电动机绕组的一相引线端上(2分),"E"端接在电机的机壳上,以每分钟120转的速度摇动兆欧表的手柄(2分)。若绝缘电阻在0.5 MΩ以上,则说明对地绝缘完好(1分)。

六、综 合 题

1. 答:如图1所示。(共10条线,每一条线1分)

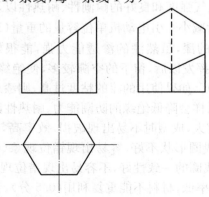

图 1

2. 答:如图2所示。(共5条弧线,两条直线,每一条弧线1.6分,直线1分)

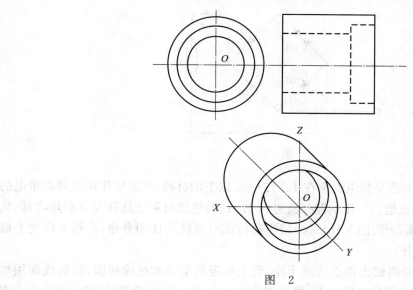

图 2

3. 答:如图3所示。(每幅图2.5分)

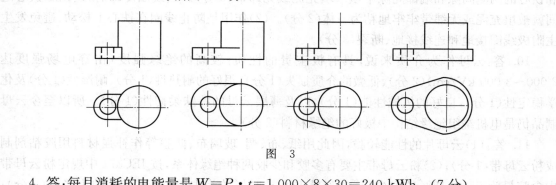

图 3

4. 答:每月消耗的电能量是 $W=P\cdot t=1\,000\times8\times30=240$ kWh。(7分)

每月应付电费是 $240\times0.50=120$ 元。(3分)

5. 答:(1)关键零部件的工艺路线和工艺要求是否合理、可行(2分);(2)选择的工艺参数是否正确(2分);(3)使用的工装、设备、工具、量具、刀具等是否满足质量要求和生产效率要求(2分);(4)检验手段是否满足要求(1分);(5)装配路线和装配方法能否保证产品精度(2分);(6)劳动安全和环保情况(1分)。

6. 答:如图4所示。(图5分,文字5分)

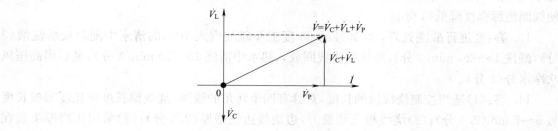

图 4

7. 答：如图 5 所示。（图中每个符号 2.5 分）

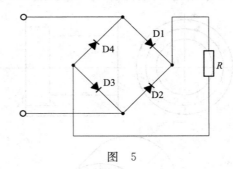

图　5

8. 答：(1)绝缘材料一般是指电阻率在 $10^9\ \Omega \cdot cm$ 以上的材料,其主要作用是隔离带电的或不同电位的导体,使电流能按一定的路径流通(4 分);(2)绝缘材料还往往起着散热冷却,机械支撑和固定、防潮、防霉等作用(3 分);(3)绕组运行的可靠性与使用寿命,在很大程度上取决于绝缘材料的性能(3 分)。

9. 答：(1)工艺过程是将磁极铁心清理干净,套上规定的垫圈和绝缘垫圈,磁极线圈用烘箱加热到 120 ℃左右,热套到磁极铁心上,两侧和两端对中,两端用绝缘垫块塞紧,然后在线圈和铁心的两侧间隙和端部间隙中填塞填充泥或无纬带(5 分)。当线圈冷却后,线圈和铁心之间就被填充泥或无纬带牢牢地粘为一体(2 分)。(2)作用是防止线圈在铁心上松动,避免发生主附极线圈接地和连线接地、断裂(3 分)。

10. 答：云母作为介质来说,具有极宝贵的性质:较高的绝缘强度(击穿电场强度达 2 000～3 000 kV/cm)(2 分)、低微的介质损失(1 分)、很好的耐热性(1 分)、耐湿性(1 分)及化学稳定性(1 分),良好的机械性能(1 分),以及薄层云母的特殊柔韧性(1 分)。所以至今云母制品仍是电机绕组绝缘结构中极好的绝缘材料(2 分)。

11. 答：(1)云母片的性能较脆,因此用纸、布、绸、玻璃布、薄膜等作补强材料用胶粘剂制成粉云母带(1 分);(2)粉云母带主要有多胶和少胶两种绝缘体系,按 IEC371 中规定粉云母带中含胶量为 5%～12%的为少胶;含胶量 13%～19%的为中胶;大于 30%的为多胶(2 分);(3)国内的中胶带应属于多胶范围(1 分);(4)多胶云母绝缘适用于液压或模压工艺,使之成型固化(3 分);(5)少胶云母绝缘适用于 VPI 工艺,抽真空干燥,然后经加压将无溶剂浸渍树脂渗入少胶带的绕组或线圈中,使之填满空隙,达到整体性(3 分)。

12. 答：(1)半叠太少,线圈耐压强度低,线圈尺寸减小,易造成温升升高(3 分);(2)半叠太多,线圈尺寸增大,嵌线困难(3 分);(3)半叠太松,因有气隙的存在而使介质损耗增大,线圈性能难以保证,线圈尺寸难以控制;对高压电机,包扎不紧,线圈在耐压试验时,易产生电晕现象,使线圈绝缘强度降低(4 分)。

13. 答：要进行酸洗处理,将 30%的 60 度工业硫酸倒入 70%的清水中配制成酸洗液(3 分),酸洗 15～20 min(3 分),酸洗后将线圈放入热水中清洗 15～20 min(3 分),最后用高压风吹净水分(1 分)。

14. 答：(1)适当控制绕线模的长度,对具有四个转角的线圈,绕线模长度应比压形模长度短 5～7 mm(2.5 分);(2)绕线机上装铣刀,边绕线边铣增厚(2.5 分);(3)采用压增厚工装在油压机上压增厚(2.5 分);(4)手工锉平(2.5 分)。

15. 答:(1)铜线退火工序没有处理好,弹性大,铜线不能随着整形模的尺寸而变化(5分);(2)整形模间隙大或者变形(5分)。

16. 答:(1)匝间短路(2分);(2)对地击穿(2分);(3)端部受挤,排列不齐(2分);直线部尺寸超差,嵌线困难(2分);(4)引线头不齐,在换向器升高片处下嵌困难或者露铜(2分)。

17. 答:(1)严格控制导线拉力大小,拉力过大导线易拉薄、拉断(2.5分),拉力过小线圈匝与匝易产生松散(2.5分);(2)压力滚轮的压力应合适,压力的大小应根据导线厚度的不同进行调节,当导线厚度增加时压力应增大,反之则减小(2.5分);(3)线圈匝与匝之间应整齐,线圈绕制过程应敲打各匝,使之与模板服帖,以保证匝与匝的整齐度(2.5分)。

18. 答:(1)锡炉的温度过低(2.5分);(2)引线头氧化层没有清除干净(2.5分);(3)在锡炉内加热时间不合适(2.5分);(4)锡的纯度不够等(2.5分)。

19. 答:(1)注意保护带的包扎应符合要求(2分);(2)敲形过程避免伤及绝缘和导体(2分);(3)当敲形模的工作面出现毛刺时应及时清除(2分);(4)引线分线装置属于易损件,应经常的维修或更换等(2分);(5)敲形后的线圈导线与模体、导线和导线之间应服帖(2分)。

20. 答:(1)检查张型前的梭形尺寸必须正确(2分);(2)梭形线圈在张型夹钳两端的尺寸应保证对称(2分);(3)张型后线圈的角度和跨距应满足检查样板要求(2分);(4)线圈的端部无明显的"翻边",转角无明显的"鼓包"(2分);(5)线圈绝缘和导线应无损伤等(2分)。

21. 答:(1)优点是使用聚酯纤维热缩带为外包绝缘,可以利用材料在受热后具有收缩性的特点,保证线圈整体性较好(5分);(2)缺点是聚酯纤维在长期使用后受热会老化而失去机械强度,且其导热性不如玻璃丝带(5分)。

22. 答:(1)选取保证电机安全运行的最小绝缘厚度(2.5分);(2)选择不低于相应耐热等级的绝缘材料(2.5分);(3)绝缘结构中各种绝缘材料相容性要好,尽可能选用同类化学结构的材料(2.5分);(4)各绝缘件具有相同机械、电气耐热、防潮等可靠性(2.5分)。

23. 答:(1)匝间绝缘是指同一个线圈各个线匝之间的绝缘,其作用是将电机绕组中电位不同的导体相互隔开,以免发生匝间短路(2.5分)。(2)由于匝间绝缘的电位差不大,因此匝间绝缘的厚度比较薄(2.5分)。(3)对于用仅靠电磁线本身所带绝缘作为匝间绝缘的电枢线圈,如漆包线、玻璃丝包线、聚酰亚胺薄膜烧结导线等,在制造过程中要对电磁线绝缘进行保护,防止磕碰、划伤及杂质的污染(2.5分)。(4)对于用裸扁铜线绕成的主极、换向极线圈,匝间绝缘有:玻璃漆布,胚布,柔软复合材料或柔软云母板,在制造过程中必须注意,导线要光滑不得有飞边、毛刺等,不能机械拉伤匝间绝缘(2.5分)。

24. 答:$\dot{I}_1 = \dfrac{-j5}{5-j5} \times 2 \angle 0° = 1.414 \angle -45° (A)$。(5分)

$\dot{I}_2 = \dfrac{5}{5-j5} \times 2 \angle 0° = 1.414 \angle 45° (A)$。(5分)

25. 答:(1)操作人员需有上岗资质(2.5分);(2)试验前应穿戴好防护用品并检查各设备状态应该良好(2.5分);(3)多人试验要分工明确,各负其责;工作时,工作现场最少两人,其中一人操作,一人监护(2.5分);(4)严格按照工艺要求操作,操作完成后应进行安全放电(2.5分)。

26. 答:(1)应严格控制原材料的质量(2分);(2)提高线圈绕制和退火质量(2分);(3)合理制定线圈整形的工艺参数(2分);(4)提高模具的设计和制造质量(2分);(5)保证模具正确

使用等(2分)。

27. 答:(1)裸铜线退火处理(1分);(2)夹紧线圈首匝起始端,加乳化液开始绕制,绕制到线圈端部 R 部位进行铣增厚,直到绕够线圈匝数为止,剪断铜线(2分);(3)将绕制好的线圈放入退火炉中进行退火处理(1分);(4)换向极线圈整形模具放在四柱油压机的工作台上,将退火处理后的线圈放在整形模的底板上,在线圈内腔先放入两端边模芯再放中模芯及上压板;将工作台移至油压机下加压,使中模芯压到底后加压圈拧紧紧固螺栓;释放压力,线圈翻倒 90°进行侧压;释放压力,线圈翻倒 90°进行正压;释放压力,取出线圈(4分);(5)检查线圈内腔及高度尺寸应符合工艺要求(2分)。

28. 答:(1)检查匝间绝缘处理状态,并在换向极线圈表面刷漆(2分);(2)引线头绝缘包扎(2分);(3)换向极线圈对地绝缘包扎,在线圈两端 R 处要将多余的云母带剪去,防止 R 部位云母的堆积(2分);(4)装换向极线圈对地热压模具,注意在线圈与模具接触面上垫聚四氟乙烯玻璃漆布,模芯及边块要压到底,并在压装机上紧固螺栓,放进烘箱烘焙(2分);(5)出炉后待降至室温后,松开紧固螺栓,拆除聚四氟乙烯玻璃漆布,取出线圈,检查并清理线圈表面的漆瘤(2分)。

29. 答:(1)检查电磁线的表面状态,并测量电磁线的尺寸,放在绕线机的放线架上(1分);(2)检查数控绕线机绕线模具的外观状态,不允许有毛刺、污物,将模块尺寸调到工艺要求长度,夹紧导线,调整导线拉力装置;开始绕线,绕够匝数后,剪断导线取下线圈,用压敏带固定四处;检查梭形线圈的外观状态及尺寸应符合要求(2分);(3)对引线头划线,根据划线位置进行打纱(1分);(4)上气动弯头机弯头;按工艺要求包扎保护带(1分);(5)调制数控的参数,对夹钳及鼻销进行防护,防止损伤线圈绝缘,开始张型(2分);(6)从张型机上拿下线圈,用检查工装检查线圈的跨距角度,用钢卷尺检查线圈总长、直线段长度,鼻部高度(2分);(7)拆除保护带(1分)。

30. 答:(1)由于绕组绝缘层中的微孔和薄层间隙,容易吸潮,使绝缘电阻下降,也易受氧和腐蚀性气体的作用,导致绝缘氧化和腐蚀,绝缘中的空气容易电离引起绝缘击穿(3分);(2)浸漆绝缘处理的作用:干燥固化后,将绝缘中所含潮气驱除,而用漆或胶填满绝缘中所有空隙和覆盖表面,并在表面形成光滑致密的漆膜,可提高防止潮气侵入的能力(4分);(3)提高绕组的以下性能:电气性能、耐潮性能、导热和耐热性能、力学性能、化学稳定性,防霉、防电晕、防油污性能(3分)。

31. 答:温升是电机损耗与散热情况的量度,评价电机性能的一个重要指标(2分)。电机在能量转换过程中,产生损耗,损耗的能量全部转化为热量,引起电机发热(2分)。存在损耗的部分是电机的热源,热量的出现和积累,引起这部分温度升高,同时热量从高温向低温部分转移,热流所涉及部分的温度也升高(2分)。温度过高影响耐热能力薄弱的绝缘材料,大大缩短了它的寿命,严重时可能将电机烧毁(2分)。电机某部分的温度与电机周围介质的温度之差,称为电机该部分的温升(2分)。

32. 答:(1)$I_a = I_L = \dfrac{U}{R_L} = \dfrac{220}{5} = 44$ A(2分)

$E_a = U + I_a R_a = 220 + 0.1 \times 44 = 224$ V(2分)

(2)$P_M = E_a I_a = 224 \times 44 = 9\ 856$ W(3分)

(3)$P_2 = \dfrac{U^2}{R_L} = \dfrac{220^2}{5} = 9\ 680$ W(3分)

33. 答:孔的上偏差 $ES=D_{max}-D=40.025-40=+0.025$ mm(3 分)

孔的下偏差 $EI=D_{min}-D=40.010-40=+0.010$ mm(3 分)

孔的公差 $IT=D_{max}-D_{min}=ES-EI=+0.025-(+0.010)=0.015$ mm(4 分)

34. 答:(1)电枢绕组内包有异物或线圈包扎时存在薄弱点,线圈形状不规范(2 分);(2)电枢槽清理不干净,铁心有毛刺,或槽形不整齐(2 分);(3)电枢嵌线时,敲打过多,造成绝缘破坏(2 分);(4)槽楔打进或退出时损伤绝缘(2 分);(5)电枢线圈在槽中松动或由于振动等原因磨损绝缘(1 分);(6)由于密封不良,造成碳粉、油污等进入电枢槽部(1 分)。

线圈绕制工(初级工)技能操作考核框架

一、框架说明

1. 依据《国家职业标准》^注，以及中国北车确定的"岗位个性服从于职业共性"的原则，提出线圈绕制工(初级工)技能操作考核框架(以下简称：技能考核框架)。

2. 本职业等级技能操作考核评分采用百分制。即：满分为 100 分，60 分为及格，低于 60 分为不及格。

3. 实施"技能考核框架"时，考核制件(活动)命题可以选用本企业的加工件(活动项目)，也可以结合实际另外组织命题。

4. 实施"技能考核框架"时，考核的时间和场地条件等应依据《国家职业标准》，并结合企业实际确定。

5. 实施"技能考核框架"时，其"职业功能"的分类按以下要求确定：

(1)"线圈成型"、"线圈绝缘处理、"线圈检测"属于本职业等级技能操作的核心职业活动，其"项目代码"为"E"。

(2)"工艺准备"、"精度检验及误差分析"、"模具设备的维护保养"属于本职业等级技能操作的辅助性活动，其"项目代码"分别为"D"和"F"。

6. 实施"技能考核框架"时，其"鉴定项目"和"选考数量"按以下要求确定：

(1)按照《国家职业标准》有关技能操作鉴定比重的要求，本职业等级技能操作考核线圈的"鉴定项目"应按"D"+"E"+"F"组合，其考核配分比例相应为："D"占 20 分，"E"占 65 分(其中：线圈成型 25 分，线圈绝缘处理 25 分、线圈检测 15 分)，"F"占 15 分。

(2)依据中国北车确定的"核心职业活动选取 2/3，并向上取整"的规定，在"E"类鉴定项目——"线圈绕制(下料)"、"线圈成型"、"匝间绝缘处理"、"对地绝缘处理"、"成品尺寸检测"、"电性能检测"的全部 6 项中，至少选取 4 项。

(3)依据中国北车确定的"其余'鉴定项目'的数量可以任选"的规定，"D"和"F"类鉴定项目——"工艺准备"、"精度检验及误差分析"、"模具设备的维护保养"中，至少分别选取 1 项。

(4)依据中国北车确定的"确定'选考数量'时，所涉及'鉴定要素'的数量占比，应不低于对应'鉴定项目'范围内'鉴定要素'总数的 60%，并向上取整"的规定，考核制件(活动)的鉴定要素"选考数量"应按以下要求确定：

①在"D"类"鉴定项目"中，在已选定的 1 个或全部鉴定项目中，至少选取已选鉴定项目所对应的全部鉴定要素的 60%项，并向上保留整数。

②在"E"类"鉴定项目"中，在已选的 4 个鉴定项目所包含的全部鉴定要素中，至少选取总数的 60%项，并向上保留整数。

③在"F"类"鉴定项目"中,对应"精度检验及误差分析"的4个鉴定要素,至少选取3项;对应"模具设备的维护与保养",在已选定的1个或全部鉴定项目中,至少选取已选鉴定项目所对应的全部鉴定要素的60%项,并向上保留整数。

举例分析:

按照上述"第6条"要求,若命题时按最少数量选取,即:在"D"类鉴定项目中的选取了"设备基本操作"1项,在"E"类鉴定项目中选取了"线圈绕制(下料)"、"线圈成型"、"匝间绝缘处理"、"成品尺寸检测"4项,在"F"类鉴定项目中选取了"模具的维护与保养"1项,则:此考核制件所涉及的"鉴定项目"总数为6项,具体包括:"设备基本操作","线圈绕制(下料)","线圈成型"、"匝间绝缘处理"、"成品尺寸检测","模具的维护与保养"。

此考核制件所涉及的鉴定要素"选考数量"相应为16项,具体包括:"设备基本操作"鉴定项目包含的全部4个鉴定要素中的3项,"线圈绕制(下料)"、"线圈成型"、"匝间绝缘处理"、"成品尺寸检测"等4个鉴定项目包括的全部18个鉴定要素中的11项,"模具的维护与保养"鉴定项目包含的全部3个鉴定要素中的2项。

7. 本职业等级技能操作需要两人及以上共同作业的,可由鉴定组织机构根据"必要、辅助"的原则,结合实际情况确定协助人员的数量。在整个操作过程中,协助人员只能起必要、简单的辅助作用。否则,每违反一次,至少扣减应考者的技能考核总成绩10分,直至取消其考试资格。

8. 实施"技能考核框架"时,应同时对应考者在质量、安全、工艺纪律、文明生产等方面行为进行考核。对于在技能操作考核过程中出现的违章作业现象,每违反一项(次)至少扣减技能考核总成绩10分,直至取消其考试资格。

注:按照中国北车规定,各《职业技能操作考核框架》的编制依据现行的《国家职业标准》或现行的《行业职业标准》或现行的《中国北车职业标准》的顺序执行。

二、线圈绕制工(初级工)技能操作鉴定要素细目表

职业功能	鉴定项目				鉴定要素		
	项目代码	名　称	鉴定比重(%)	选考方式	要素代码	名　称	重要程度
工艺准备	D	设备基本操作	20	任选	001	对备进行安全检查	Y
					002	开机启动/关闭操作系统	Y
					003	设备校零,空载试运行	Y
					004	调用程序,加工参数选择	X
		线圈制造工艺准备			001	能够读懂线圈制造的工艺规程	X
					002	能读懂产品图纸及工艺要求	X
					003	能够根据图纸选择正确的工具、夹具、模具及量具	Y
					004	正确安装、调整模具	X
					005	能够根据产品图纸及工艺文件要求选择或编制正确的程序	Z
					006	能正确穿戴和使用劳动保护用品	X

职业功能	鉴定项目				鉴定要素		
	项目代码	名　称	鉴定比重（%）	选考方式	要素代码	名　称	重要程度
线圈成型	E	线圈绕制（下料）	65	至少选择四项	001	能够正确对导线线规尺寸检查	X
					002	能够根据实际需要设置绕制（下料）参数	X
					003	能够对线圈引线头进行加紧并留够合理的长度	Y
					004	裸铜线绕制	X
					005	电磁线绕制	X
		线圈成型			001	对上工序的半成品尺寸进行检查	Y
					002	导线保护带包扎	Y
					003	引线头处理（打纱、弯头、搪锡）	X
					004	线圈数控张型	X
					005	线圈模具成型	X
					006	尺寸检查	X
线圈绝缘处理		匝间绝缘处理			001	匝间绝缘缺陷的判断	X
					002	匝间绝缘修补	X
					003	匝间绝缘热压	X
		对地绝缘处理			001	常用材料的识别及性能认知	Y
					002	熟练包扎绝缘材料	X
					003	材料叠包度的确认	X
					004	引线绝缘包扎处理	X
					005	转角区绝缘包扎	X
					006	直线段绝缘包扎	X
线圈检测		成品尺寸检测			001	长度尺寸	X
					002	高度尺寸	Y
					003	内腔尺寸	X
					004	跨距、角度	X
		电性能检测			001	匝间耐压检测	X
					002	对地耐压检测	X
					003	电阻检测	X
精度检验及误差分析	F	精度检验及误差分析	15	任选	001	能够根据图纸及工艺文件要求选用合适的量具	Y
					002	能够正确的使用量具	X
					003	能够判断产品实际尺寸是否满足技术要求	X
					004	能够根据分析出常见的误差及缺陷产生的原因	Y
模具设备的维护保养		模具的维护与保养			001	能正确选用模具	X
					002	能正确使用模具	X
					003	能正确维护与保养模具	Z

职业功能	鉴定项目				鉴定要素		
	项目代码	名　称	鉴定比重(％)	选考方式	要素代码	名　称	重要程度
模具设备的维护保养	F	设备的维护与保养		任选	001	设备操作规程	X
					002	设备日常检查	Y
					003	设备润滑	Y
					004	根据维护保养手册维护保养设备	Y
					005	识别报警,排除简单故障	Y

注:重要程度中 X 表示核心要素,Y 表示一般要素,Z 表示辅助要素。下同。

线圈绕制工(初级工)
技能操作考核样题与分析

职 业 名 称：_____

考 核 等 级：_____

存 档 编 号：_____

考核站名称：_____

鉴定责任人：_____

命题责任人：_____

主管负责人：_____

中国北车股份有限公司劳动工资部制

职业技能鉴定技能操作考核制件图示或内容

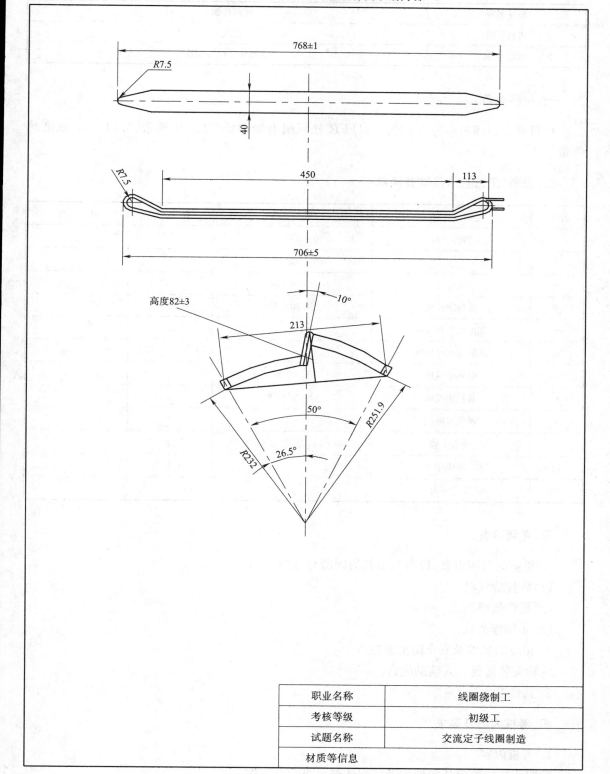

职业名称	线圈绕制工
考核等级	初级工
试题名称	交流定子线圈制造
材质等信息	

职业技能鉴定技能操作考核准备单

职业名称	线圈绕制工
考核等级	初级工
试题名称	交流定子线圈制造

一、材料准备

材料规格:1.9×8.5/2.12×8.71FCR 杜邦耐电晕薄膜导线、压敏带、0.04×25 聚酯热缩带。

二、设备、工、量、卡具准备清单

序号	名　称	规　格	数　量	备　注
1	游标卡尺	0～150 mm	1	
2	千分尺	0～25 mm	1	
3	钢卷尺	2 000 mm	1	
4	数控绕线机	SKSR—20	1	
5	非标气动弯头机		1	
6	非标桌式打纱机		1	
7	电热吹风机	1 600 W	1	
8	数控张型机	S2015HD	1	
9	裸线检测仪		1	
10	检查工装	950・5115210963・01000	1	
11	断线钳		1	
12	工作平台			

三、考场准备

1. 相应的公用设备、设备与器具的润滑与冷却

(1)数控绕线机。

(2)数控张型机。

(3)非标弯头机。

2. 相应的场地及安全防范措施

线轴安装需要一人辅助配合。

3. 其他准备

四、考核内容及要求

1. 考核内容

按职业技能鉴定技能操作考核制件图示或内容制作。

2. 考核时限

应满足国家职业技能标准中的要求,本试题为 240 分钟。

3. 技术要求

(1)确认导线的尺寸 2.12×8.71。

(2)梭形线圈绕线为单根绕 9 匝,线圈内长(768±1)mm,宽度 40 mm,$R7.5$ mm。

(3)线匝排列整齐、紧密,导线绝缘完好。

(4)打纱尺寸与外鼻部平齐,打纱干净,不允许有尺寸变小及导线变色。

(5)气动弯头。

(6)包保护带(0.04×25 聚酯热缩),要求端部、鼻部及夹钳部位 3/4 叠包一次,其余 1/2 叠包,不允许拉开梭形线圈,用吹风机热缩。

(7)数控张型。

(8)需检查鼻部高度(82±2)mm,总长(706±5)mm,直线长 450 mm,跨距角度符合检查样板。

4. 考核评分(表)

职业名称	线圈绕制工	考核等级	初级工		
试题名称	交流定子线圈制造	考核时限	240 分钟		
鉴定项目	考核内容	配分	评分标准	扣分说明	得分
设备基本操作	检查设备(数控绕线机、数控张型机、非标弯头机、非标打纱机)	6	缺一项扣 2 分		
	设备空载试运行(数控绕线机、数控张型机)	8	缺一项扣 2 分		
	将参数输入到设备(也可直接调用)	6	数据错误全扣		
线圈绕制(下料)	(1)用外径千分尺检查导线的线规,包括宽边、窄边; (2)检查电磁线的外观,包括薄膜的叠包率、表面状态	2	缺一项扣 1 分		
	(1)将导线线轴安装在拉力装置上,调整好拉力; (2)检查绕线模块的表面状态,将两模块调整到要求尺寸; (3)设置好绕制匝数	3	错一项扣 1 分		
	将导线固定在夹线装置上,夹紧,留够足够的长度	3	(1)导线没有夹紧出现松动扣 1 分; (2)导线绝缘出现破损扣 1 分; (3)预留引线长度不够扣 1 分		
	(1)绕制够匝数; (2)用压敏带固定梭形线圈不少于四处	2	多匝、少匝全扣		
线圈成型	(1)检查梭形线圈内长尺寸应满足要求; (2)引线长度符合要求; (3)梭形线圈匝间紧密,没有大的变形; (4)导线绝缘不能有破损	2	一项不正确扣 0.5 分		

鉴定项目	考核内容	配分	评分标准	扣分说明	得分
线圈成型	(1)在非标桌试打纱机上进行打纱处理； (2)在非标弯头机上弯头	3	(1)打纱后导线尺寸变小、变色扣1分； (2)打纱长度不符合要求扣1分； (3)打纱不彻底扣1分		
	(1)用聚酯热缩带包扎梭形线圈； (2)用电热吹风机收缩热收缩带	3	(1)热缩带没有按要求叠包扣1分； (2)热缩带收缩不紧密扣1分； (3)梭形线圈有错位现象扣1分		
	(1)数控张型机的鼻销、夹钳应有效防护； (2)保护带表面有无出现破损； (3)要求一次成型,过程不能中断； (4)在张型机上用检查工装检测线圈的跨距与角度应符合要求	5	(1)无防护扣1分； (2)保护带表面破损扣1分； (3)张型过程中断扣1分； (4)跨距角度不符扣2分		
	线圈放在平台上： (1)检查线圈的总长； (2)检查线圈的直线段长度； (3)检查线圈的鼻部高度； (4)线圈匝间不能有明显的错位	2	一项不符合要求扣0.5分		
匝间绝缘处理	拆除保护带后： (1)用肉眼直接看出导线绝缘有破损现象,用记号笔标出； (2)用裸线检测仪检查导线绝缘有无破损,用记号笔标出	15	(1)肉眼看出导线绝缘破损一处1分； (2)不能正确使用落线检测仪的扣5分		
	用压敏带对破损点进行修补,要求超过破损点10 mm以上	10	(1)漏补一处扣2分； (2)修补方法错误扣3分； (3)没有超过破损点10 mm扣2分		
成品尺寸检查	(1)线圈总长； (2)线圈直线段长度	5	错误一项扣2.5分		
	线圈鼻部高度	5	错误全扣		
	跨距、角度符合检查工装	5	不符检查工装,间隙超过2 mm扣2分；超过4 mm全扣		
模具设备的维护保养	(1)能够正确选用模具； (2)正确使用模具； (3)正确维护及保养模具	6	缺项扣2分		
	根据说明书完成设备的定期及不定期维护保养,包括:机械、电、气、液压、冷却数控系统检查和日常保养等	5	不正确全扣		
	读懂数控系统的报警信息	2	不正确全扣		
	发现并排除设备的一般故障	2	不正确全扣		

鉴定项目	考核内容	配分	评分标准	扣分说明	得分
质量、安全、工艺纪律、文明生产等综合考核项目	考核时限	不限	每超时 5 分钟，扣 10 分		
	工艺纪律	不限	依据企业有关工艺纪律规定执行，每违反一次扣 10 分		
	劳动保护	不限	依据企业有关劳动保护管理规定执行，每违反一次扣 10 分		
	文明生产	不限	依据企业有关文明生产管理规定执行，每违反一次扣 10 分		
	安全生产	不限	依据企业有关安全生产管理规定执行，每违反一次扣 10 分		

职业技能鉴定技能考核制件(内容)分析

职业名称	线圈绕制工
考核等级	初级工
试题名称	交流定子线圈制造
职业标准依据	国家职业标准

试题中鉴定项目及鉴定要素的分析与确定					
鉴定项目分类 分析事项	基本技能"D"	专业技能"E"	相关技能"F"	合计	数量与占比说明
鉴定项目总数	2	6	2	10	专业技能满足 2/3,鉴定要素满足 60%的要求
选取的鉴定项目数量	1	4	1	6	
选取的鉴定项目数量占比(%)	50	67	50	60	
对应选取鉴定项目所包含的鉴定要素总数	4	18	3	25	
选取的鉴定要素数量	3	14	3	20	
选取的鉴定要素数量占比(%)	75	78	100	80	

所选取鉴定项目及相应鉴定要素分解与说明							
鉴定项目类别	鉴定项目名称	国家职业标准规定比重(%)	《框架》中鉴定要素名称	本命题中具体鉴定要素分解	配分	评分标准	考核难点说明
D	设备基本操作	20	对设备进行安全检查	检查设备(数控绕线机、数控张型机、非标弯头机、非标打纱机)	6	缺一项扣2分	
			设备校零,空载试运行	设备空载试运行(数控绕线机、数控张型机)	8	缺一项扣2分	空载试运行保证设备状态良好
			调用程序,加工参数选择	将参数输入到设备(也可直接调用)	6	数据错误全扣	
E	线圈绕制(下料)	10	能够正确对导线线规尺寸检查	(1)用外径千分尺检查导线的线规,包括宽边、窄边; (2)检查电磁线的外观,包括薄膜的叠包率、表面状态	2	缺一项扣1分	
			能够根据实际需要设置绕制(下料)参数	(1)将导线线轴安装在拉力装置上,调整好拉力; (2)检查绕线模块的表面状态,将两模块调整到要求尺寸; (3)设置好绕制匝数	3	错一项扣1分	
			能够对线圈引线头进行加紧并留够合理的长度	将导线固定在夹线装置上,夹紧,留够足够的长度	3	(1)导线没有夹紧出现松动扣1分; (2)导线绝缘出现破损扣1分; (3)预留引线长度不够扣1分	

鉴定项目类别	鉴定项目名称	国家职业标准规定比重(%)	《框架》中鉴定要素名称	本命题中具体鉴定要素分解	配分	评分标准	考核难点说明
E	线圈绕制(下料)		电磁线的绕制	(1)绕制够匝数; (2)用压敏带固定梭形线圈不少于四处	2	多匝、少匝全扣	
	线圈成型	15	对上工序的半成品尺寸进行检查	(1)检查梭形线圈内长尺寸应满足要求; (2)引线长度符合要求; (3)梭形线圈匝间紧密,没有大的变形; (4)导线绝缘不能有破损	2	一项不正确扣0.5分	
			引线头处理(打纱、弯头、搪锡)	(1)在非标桌试打纱机上进行打纱处理; (2)在非标弯头机上弯头	3	(1)打纱后导线尺寸变小、变色扣1分; (2)打纱长度不符合要求扣1分; (3)打纱不彻底扣1分	
			导线保护带包扎	(1)用聚酯热缩带包扎梭形线圈; (2)用电热吹风机收缩热收缩带	3	(1)热缩带没有按要求叠包扣1分; (2)热缩带收缩不紧密扣1分; (3)梭形线圈有错位现象扣1分	
			线圈数控张型	(1)数控张型机的鼻销、夹钳应有效防护; (2)保护带表面有无出现破损; (3)要求一次成型,过程不能中断; (4)在张型机上用检查工装检测线圈的跨距与角度应符合要求	5	(1)无防护扣1分; (2)保护带表面破损扣1分; (3)张型过程中断扣1分; (4)跨距角度不符扣2分	
			尺寸检查	线圈放在平台上: (1)检查线圈的总长; (2)检查线圈的直线段长度; (3)检查线圈的鼻部高度; (4)线圈匝间不能有明显的错位	2	一项不符合要求扣0.5分	

鉴定项目类别	鉴定项目名称	国家职业标准规定比重(%)	《框架》中鉴定要素名称	本命题中具体鉴定要素分解	配分	评分标准	考核难点说明
E	匝间绝缘处理	25	匝间绝缘缺陷的判断	拆除保护带后: (1)用肉眼直接看出导线绝缘有破损现象,用记号笔标出; (2)用裸线检测仪检查导线绝缘有无破损,用记号笔标出	15	(1)肉眼看出导线绝缘破损一处1分; (2)不能正确使用裸线检测仪的扣5分	
			匝间绝缘修补	用压敏带对破损点进行修补,要求超过破损点10 mm以上	10	(1)漏补一处扣2分; (2)修补方法错误扣3分; (3)没有超过破损点10 mm扣2分	
	成品尺寸检查	15	长度尺寸	(1)线圈总长; (2)线圈直线段长度	5	错误一项扣2.5分	可以用压敏带固定线圈后进行测量
			高度尺寸	线圈鼻部高度	5	错误全扣	
			跨距、角度	跨距、角度符合检查工装	5	不符检查工装,间隙超过2 mm扣2分;超过4 mm全扣	可以用气动虎钳整形后测量
F	模具设备的维护保养	15	模具的维护与保养	(1)能够正确选用模具; (2)正确使用模具; (3)正确维护及保养模具	6	缺项扣2分	
			设备日常维护	根据说明书完成设备的定期及不定期维护保养,包括:机械、电、气、液压、冷却数控系统检查和日常保养等	5	不正确全扣	
			设备故障诊断	读懂数控系统的报警信息	2	不正确全扣	
				发现并排除设备的一般故障	2	不正确全扣	
质量、安全、工艺纪律、文明生产等综合考核项目				考核时限	不限	每超时5分钟,扣10分	
				工艺纪律	不限	依据企业有关工艺纪律规定执行,每违反一次扣10分	

鉴定项目类别	鉴定项目名称	国家职业标准规定比重（%）	《框架》中鉴定要素名称	本命题中具体鉴定要素分解	配分	评分标准	考核难点说明
质量、安全、工艺纪律、文明生产等综合考核项目				劳动保护	不限	依据企业有关劳动保护管理规定执行，每违反一次扣10分	
				文明生产	不限	依据企业有关文明生产管理规定执行，每违反一次扣10分	
				安全生产	不限	依据企业有关安全生产管理规定执行，每违反一次扣10分	

线圈绕制工(中级工)技能操作考核框架

一、框架说明

1. 依据《国家职业标准》^注，以及中国北车确定的"岗位个性服从于职业共性"的原则，提出线圈绕制工(中级工)技能操作考核框架(以下简称:技能考核框架)。

2. 本职业等级技能操作考核评分采用百分制。即:满分为 100 分,60 分为及格,低于 60 分为不及格。

3. 实施"技能考核框架"时,考核制件(活动)命题可以选用本企业的加工件(活动项目),也可以结合实际另外组织命题。

4. 实施"技能考核框架"时,考核的时间和场地条件等应依据《国家职业标准》,并结合企业实际确定。

5. 实施"技能考核框架"时,其"职业功能"的分类按以下要求确定:

(1)"线圈成型"、"线圈绝缘处理"、"线圈检测"属于本职业等级技能操作的核心职业活动,其"项目代码"为"E"。

(2)"工艺准备"、"精度检验及误差分析"、"模具设备的维护保养"属于本职业等级技能操作的辅助性活动,其"项目代码"分别为"D"和"F"。

6. 实施"技能考核框架"时,其"鉴定项目"和"选考数量"按以下要求确定:

(1)按照《国家职业标准》有关技能操作鉴定比重的要求,本职业等级技能操作考核线圈的"鉴定项目"应按"D"+"E"+"F"组合,其考核配分比例相应为:"D"占 35 分,"E"占 50 分,"F"占 15 分。

(2)依据中国北车确定的"核心职业活动选取 2/3,并向上取整"的规定,在"E"类鉴定项目——"线圈绕制(下料)"、"线圈成型"、"匝间绝缘处理"、"对地绝缘处理、"尺寸检测"、"电性能检测"的全部 6 项中,至少选取 4 项。

(3)依据中国北车确定的"其余'鉴定项目'的数量可以任选"的规定,"D"和"F"类鉴定项目——"工艺准备"、"精度检验及误差分析"、"模具设备的维护保养"中,至少分别选取 1 项。

(4)依据中国北车确定的"确定'选考数量'时,所涉及'鉴定要素'的数量占比,应不低于对应'鉴定项目'范围内'鉴定要素'总数的 60%,并向上取整"的规定,考核制件(活动)的鉴定要素"选考数量"应按以下要求确定:

①在"D"类"鉴定项目"中,在已选定的 1 个或全部鉴定项目中,至少选取已选鉴定项目所对应的全部鉴定要素的 60%项,并向上保留整数。

②在"E"类"鉴定项目"中,在已选的 4 个鉴定项目所包含的全部鉴定要素中,至少选取总数的 60%项,并向上保留整数。

③在"F"类"鉴定项目"中,对应"精度检验及误差分析"的 4 个鉴定要素,至少选取 3 项;对应"模具设备的维护与保养",在已选定的 1 个或全部鉴定项目中,至少选取已选鉴定项目所对应的全部鉴定要素的 60％项,并向上保留整数。

举例分析:

按照上述"第 6 条"要求,若命题时按最少数量选取,即:在"D"类鉴定项目中的选取了"设备基本操作"1 项,在"E"类鉴定项目中选取了"线圈绕制(下料)"、"线圈成型"、"线圈绝缘处理"、"电性能检测"4 项,在"F"类鉴定项目中分别选取了"精度检验与误差分析"1 项,则:此考核制件所涉及的"鉴定项目"总数为 6 项,具体包括:"设备基本操作","线圈绕制(下料)"、"线圈成型"、"对地绝缘处理"、"电性能检测","模具设备的维护保养"。

此考核制件所涉及的鉴定要素"选考数量"相应 20 项,具体包括:"设备基本操作"鉴定项目包含的全部 4 个鉴定要素中的 3 项,"线圈绕制(下料)"、"线圈成型"、"对地绝缘处理"、"电性能检测"等 4 个鉴定项目包括的全部 23 个鉴定要素中的 14 项,"模具的维护与保养"鉴定项目包含的全部 3 个鉴定要素中的 3 项。

7. 本职业等级技能操作需要两人及以上共同作业的,可由鉴定组织机构根据"必要、辅助"的原则,结合实际情况确定协助人员的数量。在整个操作过程中,协助人员只能起必要、简单的辅助作用。否则,每违反一次,至少扣减应考者的技能考核总成绩 10 分,直至取消其考试资格。

8. 实施"技能考核框架"时,应同时对应考者在质量、安全、工艺纪律、文明生产等方面行为进行考核。对于在技能操作考核过程中出现的违章作业现象,每违反一项(次)至少扣减技能考核总成绩 10 分,直至取消其考试资格。

注:按照中国北车规定,各《职业技能操作考核框架》的编制依据现行的《国家职业标准》或现行的《行业职业标准》或现行的《中国北车职业标准》的顺序执行。

二、线圈绕制工(中级工)技能操作鉴定要素细目表

职业功能	鉴定项目				鉴定要素		
	项目代码	名　称	鉴定比重(%)	选考方式	要素代码	名　称	重要程度
工艺准备	D	设备基本操作	35	任选	001	对设备进行安全检查	Y
					002	开机启动/关闭操作系统	Y
					003	设备校零,空载试运行	Y
					004	调用程序,加工参数选择	X
		线圈制造工艺准备			001	能够读懂线圈制造的工艺规程	X
					002	能读懂产品图纸及工艺要求	X
					003	能够根据图纸选择正确的工具、模具	Y
					004	正确安装、调整模具	X
					005	能够根据产品图纸及工艺文件要求选择或编制正确的程序	Z
					006	能正确穿戴和使用劳动保护用品	X

续上表

职业功能	鉴定项目				鉴定要素		
	项目代码	名　称	鉴定比重（％）	选考方式	要素代码	名　称	重要程度
线圈成型	E	线圈绕制（下料）	50	至少选择四项	001	能够正确对导线线规尺寸检查	X
					002	能够根据实际需要设置绕制（下料）参数	X
					003	能够对线圈引线头进行加紧并留够合理的长度	Y
					004	裸铜线绕制	X
					005	裸铜线焊接	X
					006	电磁线绕制（下料）	X
		线圈成型			001	对上工序的半成品尺寸进行检查	Y
					002	导线保护带包扎	Y
					003	引线头处理（打纱、弯头、搪锡）	X
					004	线圈数控张型	X
					005	线圈模具成型	X
					006	线圈整形（简单）	X
					007	尺寸检查	
线圈绝缘处理		匝间绝缘处理			001	匝间绝缘缺陷的判断	X
					002	匝间绝缘修补	X
					003	匝间绝缘热压	X
		对地绝缘处理			001	常用材料的识别及性能认知	Y
					002	熟练包扎绝缘材料	X
					003	材料叠包度的确认	X
					004	引线绝缘包扎处理	X
					005	转角区绝缘包扎	X
					006	直线段绝缘包扎	X
					007	对地压装烘焙	Y
线圈检测		尺寸检测			001	直线段截面尺寸	X
					002	长度尺寸	Y
					003	高度尺寸	X
					004	内腔尺寸	X
					005	跨距、角度	X
		电性能检测			001	匝间耐压检测	X
					002	对地耐压检测	X
					003	电阻检测	X

职业功能	鉴定项目				鉴定要素		
	项目代码	名　称	鉴定比重（%）	选考方式	要素代码	名　称	重要程度
精度检验及误差分析	F	精度检验及误差分析	15	任选	001	能够根据图纸及工艺文件要求选用合适的量具	Y
					002	能够正确的使用量具	X
					003	能够判断产品实际尺寸是否满足技术要求	X
					004	能够根据分析出常见的误差及缺陷产生的原因	Y
模具设备的维护保养		模具的维护与保养			001	能正确选用模具	X
					002	能正确使用模具	X
					003	能正确维护与保养模具	Z
		设备的维护与保养			001	设备操作规程	X
					002	设备日常检查	Y
					003	设备润滑	Y
					004	根据维护保养手册维护保养设备	Y
					005	识别报警排除简单故障	Y

线圈绕制工(中级工)
技能操作考核样题与分析

职 业 名 称:＿＿＿＿＿＿＿＿＿＿＿

考 核 等 级:＿＿＿＿＿＿＿＿＿＿＿

存 档 编 号:＿＿＿＿＿＿＿＿＿＿＿

考核站名称:＿＿＿＿＿＿＿＿＿＿＿

鉴定责任人:＿＿＿＿＿＿＿＿＿＿＿

命题责任人:＿＿＿＿＿＿＿＿＿＿＿

主管负责人:＿＿＿＿＿＿＿＿＿＿＿

中国北车股份有限公司劳动工资部制

职业技能鉴定技能操作考核制件图示或内容

工件1：

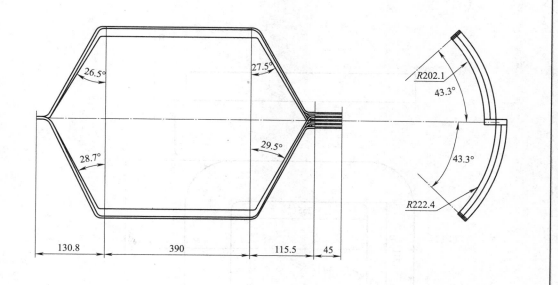

职业名称	线圈绕制工
考核等级	中级工
试题名称	直流电枢线圈成型
材质等信息	

工件2：

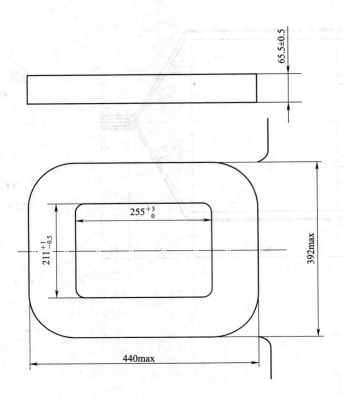

1. 匝间耐压检查：中频　175 V　15 s
2. 对地耐压检查：工频　4 800 V　1 min
3. $R(15℃)=0.001\ 57\ \Omega$

职业名称	线圈绕制工
考核等级	中级工
试题名称	主极线圈对地绝缘处理
材质等信息	

职业技能鉴定技能操作考核准备单

职业名称	线圈绕制工
考核等级	中级工
试题名称	直流电枢线圈成型、主极线圈对地绝缘处理

一、材料准备

1. 工件 1 材料规格:2×8.7/2.25×8.95 薄膜导线、0.4×20 斜纹白布带、压敏带等。

2. 工件 2 进入对地绝缘包扎工序的主极线圈配件 1 个(ZD106E),0.14×30 粉云母带 XP218-1,0.25×30 粉云母带 XP218-1,0.25 聚四氟乙烯玻璃漆布、0.2×25 热收缩带、0.05×20 聚酰亚胺上胶带、0.3 柔软云母板等绝缘材料及配件。

二、设备、工、量、模具准备清单

序号	名　　称	规　　格	数　量	备　注
1	游标卡尺	0~500 mm	1	
2	千分尺	0~25 mm	1	
3	钢卷尺	2 000 mm	1	
4	平直下料机	非标	1	
5	弯 U 机	非标	1	
6	打纱机	非标	1	
7	搪锡炉	非标	1	
8	扒角机	非标	1	
9	弯 U 小冲头	艺 Zzd13-109-001	1	
10	弯 U 大冲头	艺 Zzd13-126-000	1	
11	扒角工装	艺 Zzd13-110-000	1	
12	敲形模	艺 Zzd13-111-000	1	
13	对地热压模	328·ZD106E-201-000	1	
14	压装机	非标	1	
15	烘箱	107	1	
16	中频耐压试验设备	BPF—50	1	
17	闪络击穿试验仪	ZNY—8	1	
18	速测微欧计		1	

三、考场准备

1. 相应的公用设备、设备与器具的润滑与冷却

(1)平直下料机。

(2)弯 U 机。

(3)打纱机。

(4)搪锡炉。

(5)扒角机。

(6)压装机。

(7)烘箱。

(8)匝间耐压试验仪。

(9)对地耐压试验仪。

2. 相应的场地及安全防范措施

(1)导线线轴安装需要一人辅助。

(2)为安全起见,耐压试验需专业试验操作人员配合。

3. 其他准备

四、考核内容及要求

1. 考核内容

按职业技能鉴定技能操作考核制件图示或内容制作。

2. 考核时限

应满足国家职业技能标准中的要求,本试题为 300 分钟。

3. 技术要求

工件 1:

(1)线圈下料尺寸,应满足工艺要求。

(2)弯 U、扒角应满足工艺要。

(3)线圈敲形应与模具服帖,不得出现导线绝缘破损现象。

(4)成型后线圈尺寸满足图纸要求。

工件 2:

(1)线圈浸漆处理(也可刷漆)。

(2)引线头绝缘:用 0.05×20 聚酰亚胺上胶带半叠包三次,0.2×25 热缩带带半叠包一次。

(3)在线圈直线部分放铝垫(ZD106E-212-002),其余的地方涂抹 H 级填充泥。

(4)垫 X245 衬垫及 NOMEX 纸垫条,转角用 0.05×20 聚酰亚胺上胶带半叠包一次,0.14×30 粉云母带 XP218-1 半叠包一次,0.25×30 粉云母带 XP218-1 半叠包一次。

(5)进行对地热压处理。

(6)引线头搪锡处理。

(7)电性能检测。

4. 考核评分(表)

职业名称	线圈绕制工	考核等级	中级工		
试题名称	直流电枢线圈成型、主极线圈对地绝缘处理	考核时限	300 分钟		
鉴定项目	考核内容	配分	评分标准	扣分说明	得分
设备基本操作	对平直下料机、大电流热压机、压装机进行检查	5	缺一项扣 1 分		

鉴定项目	考核内容	配分	评分标准	扣分说明	得分
设备基本操作	对以上设备进行试运行,设备状态应良好,将导线线轴放置在拉力装置上	10	缺一项扣1分		
	根据线圈制造工艺文件选择合理的设备参数	10	不合理一项扣1分		
	根据线圈制造工艺文件选择正确的模具	10	不合理一项扣1分		
线圈下料	用外径千分尺检测电磁线的线规尺寸	2	错误一项扣1分		
	根据工艺文件要求设定平直下料机的下料参数	2	错误全扣		
	需要下料的长度,数量	3	长度超差扣2分,数量不对扣1分		
	下料操作	3	导线绝缘出现破损扣2分,下料错误扣1分		
线圈成型	检查下料长度及对应的数量	2	错误一项扣1分		
	弯U、扒角要符合工艺要求	2	错误一项扣2分		
	按要求包扎保护带	2	包扎不正确扣2分		
	按要求进行敲形	3	直线部分出现弯曲扣2分,与模具不服帖扣2分,引线头分线不符合要求扣2分		
	要求与模具服帖,形状靠模具保证	2	出现不服帖现象扣2分,出现导线绝缘破损扣1分		
对地绝缘处理	领取工件2所用的绝缘配件	1	领错一项扣1分,少领一项扣1分		
	领取所用绝缘材料	2	领错一项扣1分,少领1项扣1分		
	引线的包扎长度,叠包层数应符合要求	2	包扎长度小扣1分,包扎层数错误扣1分		
	不允许出现绝缘堆积,要对R角内侧进行修剪	1	没有进行修剪全扣		
	R角外侧不允许出现绝缘包扎稀疏	2	出现1处扣1分		
	半叠包应均匀	2	没有达到半叠包1处扣1分		
	绝缘带搭接应大于20 mm	2	小于20 mm一处扣1分		
	无起皱,鼓包现象	2	出现起皱、鼓包现象1处扣1分		
	包扎应紧密,均匀	2	出现松散一处扣1分		
	模具压装到位	1	超差全扣		
	进烘箱烘焙	1	烘焙温度及时间不符合要求扣1分		
	出烘箱卸模	4	线圈温度没有降到室温就开始卸模扣1分;线圈上的漆瘤没有清理干净扣1分;线圈对地绝缘层损伤扣2分		
	引线头搪锡处理	1	引线上的漆膜打磨不干净扣1分,搪锡不到位扣1分		

鉴定项目	考核内容	配分	评分标准	扣分说明	得分
电性能检测	中频 175 V　15 s	2	出现匝短全扣		
	工频　4 800 V　1 min	2	对地击穿全扣		
	$R(15℃)＝0.001\ 57\ \Omega$	2	电阻值有偏差超过5%全扣		
模具设备的维护保养	(1)能够正确选用模具； (2)正确使用模具； (3)正确维护及保养模具	5	缺一项扣1分		
	根据说明书完成设备的定期及不定期维护保养,包括:机械、电、气、液压、冷却系统检查和日常保养等	5	缺一项扣1分		
	发现并排除设备的一般故障	5	不正确全扣		
质量、安全、工艺纪律、文明生产等综合考核项目	考核时限	不限	每超时5分钟,扣10分		
	工艺纪律	不限	依据企业有关工艺纪律规定执行,每违反一次扣10分		
	劳动保护	不限	依据企业有关劳动保护管理规定执行,每违反一次扣10分		
	文明生产	不限	依据企业有关文明生产管理规定执行,每违反一次扣10分		
	安全生产	不限	依据企业有关安全生产管理规定执行,每违反一次扣10分		

职业技能鉴定技能考核制件（内容）分析

职业名称	线圈绕制工
考核等级	中级工
试题名称	直流电枢线圈成型、主极线圈对地绝缘处理
职业标准依据	国家职业标准

试题中鉴定项目及鉴定要素的分析与确定

鉴定项目分类 分析事项	基本技能"D"	专业技能"E"	相关技能"F"	合计	数量与占比说明
鉴定项目总数	2	6	3	11	专业技能满足2/3，鉴定要素满足60%的要求
选取的鉴定项目数量	1	4	1	4	
选取的鉴定项目数量占比（%）	50	67	33	36	
对应选取鉴定项目所包含的鉴定要素总数	4	23	3	30	
选取的鉴定要素数量	3	17	3	23	
选取的鉴定要素数量占比（%）	75	74	100	77	

所选取鉴定项目及相应鉴定要素分解与说明

鉴定项目类别	鉴定项目名称	国家职业标准规定比重（%）	《框架》中鉴定要素名称	本命题中具体鉴定要素分解	配分	评分标准	考核难点说明
"D"	设备基本操作	35	对备进行安全检查	对平直下料机、大电流热压机、压装机进行检查	5	缺一项扣1分	
			设备校零，空载试运行	对以上设备进行试运行，设备状态应良好，将导线线轴放置在拉力装置上	10	缺一项扣1分	
			调用程序，加工参数选择	根据线圈制造工艺文件选择合理的设备参数	10	不合理一项扣1分	
				根据线圈制造工艺文件选择正确的模具	10	不合理一项扣1分	
"E"	线圈下料	50	能够正确对导线线规尺寸检查	用外径千分尺检测电磁线的线规尺寸	2	错误一项扣1分	工件1
			能够根据实际需要设置绕制（下料）参数	根据工艺文件要求设定平直下料机的下料参数	2	错误全扣	
			能够对线圈引线头进行加紧并留够合理的长度	需要下料的长度，数量	3	长度超差扣2分，数量不对扣1分	
			电磁线下料	下料操作	3	导线绝缘出现破损扣2分，下料错误扣1分	
	线圈成型		对上工序的半成品尺寸进行检查	检查下料长度及对应的数量	2	错误一项扣1分	工件1
			引线头处理（打纱、弯头、搪锡）	弯U、扒角要符合工艺要求	2	错误一项扣2分	

鉴定项目类别	鉴定项目名称	国家职业标准规定比重(%)	《框架》中鉴定要素名称	本命题中具体鉴定要素分解	配分	评分标准	考核难点说明
"E"	线圈成型		导线保护带包扎	按要求包扎保护带	2	包扎不正确扣2分	
			线圈模具成型	按要求进行敲形	3	直线部分出现弯曲扣2分,与模具不服帖扣2分,引线头分线不符合要求扣2分	
			尺寸检查	要求与模具服帖,形状靠模具保证	2	出现不服帖现象扣3分,出现导线绝缘破损扣2分	
	对地绝缘处理		常用材料的识别及性能认知	领取工件2所用的绝缘配件	1	领错一项扣1分,少领一项扣1分	工件2
				领取所用绝缘材料	2	领错一项扣1分,少领1项扣1分	
			引线绝缘包扎处理	引线的包扎长度,叠包层数应符合要求	2	包扎长度小扣1分,包扎层数错误扣1分	
			转角区绝缘处理	不允许出现绝缘堆积,要对R角内侧进行修剪	1	没有进行修剪全扣	
				R角外侧不允许出现绝缘包扎稀疏	2	出现1处扣1分	
			材料叠包度确认	半叠包应均匀	2	没有达到半叠包1处扣1分	
				绝缘带搭接应大于20 mm	2	小于20 mm一处扣1分	
				无起皱、鼓包现象	2	出现起皱、鼓包现象1处扣1分	
				包扎应紧密、均匀	2	出现松散一处扣1分	
			对地压装烘焙	模具压装到位	1	超差全扣	
				进烘箱烘焙	1	烘焙温度及时间不符合要求扣1分	
				出烘箱卸模	4	线圈温度没有降到室温就开始卸模扣1分;线圈上的漆瘤没有清理干净扣1分,线圈对地绝缘层损伤扣2分	
				引线头搪锡处理	1	引线上的漆膜打磨不干净扣1分,搪锡不到位扣1分	
	电性能检测	15	匝间耐压检测	中频 175 V 15 s	2	出现匝短全扣	
			对地耐压检测	工频 4 800 V 1 min	2	对地击穿全扣	
			电阻检测	$R(15℃)=0.001\ 57\ \Omega$	2	电阻值有偏差超过5%全扣	

鉴定项目类别	鉴定项目名称	国家职业标准规定比重（%）	《框架》中鉴定要素名称	本命题中具体鉴定要素分解	配分	评分标准	考核难点说明
"F"	模具设备的维护保养	15	模具的维护与保养	（1）能够正确选用模具；（2）正确使用模具；（3）正确维护及保养模具	5	缺一项扣1分	
			设备日常维护	根据说明书完成设备的定期及不定期维护保养，包括：机械、电、气、液压、冷却系统检查和日常保养等	5	缺一项扣1分	
			设备故障诊断	发现并排除设备的一般故障	5	不正确全扣	
质量、安全、工艺纪律、文明生产等综合考核项目			考核时限		不限	每超时5分钟，扣10分	
			工艺纪律		不限	依据企业有关工艺纪律规定执行，每违反一次扣10分	
			劳动保护		不限	依据企业有关劳动保护管理规定执行，每违反一次扣10分	
			文明生产		不限	依据企业有关文明生产管理规定执行，每违反一次扣10分	
			安全生产		不限	依据企业有关安全生产管理规定执行，每违反一次扣10分	

线圈绕制工(高级工)技能操作考核框架

一、框架说明

1. 依据《国家职业标准》^注，以及中国北车确定的"岗位个性服从于职业共性"的原则，提出线圈绕制工(高级工)技能操作考核框架(以下简称：技能考核框架)。

2. 本职业等级技能操作考核评分采用百分制。即：满分为 100 分，60 分为及格，低于 60 分为不及格。

3. 实施"技能考核框架"时，考核制件(活动)命题可以选用本企业的加工件(活动项目)，也可以结合实际另外组织命题。

4. 实施"技能考核框架"时，考核的时间和场地条件等应依据《国家职业标准》，并结合企业实际确定。

5. 实施"技能考核框架"时，其"职业功能"的分类按以下要求确定：

(1)"线圈成型"、"线圈绝缘处理、"线圈检测"、属于本职业等级技能操作的核心职业活动，其"项目代码"为"E"。

(2)"工艺准备"、"精度检验及误差分析"、"模具设备的维护保养"属于本职业等级技能操作的辅助性活动，其"项目代码"分别为"D"和"F"。

6. 实施"技能考核框架"时，其"鉴定项目"和"选考数量"按以下要求确定：

(1)按照《国家职业标准》有关技能操作鉴定比重的要求，本职业等级技能操作考核线圈的"鉴定项目"应按"D"+"E"+"F"组合，其考核配分比例相应为："D"占 30 分，"E"占 50 分，"F"占 20 分。

(2)依据中国北车确定的"核心职业活动选取 2/3，并向上取整"的规定，在"E"类鉴定项目——"线圈绕制(下料)"、"线圈成型"、"匝间绝缘处理"、"对地绝缘处理、"尺寸检测"、"电性能检测"的全部 6 项中，至少选取 4 项。

(3)依据中国北车确定的"其余'鉴定项目'的数量可以任选"的规定，"D"和"F"类鉴定项目——"工艺准备"、"精度检验及误差分析"、"模具设备的维护保养"中，至少分别选取 1 项。

(4)依据中国北车确定的"确定'选考数量'时，所涉及'鉴定要素'的数量占比，应不低于对应'鉴定项目'范围内'鉴定要素'总数的 60%，并向上取整"的规定，考核制件(活动)的鉴定要素"选考数量"应按以下要求确定：

①在"D"类"鉴定项目"中，在已选定的 1 个或全部鉴定项目中，至少选取已选鉴定项目所对应的全部鉴定要素的 60%项，并向上保留整数。

②在"E"类"鉴定项目"中，在已选的 4 个鉴定项目所包含的全部鉴定要素中，至少选取总数的 60%项，并向上保留整数。

③在"F"类"鉴定项目"中，对应"精度检验及误差分析"的 4 个鉴定要素，至少选取 3 项；对应"模具设备的维护与保养"，在已选定的 1 个或全部鉴定项目中，至少选取已选鉴定项目所

对应的全部鉴定要素的 60％项，并向上保留整数。

举例分析：

按照上述"第 6 条"要求，若命题时按最少数量选取，即：在"D"类鉴定项目中的选取了"线圈制造工艺准备"1 项，在"E"类鉴定项目中选取了"线圈绕制(下料)"、"线圈成型"、"匝间绝缘处理"、"线圈绝缘处理"4 项，在"F"类鉴定项目中分别选取了"精度检验与误差分析"1 项，则：此考核制件所涉及的"鉴定项目"总数为 6 项，具体包括："线圈制造工艺准备"，"线圈绕制(下料)"、"线圈成型"、"匝间绝缘处理"、"对地绝缘处理"、"精度检验与误差分析"。

此考核制件所涉及的鉴定要素"选考数量"相应为 20 项，具体包括："线圈制造工艺准备"鉴定项目包含的全部 5 个鉴定要素中的 3 项，"线圈绕制(下料)"、"线圈成型"、"匝间绝缘处理"、"对地绝缘处理"4 项鉴定项目包括的全部 23 个鉴定要素中的 14 项，"精度检验与误差分析"鉴定项目包含的全部 4 个鉴定要素中的 3 项。

7. 本职业等级技能操作需要两人及以上共同作业，可由鉴定组织机构根据"必要、辅助"的原则，结合实际情况确定协助人员的数量。在整个操作过程中，协助人员只能起必要、简单的辅助作用。否则，每违反一次，至少扣减应考者的技能考核总成绩 10 分，直至取消其考试资格。

8. 实施"技能考核框架"时，应同时对应考者在质量、安全、工艺纪律、文明生产等方面行为进行考核。对于在技能操作考核过程中出现的违章作业现象，每违反一项(次)至少扣减技能考核总成绩 10 分，直至取消其考试资格。

注：按照中国北车规定，各《职业技能操作考核框架》的编制依据现行的《国家职业标准》或现行的《行业职业标准》或现行的《中国北车职业标准》的顺序执行。

二、线圈绕制工(高级工)技能操作鉴定要素细目表

职业功能	鉴定项目				鉴定要素		
	项目代码	名　称	鉴定比重(％)	选考方式	要素代码	名　称	重要程度
工艺准备	D	设备基本操作	30	任选	001	对设备进行安全检查	Y
					002	开机启动/关闭操作系统	Y
					003	设备校零，试运行	Y
					004	调用程序，加工参数选择	X
		线圈制造工艺准备			001	能够读懂线圈制造的工艺规程	X
					002	能读懂产品图纸及工艺要求	X
					003	能够根据图纸选择正确的工具、模具	Y
					004	正确安装、调整模具	X
					005	能够根据产品图纸及工艺文件要求选择或编制正确的程序	Z
线圈成型	E	线圈绕制(下料)	50	至少选择四项	001	能够正确对导线线规尺寸检查	X
					002	能够根据实际需要设置绕制(下料)参数	X
					003	能够对线圈引线头进行加紧并留够合理的长度	Y

职业功能	鉴定项目		鉴定比重(%)	选考方式	鉴定要素		
	项目代码	名　称			要素代码	名　称	重要程度
线圈成型	E	线圈绕制(下料)		至少选择四项	004	裸铜线绕制	X
					005	裸铜线焊接	X
					006	电磁线绕制	X
		线圈成型			001	对上工序的半成品尺寸进行检查	Y
					002	导线保护带包扎	Y
					003	引线头处理(打纱、弯头、搪锡)	X
					004	线圈数控张型	X
					005	线圈模具成型	X
					006	线圈整形	X
					007	尺寸检查	
线圈绝缘处理		匝间绝缘处理			001	匝间绝缘缺陷的判断	X
					002	匝间绝缘修补	X
					003	匝间绝缘热压	X
		对地绝缘处理			001	常用材料的识别及性能认知	Y
					002	熟练包扎绝缘材料	X
					003	材料叠包度的确认	X
					004	引线绝缘包扎处理	X
					005	转角区绝缘包扎	X
					006	直线段绝缘包扎	X
					007	对地压装烘焙	Y
线圈检测		尺寸检测			001	直线段截面尺寸	X
					002	长度尺寸	Y
					003	高度尺寸	X
					004	内腔尺寸	X
					005	跨距、角度	X
		电性能检测			001	匝间耐压检测	X
					002	对地耐压检测	X
					003	电阻检测	X
精度检验及误差分析	F	精度检验与误差分析	20	任选	001	能够根据图纸及工艺文件要求选用合适的量具	Y
					002	能够正确的使用量具	X
					003	能够判断产品实际尺寸是否满足技术要求	X
					004	能够根据分析出常见的误差及缺陷产生的原因	Y

职业功能	鉴定项目				鉴定要素		
	项目代码	名　称	鉴定比重（%）	选考方式	要素代码	名　称	重要程度
模具设备的维护保养	F	模具的维护与保养		任选	001	能正确选用模具	X
					002	能正确使用模具	X
					003	能正确维护与保养模具	Z
		设备的维护与保养			001	设备操作规程	X
					002	设备日常检查	Y
					003	设备润滑	Y
					004	根据维护保养手册维护保养设备	Y
					005	识别报警排除简单故障	Y

线圈绕制工(高级工)
技能操作考核样题与分析

职 业 名 称：＿＿＿＿＿＿＿＿＿＿＿＿

考 核 等 级：＿＿＿＿＿＿＿＿＿＿＿＿

存 档 编 号：＿＿＿＿＿＿＿＿＿＿＿＿

考核站名称：＿＿＿＿＿＿＿＿＿＿＿＿

鉴定责任人：＿＿＿＿＿＿＿＿＿＿＿＿

命题责任人：＿＿＿＿＿＿＿＿＿＿＿＿

主管负责人：＿＿＿＿＿＿＿＿＿＿＿＿

中国北车股份有限公司劳动工资部制

职业技能鉴定技能操作考核制件图示或内容

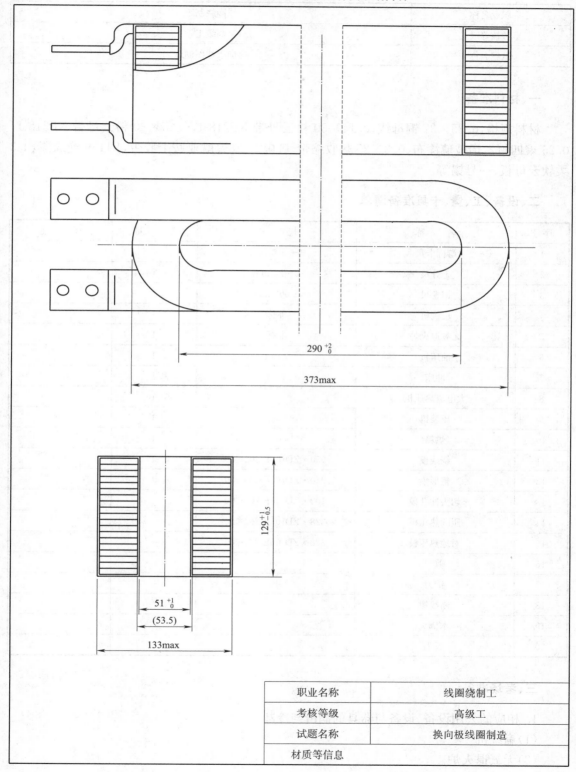

职业名称	线圈绕制工
考核等级	高级工
试题名称	换向极线圈制造
材质等信息	

职业技能鉴定技能操作考核准备单

职业名称	线圈绕制工
考核等级	高级工
试题名称	换向极线圈制造

一、材料准备

材料规格：6.35×37 铜母线，0.14×30 粉云母带 XP218-1，0.25×30 粉云母带 XP218-1，0.25 聚四氟乙烯玻璃漆布、0.2×25 热收缩带、0.05×20 聚酰亚胺上胶带、P1159 绝缘漆、0.3 柔软云母板、一号锡等。

二、设备、工、量、卡具准备清单

序号	名　称	规　格	数　量	备　注
1	游标卡尺	0～500 mm	1	
2	千分尺	0～25 mm	1	
3	钢卷尺	2 000 mm	1	
4	扁绕机	非标	1	
5	无氧退火炉	非标	1	
6	油压机	315 t	1	
7	冲床	35 t	1	
8	大电流热压机		1	
9	压装机	非标	1	
10	烘箱	107	1	
11	绕线模	950·ZD106E-202-000	1	
12	整形模	950·ZD106E-203-000	1	
13	切头冲孔模	100·ZD106E-202-000		
14	匝间热压模	328·ZD106E-202-000		
15	对地热压模	328·ZD106E-203-000		
16	剪刀			
17	铲刀			
18	断线钳			
19	木榔头			
20	扳手			

三、考场准备

1. 相应的公用设备、设备与器具的润滑与冷却

(1)扁绕机。

(2)无氧退火炉。

(3)油压机。

(4)搪锡炉。

(5)35 t 冲床。

(6)压装机。

(7)大电流热压机。

(8)烘箱。

2. 相应的场地及安全防范措施

3. 其他准备

四、考核内容及要求

1. 考核内容

按职业技能鉴定技能操作考核制件图示或内容制作。

2. 考核时限

(1)应满足国家职业技能标准中的要求,本试题为 360 分钟。

(2)按职业技能鉴定技能考核制件(内容)分析表中的配分与评分标准执行。

3. 技术要求

(1)绕 19 匝,导线长度不足时,允许在直线部分用银铜焊接,打磨平整。

(2)匝间绝缘:用 0.2 粘性玻璃坯布 X245 垫两层,首末匝垫三层,搭接错开。

(3)对地绝缘:浸 1159 漆,在线圈直线部分用 0.2 粘性玻璃坯布 X245 垫三层,R 转角处用 0.05×20 聚酰亚胺上胶带半叠包两次;线圈整体用 0.14×30 云母带 XP215 半叠包 1 次、0.25×25 云母带 XP218-1 半叠包 1 次。

(4)引线头绝缘:用 0.05×20 聚酰亚胺上胶带半叠包三次,用 0.2×25 聚酯热缩带半叠包 1 次。

(5)引线头部分搪一号锡。

4. 考核评分(表)

职业名称	线圈绕制工	考核等级	高级工		
试题名称	换向极线圈制造	考核时限	360 分钟		
鉴定项目	考核内容	配分	评分标准	扣分说明	得分
线圈制造工艺准备	能够读懂线圈制造的工艺规程	5	错误一项扣 1 分		
	备好图纸所需材料及工艺用料	5	错误一项扣 1 分		
	对地热压模正确选择	10	错误一项扣 1 分		
	绕线模,整形模,匝间热压模,对地热压模安装、调整	10	错误一项扣 2.5 分		
线圈绕制	用游标卡尺检测裸铜线的线规尺寸	2	错一项扣 1 分		
	根据工艺文件要求设定数控绕线机的绕制参数	1	错误全扣		
	能够对线圈引线头进行加紧并留够合理的长度	1	长度超差扣 1 分		

鉴定项目	考核内容	配分	评分标准	扣分说明	得分
线圈绕制	绕制过程需要加乳化液	2	不符合要求扣分		
	绕制匝数满足图纸要求		匝数错误全扣		
	导线长度不够可以焊接		导线焊接不平整扣1分,不在直线部分全扣		
线圈成型	检查绕制内腔尺寸	2	错误一项扣1分		
	进行退火处理	6	退火温度及时间不符合要求扣2分		
	冷压成型		(1)使用模具不正确扣2分; (2)没有按要求进行正压、侧压扣1分; (3)压力不符合工艺要求扣1分		
	引线头冲孔	1	错误扣1分		
	整形(过程同冷压成型)	4	(1)二次退火温度及时间不符合要求扣2分; (2)没有按要求进行正压、侧压扣2分; (3)压力不符合工艺要求扣1分		
	检查内腔尺寸、高度尺寸及外观	2	错误一项扣1分		
匝间绝缘	垫匝间绝缘 X245 坯布,每匝垫2层,首末匝垫3层	4	垫的层数不符要求扣1分		
	绝缘搭接长度应符合要求		接缝没错开扣1分;搭接长度不够扣2分		
	装匝间热压模,需正确使用脱模材料,正确使用模具	5	错误一项扣1分		
	匝间热压,需正确使用大电流热压机,加热电流及时间符合工艺要求		错误一项扣1分		
	卸模		没有冷却至室温扣1分		
			(1)线圈内外腔清理不干净扣1分; (2)损伤导线扣1分		
对地绝缘处理	领取所用的绝缘配件	4	领错一项扣1分,少领一项扣1分		
	领取所用绝缘材料		领错一项扣1分,少领1项扣1分		
	引线的包扎长度,叠包层数应符合要求	2	包扎长度小扣1分,包扎层数错误扣1分		
	不允许出现绝缘堆积,要对 R 角内侧进行修剪	2	没有进行修剪全扣		
	R 角外侧不允许出现绝缘包扎稀疏		出现1处扣1分		
	半叠包应均匀	4	没有达到半叠包1处扣1分		
	绝缘带搭接应大于 20 mm		小于 20 mm 一处扣1分		
	无起皱,鼓包现象		出现起皱、鼓包现象1处扣1分		
	包扎应紧密		出现松散一处扣1分		
	模具压装到位	1	超差全扣		

鉴定项目	考核内容	配分	评分标准	扣分说明	得分
对地绝缘处理	进烘箱烘焙	1	温度及时间不符合要求扣1分		
	出烘箱卸模	2	线圈温度没有降到室温就开始卸模扣0.5分；线圈上的漆瘤没有清理干净扣1分，线圈对地绝缘层损伤扣1分		
	引线头搪锡处理	4	引线上的漆膜打磨不干净扣1分，搪锡不到位扣1分		
精度检验及误差分析	能够根据图纸及工艺文件要求选用合适的量具	3	错误一项扣1分		
	用于尺寸检测的各种量具	3	量具不在有效期内扣1分，错误使用扣2分		
	能够判断产品实际尺寸是否满足技术要求	3	不能判断扣3分		
	能够分析误差	3	不能判断扣3分		
	能够分析缺陷产生的原因	8	不能分析扣8分		
质量、安全、工艺纪律、文明生产等综合考核项目	考核时限	不限	每超时5分钟，扣10分		
	工艺纪律	不限	依据企业有关工艺纪律规定执行，每违反一次扣10分		
	劳动保护	不限	依据企业有关劳动保护管理规定执行，每违反一次扣10分		
	文明生产	不限	依据企业有关文明生产管理规定执行，每违反一次扣10分		
	安全生产	不限	依据企业有关安全生产管理规定执行，每违反一次扣10分		

职业技能鉴定技能考核制件(内容)分析

职业名称	线圈绕制工				
考核等级	高级工				
试题名称	换向极线圈制造				
职业标准依据	国家职业标准				

试题中鉴定项目及鉴定要素的分析与确定

分析事项 ＼ 鉴定项目分类	基本技能"D"	专业技能"E"	相关技能"F"	合计	数量与占比说明
鉴定项目总数	2	6	2	10	
选取的鉴定项目数量	1	4	1	6	专业技能满足2/3,鉴定要素满足60%的要求
选取的鉴定项目数量占比(%)	50	67	50	60	
对应选取鉴定项目所包含的鉴定要素总数	5	23	4	32	
选取的鉴定要素数量	4	16	4	24	
选取的鉴定要素数量占比(%)	80	70	100	75	

所选取鉴定项目及相应鉴定要素分解与说明

鉴定项目类别	鉴定项目名称	国家职业标准规定比重(%)	《框架》中鉴定要素名称	本命题中具体鉴定要素分解	配分	评分标准	考核难点说明
"D"	线圈制造工艺准备	30	能够读懂线圈制造的工艺规程	能够读懂线圈制造的工艺规程	5	错误一项扣1分	
			能够读懂产品图纸及工艺要求	备好图纸所需材料及工艺用料	5	错误一项扣1分	
			能够根据工艺要求选择正确的工具、模具	对地热压模正确选择	10	错误一项扣1分	
			正确安装、调整模具	绕线模、整形模、匝间热压模,对地热压模安装、调整	10	错误一项扣0.5分	
"E"	线圈绕制	50	能够正确对导线线规尺寸检查	用游标卡尺检测裸铜线的线规尺寸	2	错一项扣1分	
			能够根据实际需要设置绕制参数	根据工艺文件要求设定数控绕线机的绕制参数	1	错误全扣	
			能够对线圈引线头进行加紧并留够合理的长度	能够对线圈引线头进行加紧并留够合理的长度	1	长度超差扣1分	
			裸铜线绕制	绕制过程需要加乳化液	2	不符合要求扣分	
				绕制匝数满足图纸要求		匝数错误全扣	
				导线长度不够可以焊接		导线焊接不平整扣1分,不在直线部分全扣	

鉴定项目类别	鉴定项目名称	国家职业标准规定比重(%)	《框架》中鉴定要素名称	本命题中具体鉴定要素分解	配分	评分标准	考核难点说明
"E"	线圈成型		对上工序的半成品尺寸进行检查	检查绕制内腔尺寸	2	错误一项扣1分	
			模具成型	进行退火处理	6	退火温度及时间不符合要求扣2分	
				冷压成型		(1)使用模具不正确扣2分; (2)没有按要求进行正压、侧压扣1分; (3)压力不符合工艺要求扣1分	
			引线头处理	引线头冲孔	1	错误扣1分	
			整形	(过程同冷压成型)	4	(1)二次退火温度及时间不符合要求扣2分; (2)没有按要求进行正压、侧压扣2分; (3)压力不符合工艺要求扣1分	
			尺寸检查	检查内腔尺寸,高度尺寸及外观	2	错误一项扣1分	
	匝间绝缘		匝间绝缘缺陷的判断	垫匝间绝缘 X245 坯布,每匝垫2层,首末匝垫3层	4	垫的层数不符要求扣1分	
				绝缘搭接长度应符合要求		接缝没错开扣1分;搭接长度不够扣2分	
			匝间绝缘热压	装匝间热压模,需正确使用脱模材料,正确使用模具	5	错误一项扣1分	
				匝间热压,需正确使用大电流热压机,加热电流及时间符合工艺要求		错误一项扣1分	
				卸模		没有冷却至室温扣1分	
						(1)线圈内外腔清理不干净扣1分; (2)损伤导线扣1分	
	对地绝缘处理		常用材料的识别及性能认知	领取所用的绝缘配件	4	领错一项扣1分,少领一项扣1分	
				领取所用绝缘材料		领错一项扣1分,少领1项扣1分	

鉴定项目类别	鉴定项目名称	国家职业标准规定比重（%）	《框架》中鉴定要素名称	本命题中具体鉴定要素分解	配分	评分标准	考核难点说明
"E"	对地绝缘处理		引线绝缘包扎处理	引线的包扎长度，叠包层数应符合要求	2	包扎长度小扣1分，包扎层数错误扣1分	
			转角区绝缘处理	不允许出现绝缘堆积，要对R角内侧进行修剪	2	没有进行修剪全扣	
				R角外侧不允许出现绝缘包扎稀疏		出现1处扣1分	
			材料叠包度确认	半叠包应均匀	4	没有达到半叠包1处扣1分	
				绝缘带搭接应大于20 mm		小于20 mm一处扣1分	
				无起皱，鼓包现象		出现起皱、鼓包现象1处扣1分	
				包扎应紧密		出现松散一处扣1分	
			对地压装烘焙	模具压装到位	1	超差全扣	
				进烘箱烘焙	1	温度及时间不符合要求扣1分	
				出烘箱卸模	2	线圈温度没有降到室温就开始卸模扣0.5分；线圈上的漆瘤没有清理干净扣1分，线圈对地绝缘层损伤扣1分	
				引线头搪锡处理	4	引线上的漆膜打磨不干净扣1分，搪锡不到位扣1分	
"F"	精度检验及误差分析	20	能够根据图纸及工艺文件要求选用合适的量具	能够根据图纸及工艺文件要求选用合适的量具	3	错误一项扣1分	
			正确使用量具	用于尺寸检测的各种量具	3	量具不在有效期内扣1分，错误使用扣2分	
			能够判断产品实际尺寸是否满足技术要求	能够判断产品实际尺寸是否满足技术要求	3	不能判断3分	
			能够分析出常出现的误差及缺陷产生的原因	能够分析误差	3	不能判断扣3分	
				能够分析缺陷产生的原因	8	不正确全扣	
质量、安全、工艺纪律、文明生产等综合考核项目				考核时限	不限	每超时5分钟，扣10分	
				工艺纪律	不限	依据企业有关工艺纪律规定执行，每违反一次扣10分	

鉴定项目类别	鉴定项目名称	国家职业标准规定比重(%)	《框架》中鉴定要素名称	本命题中具体鉴定要素分解	配分	评分标准	考核难点说明
质量、安全、工艺纪律、文明生产等综合考核项目				劳动保护	不限	依据企业有关劳动保护管理规定执行,每违反一次扣10分	
				文明生产	不限	依据企业有关文明生产管理规定执行,每违反一次扣10分	
				安全生产	不限	依据企业有关安全生产管理规定执行,每违反一次扣10分	